［最新］園芸・植物用語集

The Picture Dictionary of Horticultural and Botanical Terms

土橋 豊

淡交社

写　　真：二村春臣（p.233下2点）
　　　　　土橋　豊（上記以外）

イラスト：川崎茉由
　　　　　渡瀬由紀
　　　　　SCENE
　　　　　土橋　豊

まえがき

　本書は園芸学を学ぼうとする大学生、短大生、農業大学校生の教科書、参考書とともに、一般園芸愛好家の皆さんがさらに専門的に学ぶための基本図書として企画されたものである。本書の特徴として、園芸学および植物学の専門用語を解説するとともに、単に用語を五十音順に配列し、数行で解説するのではなく、中項目主義として、関連項目を近くに配置することで、周辺の用語もあわせて確認できることが挙げられる。

　著者の最初の職場は京都府立植物園（京都市左京区）で、勤務1年目から園芸相談を担当することになり、様々な相談内容の対応をすることとなった。すぐに相談内容を把握し、相談者に理解できるように伝えるためには、専門用語の意味を正確に知ることが必要であった。相談される植物をまず同定することから始めないといけないことも多く、植物の名前や形態など植物学に関する知識も不可欠であった。残念ながら、当時は園芸学、植物学を扱う用語辞典は別々で、しかも数行の解説のみであり、園芸学と植物学の専門用語が1冊でわかる書籍の必要性を感じていた。

　幸いにも、用語解説に関しては、就職前の京都大学大学院時代に、雑誌『園芸新知識　花の号』（タキイ種苗）において、一般園芸愛好家への用語解説の経験をさせていただいた。さらに、就職して4～5年経たころ、名著とされる『原色茶花大辞典』（淡交社）の植物・園芸用語解説を担当させていただいた。

　このような経験の中で、園芸学および植物学の用語が同時に学べる書籍として上梓したのが『ビジュアル園芸・植物用語辞典』（家の光協会）である。教科書または参考書として採用していただく大学なども多く、幸い版を重ねるとともに増補改訂版も刊行することができたが、再版できないこととなった。そこで、家の光協会にご許可いただき、このたび淡交社から『最新　園芸・植物用語集』として装いも新たに上梓する運びとなった。新たに発行するにあたり、分類体系や学名に関する命名規約が変わったことへの対応を行うとともに、教科書、参考書としても活用できるように主要な用語には英語表記も付記し、全頁カラーとして写真も更新した。扱う用語も増やして約700項目1300用語とし、より充実した内容となった。また、主要用語にはルビを振っているので、英語表記とともに活用することで、留学生にも学びやすい内容となった。

　新しい用語を正確に学ぶことで、いままで見えていなかったことが見えてきたという感想をよく聞く。本書によって、これまで以上に園芸や植物への関心と知識が深まれば幸いである。

　最後になりましたが、出版の機会をいただいた淡交社の納屋嘉人社長と、編集を担当していただいた八木歳春氏に厚くお礼申しあげる。

　　　2018年11月吉日

土橋　豊

目 次

まえがき ... 3
凡例 ... 8

Chapter 1　植物の生活と環境 ... 9

▼ 1-1 光と植物 ... 10
光合成　10／陽性植物　陰性植物　11／C_3植物　C_4植物　CAM植物　11／光形態形成　13／光周性　14
屈光性　17

▼ 1-2 温度と植物 ... 17
最適温度　最低温度　最高温度　18／耐寒性　耐暑性　21／温周性　21／休眠打破　21／春化　21

▼ 1-3 水と植物 ... 22
吸水　蒸散　22／土壌水分　23／灌水　23／葉水　24／耐乾性　25／耐湿性　26

▼ 1-4 土壌と植物 ... 26
土壌三相　26／団粒構造　26／土壌改良剤　27／培養土　27／培養土の種類　28／培養土の使い方　30
肥料　30／肥料の五要素の役割　31／無機質肥料　有機質肥料　32／単肥　複合肥料　32
緩効性肥料　速効性肥料　遅効性肥料　32

Chapter 2　植物の分類 ... 33

▼ 2-1 系統分類学的分類 ... 34
植物分類学　34／種子植物　胞子植物　35／シダ植物　36／裸子植物　被子植物　36
単子葉植物　双子葉植物　36／維管束植物　非維管束植物　38／陸上植物　38

▼ 2-2 植物学的分類 ... 38
生活形による分類　38／水分条件による分類　40／塩分条件による分類　42
根が伸長する環境による分類　43／一生の間の開花結実回数による分類　43
有機栄養の摂取方法による分類　44／動物との共生関係による分類　45／分布の由来による分類　45

▼ 2-3 絶滅が危惧される野生植物の分類 ... 47
レッドリストによる分類　47／ワシントン条約　49

▼ 2-4 園芸学的分類 ... 51
園芸植物　51／一・二年草　52／宿根草　54／球根植物　54／花木　56／ドワーフ・コニファー　57
盆栽　57／グラウンドカバープランツ　58／つる植物　58／山野草　60／斑入り植物　61
古典園芸植物　63／東洋ラン　洋ラン　63／ハーブ　スパイス　65／多肉植物　68／温室植物　室内植物　68

オーナメンタルグラス　73／有毒植物　74

Chapter 3　植物の形態 ……………… 77

▼ 3-1 根部・地下部 …… 78
根　78／根系　78／主根 側根　78／定根 不定根　78／気根　79／水中根　80／貯蔵根　80
担根体　81／球根　81／母球 子球　84／木子　84／牽引根　84／地下茎　84

▼ 3-2 茎 …… 84
茎　84／木本茎 草本茎　84／維管束　85／形成層　85／シュート　85／芽　86／定芽 不定芽　86
葉芽 花芽　86／高芽　86／休眠芽　87／冬芽 夏芽　87／茎頂　87／葉腋　87／節　87／葉痕　88
表皮 周皮　88／コルク形成層　88／皮目　88／枝　88／長枝 短枝　89／地上茎 地下茎　89／稈　89
挺幹　89／匍匐茎 走出枝　89／巻きつき茎　90／よじ登り茎　90／茎巻きひげ　90／茎針　90
葉状茎　90／多肉茎　91／偽鱗茎　91／むかご　91／偽茎　91／帯化　91

▼ 3-3 葉 …… 92
葉　92／葉身　92／葉柄　94／托葉　94／葉鞘　95／単葉　95／複葉　95／葉序　96
根出葉 茎生葉　98／浮葉　98／水葉　98／両面葉 等面葉 単面葉　98／幼葉 成葉　98
抱茎 沿着 突き抜き　99／盾着 縁着　99／小舌　99／葉枕　100／気孔　100／葉脈　100
低出葉 高出葉　101／子葉 本葉　101／鱗片葉　102／苞　102／葉巻きひげ　103／葉針　103
捕虫葉　104／多肉葉　104／胞子葉　104／巣葉　104／止め葉　104

▼ 3-4 花 …… 105
花　105／雌しべ　105／雄しべ　106／ずい柱　107／花被片　107／花冠　108／花冠の形態　109
萼　112／副花冠　112／距　113／花托　113／花柄 花梗　113／花茎　114／無花被花 有花被花　114
単性花 両性花 中性花　114／完全花 不完全花　115／二数花 三数花 四数花 五数花　115
整形花 不整形花　116／異形花　116／長花柱花 短花柱花　117／閉鎖花 開放花　117
風媒花 水媒花 虫媒花 鳥媒花 コウモリ媒花　117／子房上位花 子房中位花 子房下位花　119／幹生花　119
弁化　119／一重咲き 八重咲き　120／偽花　122

▼ 3-5 花序 …… 122
花序　122／無限花序 有限花序　122／単一花序　123／複合花序　126／特定の植物群に固有な花序　128
外観により名付けられた花序　128

▼ 3-6 果実 …… 129
果実　129／真果 偽果　130／乾果 液果　130／裂開果 閉果　130／単果　130／集合果　133
複合果　134／幹生果　134／果実序　134

▼ 3-7 種子 …… 135
種子　135／種皮　137／胚　137／胚乳　138／へそ　138／仮種皮　138／エライオソーム　139
種髪　139／種翼　139／胎生種子　140

▼ 3-8 その他 140
草本植物　140／木本植物　141／針葉樹 広葉樹　142／落葉樹 常緑樹　142
葉や花冠、萼などの質を表す用語　142／葉、花被片の芽の中でのたたまり方を表す用語　143／毛　143
刺　145／巻きひげ　145／腺　146／腺点　146／乳液　146／付属体　147／組織 器官　148

Chapter 4　植物の名前 149

▼ 4-1 植物名の表記 150
普通名　150／流通名　151／園芸名　151／学名　151

▼ 4-2 学名の表記法（野生植物） 152
学名表記の基本　152／亜種、変種、品種の場合　154／属名の省略　154／属より高次の学名　154
正名 異名　155／保存名　155／タイプ　155／合法名　156

▼ 4-3 学名の表記法（栽培植物） 157
雑種　157／接ぎ木雑種　158／細胞融合雑種　158／栽培品種　159／グループ　160／グレックス　161
販売名　162／商標 登録商標　163／ラン科植物の属名省略　163／特殊な学名表記　165
学名の発音　165

▼ 4-4 属名 166
形態などに由来する属名　167／他の植物や動物との類似性に由来する属名　171／色彩に由来する属名　172
生育地などに由来する属名　173／人名に由来する属名　174／地名に由来する属名　176
現地名、古名などに由来する属名　178／神話などに由来する属名　179／伝承などに由来する属名　180
その他　180

▼ 4-5 種形容語 183
種形容語表記の基本　183／固有名詞に由来する種形容語　183
形態や大きさなどに由来する種形容語　185／他の植物や動物との類似性に由来する種形容語　190
色彩などに由来する種形容語　191／味覚などに由来する種形容語　192／香りなどに由来する種形容語　192
地名などに由来する種形容語　193／人名に由来する種形容語　194／現地での名前に由来する種形容語　195
生育地などに由来する種形容語　196／季節や時期などに由来する種形容語　196
神話などに由来する種形容語　197／数字に由来する種形容語　198／その他　198

Chapter 5　植物の栽培管理 201

▼ 5-1 ふやし方 202
種子繁殖　202／直まき　202／鉢まき 箱まき　202／覆土　203／好光性種子　203／嫌光性種子　203
硬実　203／発芽　203／間引き　203／F_1品種　203／さし木　204／さし穂　204／さし木用土　204
さし木床　205／取り木　205／接ぎ木　207／接ぎ木親和性　207／共台　208／台芽　208
球根繁殖　208／分球　208／株分け　210／有性繁殖 無性繁殖　210／育苗　211

▼ 5-2 移植 211
移植 211／植え傷み 212／根鉢 213

▼ 5-3 剪定 213
剪定 213

▼ 5-4 特殊な栽培法 215
ハイドロカルチャー 215／テラリウム 215／苔玉 216

▼ 5-5 その他 216
連作障害 216／コンパニオンプランツ 217／天敵 217／マルチング 217

Chapter 6　植物の利活用 219

▼ 6-1 鉢栽培・コンテナ栽培 220
鉢栽培 コンテナ栽培 220／鉢 コンテナ 220／号 222／鉢底網 鉢底石 223／鉢皿 223

▼ 6-2 花壇 223
花壇の分類 223

▼ 6-3 添景物 230
洋風の添景物 231／和風の添景物 232

▼ 6-4 切り花の利用 232
生け花 232／フラワーアレンジメント 233／茶花 233

▼ 6-5 社会活動としての園芸 234
園芸療法 園芸福祉 234／市民農園 234／オープンガーデン 235／コミュニティガーデン 235

コラム
葉を食べる多肉植物グラパラリーフ　17／野生絶滅が園芸植物に　51／ジャガイモが有毒植物に　76
ダーウィンが予言したラン　121／グライダーのモデルとなった種子　139
エナメル質の光沢を放つエナメル・オーキッド　148／トマトの学名について　157

和文用語索引 236
欧文用語索引 252
主な参考文献 262

凡　例

● 本書は、Chapter1「植物の生活と環境」、Chapter2「植物の分類」、Chapter3「植物の形態」、Chapter4「植物の名前」Chapter5「植物の栽培管理」、Chapter6「植物の利活用」から構成されている。

● 園芸を学ぶ学生や園芸愛好家を対象に、植物学および園芸学に関する用語約700項目1300用語を解説し、理解を深めるために写真、図表を付した。

● 主要な用語には英語表記を［　］内に付記した。英語で書かれた園芸書を読む時などの参考にしてほしい。一部、ドイツ語表記については、［独：　］などとして付記した。

● 分類体系、学名についてはDNA解析に基づく最新のAPG Ⅳに準拠した。

● 本文中、参考すべき頁を（　頁）として示している。同頁内に参考項目がある場合は（同頁）と示した。

● 本書では植物の名前を表記する場合、正確さを期するために、学名を付記した。学名についてはChapter4「植物の名前」を参照してほしい。

● 本書における、日本語による植物名の表記の原則を以下に列記する。
　①日本原産のものは、標準和名（以下、和名と表記する）を優先した。
　　例：サクララン（*Hoya carnosa*）
　②日本原産でない植物でも、一般的によく使われている和名があるものは、その和名を優先して使用した。
　　例：タイリントキソウ（*Pleione formosana*）
　③日本原産でない植物で、和名があっても一般的でないもの、または和名がつけられていないものは、次のように表記した。
　　・園芸的によく使われている植物名があれば、それを優先した。
　　　例：ポトス（*Epipremnum aureum*）
　　・上記以外の場合、学名のカナ表記を使用した。この際、属名と種小名などを区別するため、「・」を間に入れた。たとえば、*Calathea makoyana*の場合、ゴシキヤバネショウという和名があるが、一般的ではないので、カラテア・マコヤナと表記した。
　　・属に対するカナ表記は、園芸上よく使用されるため、慣行のカナ表記が一般によく使われている場合は、それに従った。たとえば、*Cyclamen*の場合はキクラメンとせず、シクラメンと表記した。
　④サボテン科や多肉植物で用いられる園芸名において読みが困難な場合はルビ、または（　）内に振りがなを付記した。

● その他、植物の名前の表記については、Chapter4「植物の名前」を参照してほしい。

Chapter
1

植物の生活と環境

ツバキ
Camellia japonica
Curtis's Botanical Magazine
第42図（1788）
出典／Wikimedia Commons

植物を栽培するためには、植物と環境の関係をよく知り、植物の生育が人間の望むようになるように、環境を整備することが大切です。植物を取り巻く環境はいくつかの要因から成り立ち、それらは単独または相互に関連しながら植物に働きかけています。とくに重要な自然環境要因としては光、温度、水、土壌、大気、他の動植物などがあります。本章では、これらの環境要因と植物との関係について用いられる用語を解説しました。

1-1 | 光と植物

　太陽光をはじめ、光が植物に対する作用は、エネルギー源としての作用と、情報源としての作用に大別されます。エネルギー源としての作用には**光合成**が、情報源としての作用には**光形態形成**、**屈光性**、**光周性**が知られています。

● 光合成 [photosynthesis]
　植物が太陽などの**光エネルギー**を用いて、水と**二酸化炭素**から**炭水化物**（ショ糖やでんぷんなどの糖類）などの**有機物**を合成する過程を**光合成**と呼んでおり、葉の細胞内にある**葉緑体** [chloroplast] という特別な組織で行われます。光合成の過程で**酸素**を放出します。これを簡単に式で示すと次のようになります。

> 二酸化炭素＋水＋光エネルギー　→　有機物＋酸素

　葉緑体には太陽光の光エネルギーを吸収する**緑色色素**である**クロロフィル**を含んでいます。
　植物といってもすべての植物が光合成を行っているわけではありません。植物のうちでも、葉緑体にクロロフィルが含まれる植物は**緑色植物** [green plants] と呼ばれ、私たちが一般に認識している植物のほとんどすべてが該当しています。植物においてはこの緑色植物が光合成を行っているのです。以下、「植物」といえば緑色植物をさしていることとします。
　植物は直接太陽の光エネルギーを利用することができます。一方、私たち人間を含む動物は太陽の光エネルギーを直接用いることができず、植物を食べるか、あるいは植物を食べた草食動物を食べることでエネルギーを得ていますので、結局は間接的に太陽のエネルギーを利用していることになります。
　私たち人間が燃料として使っている石油や石炭、天然ガスも、かつては動植物の分解物であったわけで、蓄えられた太陽の光エネルギーを徐々に使っていることになります。
　このように、地球に生きる生物にとって、植物の光合成による太陽の光エネルギーの獲得は不可欠なもので、植物にこのような能力がなければ、地球上の生物は繁栄することなく、とっくに消滅していたに違いありません。
　また、地球上では、植物の光合成によって年間約 3×10^{11} t の二酸化炭素が利用されて有機物質がつくられ、その際、二酸化炭素と同量の酸素が発生することになります。酸素は動植物の**呼吸** [respiration] に不可欠なもので、まさに植物の光合成こそが「生命の源」といえるでしょう。
　植物の光合成は、様々な環境要因、とくに光の強さ、温度、二酸化炭素濃度によって光合成の速度が左右されます。

1．光の強さ

　最初に、光の強さに注目してみましょう。暗所では植物は呼吸だけを行うので、酸素の吸収だけが見られますが、弱い光を照射して少しずつ光の強さを増していくと、光合成による酸素の放出と呼吸による酸素の吸収が等しくなり、見かけ上はガス交換が見られなくなります。この時の光の強さを**光補償点** [light compensation point] と呼んでいます。
　さらに光を強くすると光合成速度も増加しますが、光の強さがある点以上になると光合成速度が増大しなくなります。この時の光強度を**光飽和点** [light saturation point] と呼び、この状態で最大光合成速度

に達したと考えます。

2．温度

次に**温度**に注目しましょう。光合成速度は温度が上昇するにつれて増大し、ある温度の範囲で光合成速度が最大に維持され、さらに温度が上昇すると光合成速度は減少してきます。

光合成速度が最大に維持される適温は植物の種によって異なります。一般に、熱帯原産の植物や**C₄植物**（同頁）では光合成に対する温度が高く、30〜35℃で見られます。一方、温帯原産の植物や**C₃植物**（同頁）では20〜25℃に適温があります。ただし、光合成の適温と成長の適温とは別のものです。

3．二酸化炭素濃度

二酸化炭素濃度も光合成速度を左右します。ふつう、二酸化炭素濃度が上がると、光合成速度も上昇し、ある二酸化炭素濃度になると光合成による酸素の放出と呼吸による酸素の吸収が等しくなり、見かけ上はガス交換が見られなくなります。

この時の二酸化炭素濃度を**CO_2補償点** [CO_2 compensation point] と呼んでいます。さらに二酸化炭素濃度を高めると光合成速度も増加しますが、二酸化炭素濃度がある点以上になると光合成速度が増大しなくなります。この時の二酸化炭素濃度を**CO_2飽和点** [CO_2 saturation point] と呼び、植物の種によって異なりますが、一般に1000ppm以上です。

大気中には約350ppmの二酸化炭素が含まれています。室温などの閉鎖空間では新しい大気が供給されにくいため、植物の光合成により二酸化炭素濃度が200ppm以下になることもあり、この場合、二酸化炭素不足が光合成の制限要因になります。

このため、温室内に白灯油やＬＰガスなどを燃料とした二酸化炭素発生装置を設置して二酸化炭素濃度を高めることにより光合成速度を増大させ、植物の生育を促進させることがあり、これを**炭酸ガス施用** [carbon dioxide application, carbon dioxide enrichment] または**二酸化炭素施用**と呼んでいます。

● 陽生植物 [sun plant]　陰生植物 [shade plant]

強い太陽光を好む植物を**陽生植物**といい、反対に弱光下で生育が良好な植物を**陰生植物**と呼んでいます（写真12頁）。

陽生植物は陰生植物に比べ、光補償点と光飽和点が高く、最大光合成速度が大きく、反対に弱光下では光合成速度が低いという特徴があります。

観葉植物（71頁）のうちでも草本植物（140頁）のものは、そのほとんどは熱帯の林床下で生育している陰生植物で、室内のような弱光下でも栽培に適していると考えられます。逆に強すぎる光は光合成速度の増大につながらず、かえって葉焼けなどの原因となりますので注意が必要です。弱光に耐えうる性質を**耐陰性** [shade tolerance] と呼んでいます。

● C₃植物 [C_3 plant]　C₄植物 [C_4 plant]　CAM植物 [CAM plant]

光合成（10頁）において二酸化炭素が植物に利用され、最初につくられる化合物が炭素3つの植物を**C₃植物**と呼んでいます。一方、最初につくられる化合物が炭素4つのものを**C₄植物**と呼んでいます。

C₄植物は一般に光合成速度が高く、強い光や高温下でC₃植物よりも効率よく光合成を行うことができます。C₃植物は温帯原産の植物に最もよく見られるものです。これに対し、C₄植物は熱帯原産の特定の属に含まれるイネ科のトウモロコシ（*Zea mays*）やススキ（*Miscanthus sinensis*）、ヒユ科のハゲイ

陽性植物

タカノハススキ
Miscanthus sinensis 'Zebrinus'

ヒマワリ　サンリッチ・オレンジ
Helianthus annuus
Sunrich™ Orange

アカリファ 'マルギナタ'
Acalypha wilkesiana 'Marginata'

陰性植物

アグラオネマ 'シルバー・クイーン'
Aglaonema 'Silver Queen'

シュンラン
Cymbidium goeringii

センカクカンアオイ
Asarum senkakuinsulare

トウ（*Amaranthus tricolor*）やケイトウ（*Celosia argentea* Cristata Group）、スベリヒユ科のマツバボタン（*Portulaca grandiflora*）などに見られ、熱帯などのように光が強く、温度が高い環境での生育に適したタイプと考えられています。

　C_3植物もC_4植物も、日中に**気孔**（100頁）を開いて二酸化炭素を取り込んでいます。一方、砂漠など乾燥地に自生している植物の場合、日中に気孔を開けると激しい**蒸散**（22頁）により水分が損失するため、日中は気孔を閉じて水分の保持を図り、夜間に気孔を開けて二酸化炭素を取り込んでいます。夜間に取り込んだ二酸化炭素はリンゴ酸などで貯蔵され、日中になるとリンゴ酸から遊離した二酸化炭素から炭水化物が合成されます。このような光合成のタイプを**ベンケイソウ型有機酸代謝**［crassulacean acid

C₄植物

トウモロコシ　*Zea mays*

ハゲイトウ'イルミネーション'
Amaranthus tricolor
'Illumination'

マツバボタン
Portulaca grandiflora

CAM植物

花月（かげつ）
Crassula portulacaria

パイナップル
Ananas comosus

カトレヤ・プルプレア
Cattleya purpurata

metabolism]、略称 **CAM** と呼びます。このタイプの光合成を行う植物は **CAM植物** と呼ばれ、ベンケイソウ科、サボテン科、パイナップル科、ラン科などで見られます。

光が情報源として植物に作用する例として、次のものが知られます。

● **光形態形成** [photomorphogenesis]
　光合成（10頁）は高エネルギーを持つ光によって行われていますが、ごくわずかなエネルギーの光によって植物の成長などが調整されていることがあります。この場合、強い太陽光線の明るさの1万分の1以下のエネルギーで十分とされ、満月の夜の明るさよりいくぶん明るい、かろうじて字が読める程度の明るさであればよいといわれています。

このように、低エネルギーの光によって植物の成長や分化などが制御される現象を一般に**光形態形成**と呼んでいます。
　よく知られる光形態形成の例としては、種子(135頁)の発芽があります。多くの種子は光と無関係に発芽しますが、光によって促進されるタイプと、抑制されるタイプがあります。前者を**好光性種子**[positively photoblastic seeds]と呼び、**明発芽種子**あるいは**光発芽種子**ともいいます。
　花卉(52頁)のなかには、カルセオラリア(Calceolaria Herbeohybrida Group)、グロキシニア(Sinningia speciosa)、ジギタリス(Digitalis purpurea)、トルコギキョウ(Eustoma grandiflorum)、ペチュニア(Petunia hybrida)、プリムラ・マラコイデス(Primula malacoides)など、細かい種子のものが多くあります。このようなタイプの種子を播種(202頁)する場合、用土を厚くかぶせることは禁物で、覆土(203頁)は行わないことが原則です。
　また、いわゆる**雑草**[weed]と呼ばれるものは、発芽に光を必要とする好光性種子のタイプが多く、そのため、温度や土中の水分が十分あっても、種子が地中深くにあったり、他の植物が覆っていたりして、光が当たらない場合は発芽してきません。しかし、いったん除草をしたり、耕したりすると地中にあった種子に光が当たることになるため、すぐに発芽して再び雑草が生い茂ることは、庭仕事をしたことのある人ならよく体験すると思います。
　一方、光が当たると発芽が抑制され、逆に暗黒条件でよく発芽するタイプのものは**嫌光性種子**[negatively photoblastic seeds]あるいは**暗発芽種子**と呼びます。よく知られるものとしては、シクラメン(Cyclamen persicum)やネモフィラ・メンジージー(Nemophila menziesii)などがあり、播種の際は覆土を行い、暗所で管理する必要があります。
　また、いわゆる「**もやし**」[bean sprout]も光形態形成の例証の一つです。「もやし」とはケツルアズキ(Vigna mungo)、リョクトウ(Vigna radiata)、ダイズ(Glycine max)などの種子を暗所で発芽させたもので、光の当たる場所で発芽したものに比べると、ひよわで異常に徒長(24頁)して黄白色になっています。これらは光合成が行われないことによる栄養不足によるものではありません。というのも、これらの植物の種子には、子葉(137頁)に十分な養分を蓄えており、とくに発芽初期には完全暗黒下でも正常に生育するはずです。
　このように暗黒下で誘導される異常な成長は、太陽光の明るさの1万分の1以下のエネルギーの光で正常な成長に戻るので、このような暗黒下の「もやし状」の成長も光形態形成によるものといえます。

● **光周性** [photoperiodism]
　私たちが住む地球では、昼と夜とがほぼ24時間を周期として交代しており、季節とともに昼夜の長さは変化しています。生物にとって、季節を知るための指標として最も信頼できるのが、この1日の昼と夜の長さの季節による変化です。
　例えば、気温なども季節の変化を知るための指標となる場合もありますが、しばしば平均気温から大きくはずれることもあり、あまり信頼できるものではありません。
　しかし、1日の昼と夜の長さの年変化は気温の年変化よりかなり正確で、季節の変化を読み取る情報としては最適といえるでしょう。
　このように1日の昼と夜の長さの変化を正しく感じ取ることによって季節を知り、それに対応して生物が反応する性質を**光周性**と呼んでいます。動物における光周性の例としては、ウグイスがある一定の季節になるとさえずり始めることなどがよく知られています。
　植物においては、花芽(86頁)の形成に関することが最もよく知られています。**花卉園芸**の分野では、

この光周性を利用した開花調節がよく行われています。

花芽形成 [flower bud formation] の1日のうちの明るい時間の長さへの反応を日長反応 [photoperiodic response] と呼び、植物は日長反応により次の3タイプに大別されます。

1日のうちの明るい時間の長さを日長 [day length, photoperiod] または明期 [light period] と呼びます。植物の種類にもよりますが、10ルクスから100ルクス程度で明期と感じます。

なお、栽培品種（園芸品種，159頁）の発達により、同じ種内でもタイプが異なる場合もあります。また、この分類は花芽形成に対してのもので、成長その他についてのものではありません。

1．短日植物 [short-day plant]

1日の日長がある特定の長さより短い期間で花芽形成する植物を短日植物と呼びます（写真16頁）。この場合、1日のうちの明るい時間の長さが大切であるように表現されていますが、実際には一定の長さの連続した暗黒の時間が重要です。暗黒の時間を暗期 [dark period] と呼びます。この意味からすれば、短日植物は長夜植物と呼ぶほうが正しいですが、慣例的に短日植物と呼ばれています。

短日植物が花芽形成するのに必要な日長の限界を限界日長 [critical day-length] といい、植物によって異なりますが、およそ13〜15時間のものが多いようです。

代表的なものとしては、アサガオ（*Ipomoea nil*）、カランコエ（*Kalanchoe blossfeldiana*）、コスモス（*Cosmos bipinnatus*）、クリスマスカクタス（*Schlumbergera × buckleyi*）、ポインセチア（*Euphorbia pulcherrima*）などが知られています。

ポインセチアの観賞部は花ではなく苞（102頁）ですが、花芽が形成されないと苞も発達せず、着色もしませんので、苞を観賞するためには一定の長さの連続した暗黒の時間を与える必要があります。したがって、短日条件になる秋以降に夜間照明の当たる室内などで管理すると、いつまでたっても苞が着色しないことになります。

この場合、クリスマス時期に苞が着色した状態にするには、栽培品種にもよりますが、家庭では9月下旬〜10月上旬には夕刻5時頃から翌朝8時頃まで段ボール箱などで株を覆い、暗黒条件をつくり出し、夜間に照明を当てない工夫が必要です。このような処理を短日処理 [short-day treatment] と呼んでいます。

2．長日植物 [long-day plant]

前者とは逆に、1日の日長がある特定の長さより長い時間で花芽形成する植物を長日植物と呼びます（写真16頁）。

よく知られているものとしては、キンギョソウ（*Antirrhinum majus*）、ストック（*Matthiola incana*）、キンセンカ（*Calendula officinalis*）、トルコギキョウ（*Eustoma grandiflorum*）、フクシア（*Fuchsia hybrida*）などがあります。

3．中性植物 [day-neutral plant]

ある程度成長すれば日長にあまり関係なく花芽形成される植物を中性植物と呼びます（写真16頁）。

代表的なものとしては、シクラメン（*Cyclamen persicum*）、ゼラニウム（*Pelargonium × hortorum*）、セントポーリア（*Saintpaulia* cvs.）、ダイアンサス（*Dianthus* cvs.）、バラ（*Rosa* cvs.）、パンジー（*Viola × wittrockiana*）、プリムラ・オブコニカ（*Primula obconica*）などがあります。

以上が花芽形成に関する光周性ですが、その他にも植物によって茎の伸長、葉の発達、塊茎（82頁）、芽の休眠などで光周性が見られます。

短日植物

アサガオ 'スカーレット・オハラ'
Ipomoea nil 'Scarlett O'hara'

カランコエ
Kalanchoe blossfeldiana cvs.

コスモス
Cosmos bipinnatus cvs.

長日植物

キンギョソウ
Antirrhinum majus cvs.

ストック 'ディープ・ピンク'
Matthiola incana 'Deep Pink'

フクシア 'ミッション・ベルズ'
Fuchsia hybrida 'Mission Bells'

中性植物

シクラメン 'カルメン'
Cyclamen persicum 'Carmen'

ゼラニウム
Pelargonium × hortorum cvs.

ダイアンサス 'テルスター・ピコティー'
Dianthus 'Telstar Picotee'

> **コラム** | **葉を食べる多肉植物グラパラリーフ**
>
> ベンケイソウ科の多肉植物である朧月（おぼろづき）(*Graptopetalum paraguayense*)は、ＣＡＭ植物に含まれ、食用として改良されたものがグラパラリーフの名で食用として販売されています。味は青りんごのような酸味があり、「はりんご」とも呼ばれています。酸味はリンゴ酸によるもので、ＣＡＭ植物の特殊な光合成に由来しています。リンゴ酸量は暗期終了時が最も多く、明期終了時に最も少なくなるため、酸っぱい味を楽しむためには、朝方に食するのがよく、夕方は避けた方がいいようです。
>
>
>
> グラパラリーフとして販売される朧月
> *Graptopetalum paraguayense*

● 屈光性（くっこうせい）[phototropism]

　植物のある器官が、外部の刺激に反応して、刺激と関係がある方向に向かって成長することを、とくに**屈性**（くっせい）[tropism]と呼びます。刺激が光の場合、**屈光性**といいます。

　一方向からしか光が当たらない所で植物を育てていると、地上部が光の方向に向かって屈曲し始めることはよく知られています。このように刺激の方向に向かって成長する場合、**正の屈光性**（せい）または**向日性**（こうじつせい）と呼んでいます。

　窓辺などは光が一方向からしか当たらないので、鉢物の場合、そのまま栽培していると窓側に地上部が曲がり観賞しづらくなります。このような際は鉢を時々回してやるとバランスよく生育するようになります。

　とくに、トックリラン(*Beaucarnea recurvata*)やシンノウヤシ(*Phoenix roebelenii*)など幹が分枝しない**単幹性**（たんかんせい）のものは、幹が光の方向に曲がったからといってすぐに更新できないので、こうした手入れは大切です。

1-2 | 温度と植物

　ここでは**温度**（おんど）[temperature]と植物の関係について解説します。温度とは物質の寒暖の度合いを数量的に表すものですが、この表示の仕方にはいくつかの方法があります。

　私たちがよく使うのは**摂氏温度**（せっしおんど）というもので、日常使用する温度計には摂氏温度目盛りがついています。これは氷の解ける温度を０℃、１気圧の大気中で水の沸騰する温度を１００℃と決め、この間を１００等分して１目盛りを１℃と決めています。この温度目盛りはスウェーデンの物理学者、セルシウスによって１７４２年に決められたものです。

　一方、アメリカなどでは、**華氏温度**（かしおんど）をよく使用しています。華氏温度では、氷の解ける温度を３２℉、

水の沸騰する温度を212°Fとし、その間を180等分して1目盛りを1°Fと決めています。この温度目盛りはドイツの物理学者ファーレンハイトが1724年に考案したものです。

　アメリカの園芸図書を買い求めると、温度表示が華氏温度で現される場合が多く、困惑することがありますが、摂氏温度（C）と華氏温度（F）との間には以下のような関係式が成り立ちますので、換算すると便利です。

$$C = \frac{(F-32) \times 5}{9}$$

　例えば、77°Fの場合、この関係式より、25℃であることがすぐに換算できます。

● **最適温度**（さいてきおんど）[optimum temperature]　**最低温度**（さいていおんど）[minimum temperature]
最高温度（さいこうおんど）[maximum temperature]

　植物の場合、その体温を一定温度に保つことはあまり得意ではありません。このため、植物の分布は温度に最も強く影響されます。一般に、地球上では経度が高くなるほど、また標高が上るほど気温は低温になります。標高の場合、160m上ると平均気温は約1℃下ることになります。

　ラウンケルの生活形の分類法（39頁）によれば、より寒さに厳しい地域に向かうにつれて、**休眠芽**（きゅうみんが）(87

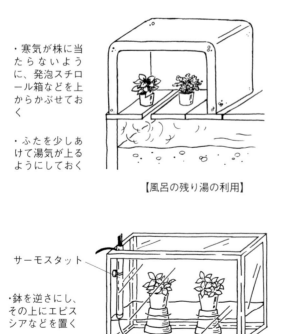

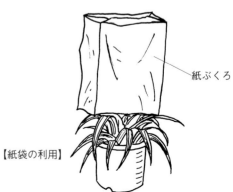

図1.1　家庭における保温および加温の方法

頁）を地上から地表、地中につける植物の割合が高くなるとされています。

　種子が発芽し、花が咲き、果実がなるまでの植物の各生育段階において、それぞれに最も適した温度が存在しており、これを**最適温度**と呼んでいます。

　各生育段階の最適温度はそれぞれ異なることが多いのですが、一般に種子が発芽するのに最も適した温度を**発芽適温**[optimum temperature for seed germination]、その後の生育（休眠打破、春化などは除く，21頁）に最も適した温度を一括して**生育適温**[optimum temperature for growth]と表します。また、それぞれの段階の生命活動が維持できる最も低い温度を**最低温度**、最も高い温度を**最高温度**と呼んでいます。

　これらは○〜○℃というように一定の温度範囲で表記されるのがふつうです。最低および最高温度の限界を超えると、様々な生育障害が生じ、さらに温度が下ったり、あるいは上ったりすると植物は枯死してしまいます。

　したがって、それぞれの植物に関するこれらの最適温度、最低温度、最高温度を把握するとともに、最低最高温度計などを使って栽培する場所の最低温度、最高温度を知っておく必要があります。

発芽適温／生育適温／栽培適温

パンジー'モルフォ'
Viola × wittrockiana 'Morpho'
発芽適温：18℃
生育適温：10〜15℃
栽培適温：5〜20℃

ベゴニア・センパフローレンス
Begonia Semperflorens Group
発芽適温：20℃
生育適温：15〜20℃
栽培適温：10〜30℃

ニチニチソウ
Catharanthus roseus cvs.
発芽適温：22℃
生育適温：20〜30℃
栽培適温：15〜35℃

コリウス
Plectranthus scutellarioides cvs.
発芽適温：25℃
生育適温：20〜25℃
栽培適温：15〜30℃

　植物を栽培する場合、まわりの気温を生育適温に完全に一致させる必要はなく、経験的にこの生育温度の5℃前後の範囲内では、温度に関して栽培上は生育（発芽や休眠打破などは除く）にとくに問題ないことが多く、著者は**栽培適温**として区別しています。

　例えば、生育適温が20〜25℃の植物の場合、栽培適温は15〜30℃となります。この栽培温度の上限を超えると、最高温度に達していなくても、高温に関して配慮する必要があり、できるだけ涼しい場所に鉢を移したり、日中に鉢のまわりに**打ち水**をしたりするなどして涼しい環境をつくる必要があります。栽培適温の下限より温度が下がると、**保温**や**加温**の準備を始めるとよいでしょう（18頁図1.1）。

主な観葉植物の最低温度

0〜5℃のグループ

ナカフヒロハオリヅルラン
Chlorophytum comosum 'Picturatum'

ムラサキゴテン
Tradescantia pallida 'Purple Heart'

オオイタビ'サニー'
Ficus pumila 'Sunny'

シェフレラ'ホンコン・バリエガタ'
Schefflera arboricola 'Hong Kong Variegata'

5〜10℃のグループ

ポトス
Epipremnum aureum

コルディリネ'愛知赤'
Cordyline fruticosa 'Aichi-Aka'

サンセビエリア'ローレンティー'
Sansevieria trifasciata 'Laurentii'

インドゴムノキ'トリカラー'
Ficus elastica 'Tricolor'

10〜15℃のグループ

アロカシア・アマゾニカ
Alocasia × *amazonica*

セイシカズラ
Cissus javana

クロトン'曙'
Codiaeum variegatum 'Akebono'

エピスシア'フロスティ'
Episcia 'Frosty'

● **耐寒性** [cold resistance, cold tolerance]　**耐暑性** [heat resistance, heat tolerance]

　低温に耐えうる性質を**耐寒性**、高温に耐えうる性質を**耐暑性**と呼び、その度合いを「強い」または「弱い」などと表現して区別しています。

　また、凍害に耐えうる性質を**耐凍性** [freezing resistance]、霜に耐える性質を**耐霜性** [frost resistance]、雪に耐える性質を**耐雪性** [snow resistance] と呼んでいます。

　人為的に植物の耐寒性を強めることを**ハードニング** [cold hardening, hardening] といいます。ハードニングをするには、生育期間中にできるだけ日光に当てる、徐々に低温にさらして慣らしておく、用土を乾燥気味に保つなどの方法があります。

● **温周性** [thermoperiodicity]

　気温は常に一定ではなく、地球の自転と公転によって、1日を周期とする日変化と、1年を周期とする年変化があります。このような気温の周期変化が生育に影響する現象を、**光周性**（14頁）に対し、**温周性**と呼んでいます。

　例えば、多くの植物では、昼と夜との生育適温は異なっており、ふつうは昼温が夜温より高い周期で管理したほうが生育がよいとされています。ただし例外として、セントポーリア（*Saintpaulia* cvs.）などのように、夜温が昼温より高い周期で管理したほうがよいものもあります。

● **休眠打破** [breaking endodormancy]

　植物が生育する過程で、種子（135頁）や球根（81頁）、冬芽（87頁）の状態にある時に、生育が一時的に停止することがあります。この状態を**休眠**と呼んでいます。

　休眠は植物が低温や高温、乾燥など生育に対する不適環境に耐えるための適応現象と考えられています。休眠から目覚めて発芽能力を持ち、生育を開始するようになることを**休眠打破**と呼んでいます。

　多くの植物の場合、特定の温度を一定期間受けることによって休眠打破することが多く、この特定の温度は低温である場合が多いのですが、フリージア（*Freesia* cvs.）やチューリップ（*Tulipa gesneriana*）のように高温である場合もあります。

● **春化** [vernalization]

　休眠打破（同頁）した種子あるいは一定の生育期間を経過した植物体に連続的にある特定の低温にさらすと、花芽（86頁）が形成されることがあり、このような現象を**春化**と呼んでいます。

　春化に有効な温度は、植物の種類によって異なりますが、一般には－5℃〜15℃の範囲の温度とされています。

　発芽中の種子が低温を受けて春化するのを**種子春化** [seed vernalization]、ある一定の生育段階に達した植物体が低温を受けて春化するのを**緑植物春化** [green plant vernalization] または**緑色植物体春化**と区別しています。

1-3 | 水と植物

　水は植物にとってたいへん重要です。草本植物（140頁）ではふつう、生重量の80〜90％以上が水で、木本植物（141頁）でも50％以上が水で構成されています。このように植物にとっては、水は単なる環境要因だけでなく、植物の重要な構成要素でもあります。

　植物細胞を膨張させるように働く圧力を**膨圧**［turgor pressure］と呼んでおり、植物細胞の力学的強度や、植物体の体勢維持および成長に不可欠なものです。この膨圧にも水が必要で、植物に含まれる水の量が一定量以下に減少すると、膨圧が小さくなり、萎凋し始め、ついには枯れてしまいます。

　光合成（10頁）をはじめ、植物内で生じる多くの重要な反応の原料として水は欠かせません。さらに、水はいろいろな溶質に対して最もよい溶媒で、気体や無機質、その他各種の溶質は水に溶けて植物細胞に入り、植物体内を移動しています。

　水は**比熱**が大きいので、その温度を変化させるためには大量の熱の出入りが必要です。このため、水をたくさん含む植物細胞は、熱的に安定で、水によって熱的に守られているといえるでしょう。また、**蒸散**（同頁）によって水が失われる際に、熱量が奪われます。このため水の蒸散は植物に対して冷却効果をもち、それによって体温の調節が行われています。水は大きい**表面張力**と**凝集力**を持つため、100mを超すような高木（141頁）でも上昇することができます。

　また水は4℃で密度が最大になりますので、氷は4℃の水よりも軽く水に浮きます。このため、土壌の表面の水が凍っても、土壌中の根は氷によってあまり傷つけられることなく**吸水**（同頁）することができます。

　このような生物における水の働きを**水分生理**［water relations］と呼んでいます。

● **吸水**［water absorption, water uptake］　**蒸散**［transpiration］

　植物が水を外界から取り入れることを**吸水**と呼んでいます。植物はふつう水を根の**根毛**（78頁）から吸水します。もちろん例外もあり、水生植物（40頁）のうちでも植物体全体が完全に沈んでいる**沈水植物**（42頁）では体表面から吸水しています。

　また、パイナップル科植物の場合、葉の表面の**小鱗片**［scale］より直接吸水しています。このため、葉の基部が重なり合って筒状になっているエクメア属（*Aechmea*）、グズマニア属（*Guzmania*）、ネオレゲリア属（*Neoregelia*）、フリーセア属（*Vriesea*）などでは、筒状部に水をためておくと吸水されます。また、筒状部をつくらないクリプタンサス属（*Cryptanthus*）やティランジア属（*Tillandsia*）などでは葉に水をかけてやると、吸水されます。

　このようにして吸水された水は、**木部**の**導管**あるいは**仮導管**（85頁）を通って植物体を上昇し、その過程で植物体の各部に水が供給されます。

　上昇していった水は最後には、主として葉の**気孔**（100頁）から蒸発して、大気中に水蒸気として放出されます。このように植物体内の水が水蒸気の状態で体外に放出されることを**蒸散**と呼んでいます。前述したように、この蒸散によって植物体の体温調節が行われています。すなわち、1gの水が水蒸気となって蒸散により失われると、約539calの熱量が奪われ、葉温が低下します。

　気孔は葉の裏面に多くあり、口のように開閉します。多くの植物では光が当たると**光合成**（10頁）を行うために気孔がひらき、二酸化炭素が植物体に取り込まれ、同時に体内の水を蒸散により失うことになります。ただし、乾燥地に自生する植物や着生植物（43頁）でよく見られるＣＡＭ植物（11頁）では比較的

冷涼な夜間に気孔を開けています。
　蒸散の量が吸水の量を上回り、植物体内の水の量が少なくなると、気孔が閉じ、それ以上水が失われないようにします。しかし、気孔を閉じてしまうと二酸化炭素も取り込めなくなるため、光合成を行うことができず、このような状態が続くと植物は成長も停止することになります。結局、植物は光合成を行うために気孔を開けざるをえません。
　実際、1日で植物体内に含まれている水の1～10倍の水が吸水され、そのほとんどが蒸散によって体外に放出されているといわれています。

● **土壌水分**[soil moisture, soil water]
　土壌(26頁)中に含まれる水を総称して、**土壌水分**と呼んでいます。土壌水分にはいろいろな物質が溶けているので、これを**土壌溶液**[soil solution]といいます。植物はこの土壌溶液から水と栄養を同時に吸収します。

● **灌水**[irrigation, watering]
　植物は土壌水分のすべてを利用することはできず、一定量以下になると吸水できなくなります。前述のように、植物はその成長のために大量の水を必要とします。
　主に降雨によって土壌に供給された水は、土壌表面から蒸発により失われ、植物が成長を続けるために十分な水が土壌にない場合も多く、このような時に不足した水を人為的に補うことを**灌水**または**水やり**といっています。
　水は植物の生命維持に不可欠なものです。園芸の世界では、昔から「水やり3年」という言葉があり、植物にとって灌水はいかに重要な栽培技術であるかをよく表しています。
　鉢植えの植物の場合、水を蓄える用土の量が限られているため、灌水には細心の注意をはらう必要がありますが、基本は用土が乾けばたっぷりと水を与えることです。用土の表面が湿るだけの灌水では不十分で、水が鉢全体に行きわたり、鉢底から流れ出るまで十分に与える必要があります。たっぷりと水を与えることによって、水を与えるだけでなく、用土の中の古い大気が押し出され、根が呼吸するのに必要な新しい酸素が入っていくことになります。
　多くの植物では、光が当たると気孔が開き、蒸散が盛んになるため、蒸散と並行して吸水も盛んになります(22頁)。このため、灌水は午前中早めに行うほうが効率はよいことになります。用土の乾き具合はいろいろな条件によって異なるので(表1.1)、様々な鉢植えの植物を一律に何日かに1度というように決めてしまって、用土が湿っていても水を与えてしまうのは問題です。
　旅行などで何日か家を留守にする時、最も問題になるのは灌水です。耐乾性(25頁)の強

表1.1　用土の乾きやすさ具合を決める条件

	乾きやすい	乾きにくい
日照	日光がよく当たる	日光があまり当たらない
温度	温度が高い	温度が低い
湿度	湿度が低い	湿度が高い
風通し	風通しがよい	風通しが悪い
用土の排水性	排水性がよい	排水性が悪い
用土の保水性	保水性が悪い	保水性がよい
鉢の材質	素焼き鉢	プラスチック鉢 駄温鉢 化粧鉢
鉢の種類	吊り鉢	置き鉢

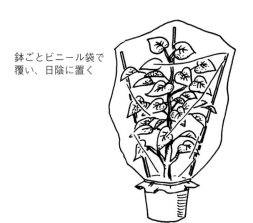
鉢ごとビニール袋で覆い、日陰に置く

受け皿に水を張っておく

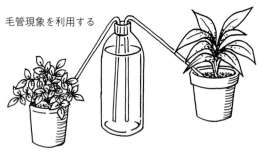
毛管現象を利用する

図1.2
留守時の灌水方法

湿らせたマットなどの上に鉢を置く　水を張っておく

い植物や大きな鉢に植えてある植物の場合、出かける前にたっぷりと水を与えて日陰に置いていけば、5～7日ほどなら持ちこたえることができます。耐乾性の弱い植物の場合、図1.2のような工夫が必要です。最近では家庭園芸用の自動灌水装置が開発されていますので、鉢数が多い場合、これらを使用するのもよいでしょう。

　灌水の程度は、花芽（86頁）の形成や耐寒性（21頁）、茎葉の徒長などに関係しています。クリスマスカクタス（*Schlumbergera × buckleyi*）やノビル系デンドロビウムなどでは、花芽が形成される前に灌水を減らすことによって用土を乾燥気味に管理すると、花芽の形成がよくなることが知られています。反対に、この時期に灌水が多いと花芽の代わりに葉芽（86頁）ができ、結果として花が咲きません。ノビル系デンドロビウムの場合、このようにして生じた葉芽を**高芽**（86頁）と呼んでいます。

　また、低温期に向かう秋から灌水を少なくすると、耐寒性が増すことが知られており、これを**ハードニング**（21頁）と呼んでいます。さらに、一般に植物は弱光下で灌水が多いと、茎葉が弱々しく、細長く生育する傾向にあり、これを**徒長**［succulent growth］と呼んでいます。

● 葉水［syringe］

　用土に水を与えず、葉や植物体全体に水をかけることを**葉水**といい、**シリンジ**とも呼びます。湿度を保つのに有効です。

● **耐乾性** [drought resistance, drought tolerant]

植物が乾燥に耐えうる性質を**耐乾性**または**耐乾燥性**と呼んで、その度合いを「強い」または「弱い」などと表現して区別しています。

砂漠などの乾燥地に自生する多肉植物（68頁）や着生植物（43頁）などの乾生植物（40頁）などは耐乾性が強く、根系（78頁）がよく発達していたり、乾燥時に葉を巻くことで蒸散量を減少させたり、葉が退化してなくなったり、葉に毛があり霧などから水を得やすくなっていたりして、蒸散より吸水の量が多くなるようにして、水不足の環境に適応しています。

なお、耐乾性の強い植物といっても、土壌の乾燥に耐える能力があるだけで、成長期には十分な灌水が必要であることが一般的です。

耐乾性による分類

耐乾性が強いグループ

アロエ・アルボレスケンス
Aloe arborescens

オオベンケイソウ
Hylotelephium spectabile

ハナスベリヒユ
Portulaca umbraticola cvs.

耐乾性が弱いグループ

ブライダルベール
Gibasis pellucida

プリムラ・マラコイデス
Primula malacoides cv.

カルセオラリア
Calceolaria Herbeohybrida Group

● **耐湿性** [waterlogging tolerance]
　植物が土壌の過湿状態に耐えうる性質を**耐湿性**と呼び、その度合いを「強い」または「弱い」などと表現して区別しています。池や川、湖沼などの水中や水辺に生育する**水生植物**（40頁）は、一般に耐湿性が強いのが特徴です。
　植物は水を十分に吸水できないと本来の成長ができませんが、多くの植物の場合、土壌に水がありすぎて水びたしのような過湿状態でも、正常な成長ができません。これは根が呼吸するために必要な酸素が供給されないことによるもので、吸水が困難になるために、地上部がしおれて、乾燥時と同様の症状をおこします。このような時に水を与えると、ますます症状が悪化するので注意が必要です。

1-4 ｜ 土壌と植物

　土壌 [soil] とは、岩石の破片からできた**無機成分**と、動植物の死体が分解してできた**有機成分**とが混合した、地球上の**地殻**の最表面の生成物をいい、一般には**土**と呼ばれます。
　土壌の一部は、微生物の働きによって**養分**となって、水とともに植物に吸収されます。土壌は、陸地に生きるすべての動植物にとって、生活の場であるとともに、養分の供給を受ける場でもあります。
　よく園芸作業のことを「土いじり」ともいい、園芸と土壌とは切っても切れない関係にあります。ここでは、植物の生活の場としての土壌と、そこから供給される養分に関する用語について解説します。

● **土壌三相** [three phases of soil]
　土壌は、無機成分と有機成分からなる土壌の粒子である固体と、それらの隙間から成り立っています。この隙間は**土壌孔隙** [soil porosity] といい、液体と気体が入っています。これらはそれぞれ**固相** [solid phase]、**液相** [liquid phase]、**気相** [gaseous phase] と呼ばれ、これらを合わせて**土壌三相**といいます。
　三相の割合は、土壌の種類などによって異なります。一般に植物の生育に適当な土壌は、固相が50％未満であるとされています。ふつうは粘土や有機成分が多いほど固相の割合が低く、隙間が多くなります。これを**団粒**といい、土壌粒子が凝集して粗い塊をつくっており、植物の生育に適しているといわれています。
　残りの液相と気相は常に変動しています。すなわち、雨が降った後や、**灌水**（23頁）を行った後は液相がふえ、その分だけ気相が減り、乾けばその逆になります。
　土壌三相のうち、固相の割合を**固相率**、全体から固相率を引いたものを**孔隙率** [air filled porosity] と呼んでいます。

● **団粒構造** [aggregate structure]
　いくつかの土壌粒子が集まってつくる小さな塊を**団粒** [soil aggregate] といい、その団粒が集まって大小の団粒となり、その団粒が粗密に並んだ土壌の状態を**団粒構造**（次頁図1.3）と呼んでいます。反対に、土壌粒子がそのままの状態で並んでいるものを**単粒構造** [single grained structure] と呼んでいます。
　例えていえば、ご飯粒が単粒構造、ご飯粒でつくったおにぎりが団粒、大小のおにぎりを弁当箱に入

れた状態を団粒構造ということができるでしょう。

　団粒構造の場合、大小様々の土壌孔隙が存在するため、空気の透過や、水の浸透および保持が適度に行われます。このため、団粒構造の土壌は保水性、排水性、通気性がよく、植物の生育に適しています。団粒構造の土壌にするには、次のような方法が知られています。

単粒構造　　　　団粒構造

図1.3　土壌の構造

① 最適な土壌水分の状態の時に耕すようにします。乾きすぎた土壌を耕したり、ふるいにかけたりすると、団粒構造が破壊されることがあります。最適な土壌水分の状態とは、降雨または灌水して2〜3日後、土壌を手で握って、手をひろげると塊が崩れかける程度の水分状態の時といわれています。
② **腐葉土**や**ピートモス**などの培養土の**有機質素材**(30頁)を与える。
③ 適量の苦土石灰や消石灰などの**石灰質肥料**を与える。
④ **土壌改良剤**(同頁)を使う。

● **土壌改良剤** [soil conditioner]

　土壌の団粒構造を促進するための薬剤を**土壌改良剤**といい、ふつうは合成高分子化合物の接着物質を土壌に混入して用います。また、**培養土**(同頁)の一部も含めることがあります。

● **培養土** [substrate]

　植物の栽培に適するように、ふつうは数種類の素材を配合して作成した土壌を**培養土**といいます。また、このように調合したものを、**配合土** [mixed soil, soil mix] や**用土**、**コンポスト** [compost] とも呼びます。

　元来、培養土は山砂や田土などに**有機質素材**(30頁)を混合した後、一定期間堆積して保水、排水、通気がよくなるようにしたものをさしますが、その区別は厳密なものではありません。例えば、水苔(30頁)のようにふつうは単一で用いるものも含まれます。

　鉢に植物を植えて育てれば、自由に植物を移動することができ、灌水(23頁)や施肥(31頁)も調節しやすく、栽培者にとっては大変便利です。一方、植物にとっては鉢という限られたスペースで成長しているため、根系(78頁)の自由な発達が著しく制限され、**根詰まり** [root-bound, pot-bound] をおこしやすくなります。

　したがって、植物を鉢で栽培する場合、培養土はできるだけ理想的なものであることが求められます。根詰まりがひどくなると、新しい根を伸ばすスペースがなくなり、水を与えても鉢内に行きわたらず、水や養分が十分に吸収できなくなります。このようになると生育が極端に悪くなり、いくら栽培を工夫し、よい環境で育てても回復できません。

　新しい培養土で**植え替え**(211頁)を行うと、排水、通気がよくなるだけでなく、古い根が切られることによって新根の発生を促すことになります。また、元気に生育している株でも、鉢に比べて株が大きくなってしまったものや、鉢底から根が出てきたものは植え替えるとよいでしょう。一応の目安として、

次のような状態になれば植え替えが必要です。
　①水を与えても培養土になかなかしみ込まず、鉢の上にたまっている。
　②培養土の表面にコケなどが発生したりする。
　③全体に生育が悪くなり、葉色が悪く、新芽が伸びてこない。下葉が落ちてくる。
　④鉢内が根でいっぱいになって、培養土が鉢よりも盛り上がってきたり、鉢底から根が出てきたりする。
　⑤生育が旺盛で、鉢に比べて株が大きくなりすぎ、倒れやすくなる。
　このような状態になれば、植え替えが遅れてしまったことを示しており、実際にはもっと早めに行う必要があります。

● 培養土の種類

　よく使用される培養土の素材は次の通りです。これらは**無機質素材**と**有機質素材**に大別できます（写真29頁）。

1．無機質素材

1.1　**鹿沼土** [Kanuma soil]　栃木県鹿沼市周辺に分布する茶褐色の火山灰土。酸性土壌で、保水や通気性に優れています。肥料分はほとんど含んでいません。**さし木用土**（204頁）にも適しています。

1.2　**赤玉土** [Akadama]　関東ローム層、東海地方や西南暖地地方の台地、丘陵地に分布する火山灰が堆積した赤褐色の心土を**赤土** [red soil] といい、この赤土を一定の粒径でふるい分けたものを**赤玉土**と呼んでいます。粘土質も含み、団粒組織を持つので、基本的な素材の一つとして使えます。肥料分はほとんど含まれず、さし木用土の素材としても優れています。みじんを抜いたものは、排水や通気、保水性ともに優れています。みじんが残っていると排水が悪く、過湿気味になります。pHは4.0～6.0と弱酸性で、アルミニウムや鉄分が多いためリン酸を不活性化するため、リン酸肥料の肥効が悪いので注意します。

1.3　**黒土**　関東ローム層の表土のことで、心土の赤土に、落ち葉や動物のふん、遺体などの有機物が作用して黒色になったものです。保肥力が強く、保水性も優れていますが、通気性はあまりよくありません。赤玉土と同様に、弱酸性のため、リン酸肥料の肥効が悪いので注意します。**黒ボク土**とも呼びます。

1.4　**バーミキュライト** [vermiculite]　**蛭石**をごく短時間、約1100℃の高温で焼成処理したもの。約10倍に膨張しているので軽く、多孔質で、とくに保水性に富んでいます。通気、排水性ともによいですが、多用すると多孔質が崩れてしまった時に排水が悪くなります。肥料分、病害虫、雑草種子を含んでいません。保肥力は強く、ピートモスと混合するとよいさし木用土となります。

1.5　**パーライト** [perlite]　**真珠岩**を粉砕して、900～1200℃の高温で焼成処理した白色粒状のもの。約10倍に膨張しているので、孔隙量は92.4%と大きく、保水、通気、排水性に優れています。肥料分、病害虫、雑草種子を含みません。また、軽いので吊り鉢の培養土の素材として適しています。保肥力はありません。ピートモスと混合するとよいさし木用土となります。

1.6　**黒曜石パーライト** [obsidian perlite]　**黒曜石**を高温で焼成処理して発泡したもの。多孔質で、軽く、保水、通気、排水性に優れています。「フヨーライト」や「ビーナスライト」の商品名で市販されています。大粒のものは、植え替え時に鉢底に敷くと排水がよくなります。

1.7.　**軽石** [pumice]　火山地帯に様々な種類のものがあり、白みを帯びた多孔質の軽い石。通気性

培養土の種類

無機質素材

鹿沼土　　　　　　　赤玉土　　　　　　　黒土

バーミキュライト　　パーライト　　　　　黒曜石パーライト　　軽石

有機質素材

腐葉土　　　　　　　ピートモス

バーク堆肥　　　　　もみがら燻炭　　　　水苔

に優れ、保水や排水性にも富んでいます。鹿児島県と宮崎県南部には、通称ボラと呼ばれる軽石が広範囲に分布しており、「**ひゅうが土**」などの商品名で市販されています。大粒のものは、植え替え時に鉢底に敷くと排水がよくなります。

2. 有機質素材

2.1 腐葉土 [leaf mold]　カシ、クヌギ、ナラ、ブナなどの広葉樹(142頁)の落ち葉を堆積し、十分に腐らせたもの。多孔質で通気性に富み、排水や保水性にも優れています。団粒構造(26頁)を持つ土壌の作成に役立ちます。

2.2 ピートモス [peat moss]　寒冷地の湿地に水苔が永年堆積し、あまり無機化しないで生じた堆積物を乾燥粉砕したもの。酸度が高く、肥料分が少ないのが特徴です。保水、通気性に優れていますが、排水性は劣ります。酸性度が高く、pH3.5〜4.7なので**pH調節**が必要ですが、最近は調節ずみのものも市販されています。pH調整を行う必要がある時には、1ℓ当たり苦土石灰を6〜7g添加します。さし木用土の素材としても適しており、パーライトやバーミキュライトと混合するとよいでしょう。

2.3 バーク堆肥 [bark compost, bark manure]　樹木の樹皮(88頁)を裁断したものを、堆積し、醗酵させたものです。未熟なものは窒素肥料を添加して利用する必要があります。

2.4 もみがら燻炭 [rice husk charcoal, rice hull charcoal]　もみがらを蒸し焼きにしたもの。保水性、排水性、通気性に優れていますが、アルカリ性を示します。

2.5 水苔 [sphagnum moss]　湿度の高い山地などに自生している水苔(コフサミズゴケ、オオミズゴケなど)を選抜して乾燥したもの。酸性で、保水性に富み、通気性も良好です。着生植物(43頁)に適しています。

● 培養土の使い方

前述のように、培養土としては、排水性と通気性、保水性に優れているものを使う必要があります。著者は基本的な用土として、入手しやすさを考えて**赤玉土**(28頁)：**腐葉土**(同頁)＝6：4または7：3をすすめています。さらにいくつかの素材を配合すれば、より理想的な培養土をつくることもできますが、家庭園芸の場合、できるだけ簡単にしておかないと、つい材料の入手や配合が面倒になり、結局植え替え時期を逃してしまうことになりかねません。

また、すでにいくつかの素材を配合したものが植物別に市販されているので、これらを利用してもよいでしょう。

水やりが好きで用土を過湿気味にする人は、こうした基本的な用土に排水性に優れるパーライト(28頁)などを混ぜるようにします。反対に、時間がなく水やりの間隔をできるだけひろげたい人は、保水性に優れるピートモス(同頁)やバーミキュライト(28頁)を配合すると使いよい培養土になります。吊り鉢の場合は、軽いことが望ましいので、パーライトを多めに混合するようにします。

● 肥料 [fertilizer, manure]

肥料とは、狭義には植物の養分とするために施すものをいいますが、広義には前述の土壌の性質を改良する土壌改良剤(27頁)や、両方の目的を同時に果たすものを含みます。ここでは、狭義のものを中心に解説します。

植物体を構成する**必須元素**としては、炭素(C)、水素(H)、酸素(O)、窒素(N)、リン(P)、カリウム(K)、カルシウム(Ca)、マグネシウム(Mg)、マンガン(Mn)、イオウ(S)、鉄(Fe)、ホウ素(B)、亜鉛(Zn)、モリブデン(Mo)、銅(Cu)、塩素(Cl)の合計16種類の元素が知られています。

　これらのうち、炭素、水素、酸素の3元素は空気中の二酸化炭素(CO_2)や土壌中の水(H_2O)から吸収され、その他の元素は水に溶けて、一般に根から吸収されます。

　植物が正常に生育するためには、炭素、水素、酸素以外の元素が不足しがちなので、肥料として植物に適量供給される必要があります。肥料を与えることを、**施肥** [fertilization, fertilizer application] といいます。

　とくに、窒素、リン、カリウムは吸収量が最も多く、よく不足するため、窒素(N)、リン酸(P_2O_5)、カリ(K_2O)を**肥料の三要素**と呼びます。

　一般にN、P、Kで示され、肥料には成分比としてこの三要素の含有率が百分率(％)で表示されています。例えば、N：P：K＝6：40：6と表示されている場合は、窒素が6％、リン酸40％、カリ6％の割合で含まれていることを示しています。すなわち、この肥料100gには、それぞれ6g、40g、6g含まれていることになります。

　このほかに、カルシウム、マグネシウムが不足しがちなので、これらを加えて**肥料の五要素**と呼んでいます。

● 肥料の五要素の役割

1．窒素 [nitrogen]

　植物体の原形質や葉緑素を構成するタンパク質の主要構成成分です。茎葉や根を伸長させ、葉色をよくするため、**葉肥**と呼ばれています。

　不足すると、葉が黄化し、下葉から枯れ上がり、生育不良となります。過剰の際は、生育が旺盛になりすぎて、草姿が乱れることが多く、花つきは悪くなります。また、株全体が徒長(24頁)し、病害虫にかかりやすくなります。

2．リン酸 [phosphate]

　植物の細胞核の構成成分で、また生理上重要な酵素の構成成分でもあります。一般に、開花や結実を促進するため、**実肥**と呼ばれています。欠乏症は古い葉から現れ、葉が紫色を呈し、葉脈間が黄化していきます。また、花つきが悪くなり、根の発達が悪くなります。過剰による障害は現れにくいですが、鉄、亜鉛、銅などの欠乏を誘発することがあります。

3．カリ [potash]

　植物体の細胞液の中にイオンの形で溶けて、炭水化物の合成を助け、その移動にも関係しています。また、植物体内の水分調節にも関連しています。根の発育を促進することから、**根肥**ともいい、茎葉を丈夫にします。不足すると、古い葉から症状が現れ、葉先から黄化し、しだいに葉縁部にひろがり、やがて褐色になって枯死します。根の発達が阻害され、耐病性も弱まります。過剰に吸収させると、窒素、カルシウム、マグネシウムの吸収を妨げるので注意が必要です。

4．カルシウム [calcium]

　一般に、葉に多く含まれ、葉内で行われる代謝作用の時に生じる有機酸を中和します。また、細胞膜の構成成分でもあります。カルシウムは植物体内で移動しにくいので、欠乏すると若い葉や芽から症状

が現れ、黄化してやがて枯死します。カルシウムの欠乏は土壌の酸性化を招きます。過剰に施すと土壌が中性またはアルカリ性になるため、マンガン、鉄、亜鉛、ホウ素などが吸収しにくくなります。

5．マグネシウム [magnesium]

葉緑素の構成成分として重要です。また、植物体内でのリン酸の移動に関与しています。マグネシウムは体内の移動が容易なため、欠乏症は古い葉から現れ、葉緑が黄化し、しだいに葉脈間に黄化が進み、さらにひどくなると落葉します。また、リン酸の吸収が悪くなり、リン酸欠乏を誘発します。

肥料は、以下のように分類されます。

● **無機質肥料** [inorganic fertilizer]　**有機質肥料** [organic fertilizer]

　肥料は製法により、無機質肥料と有機質肥料に大別されます。
　無機質肥料とは、無機化合物の形の肥料のことで、化学的に合成されてつくられる化学肥料の大部分がこれに含まれます。有機化合物の尿素や石灰窒素は化学的に合成されるので、便宜的に無機質肥料に含まれています。**有機質肥料**とは、天然の有機化合物の形の肥料のことです。

● **単肥** [straight fertilizer]　**複合肥料** [compound fertilizer]

　一つの養分しか含まない肥料を**単肥**と呼び、肥料の三要素のうち、二つ以上の養分を含む肥料を**複合肥料**と呼んでいます。

● **緩効性肥料** [controlled release fertilizer]　**速効性肥料** [quick-acting fertilizer]
遅効性肥料 [delayed release fertilizer]

　肥料の効き方により三つのタイプに大別できます。
　緩効性肥料は、一度与えると長期間おだやかに肥料が効き続けるタイプで、元肥として用土に混ぜたり、成長期の初期に施したりするのに適しています。
　速効性肥料は、与えるとすぐに効果が現れるが、持続性があまりないので、追肥として植物の状態を見ながらたびたび与えるとよいタイプです。
　また、**遅効性肥料**というタイプがあり、植物に吸収されるまでに時間がかかり、その後、ゆっくりと肥効が持続するもので、一般に有機質肥料がこれにあたります。

Chapter
2

植物の分類

奇想天外（きそうてんがい）
Welwitschia mirabilis
Curtis's Botanical Magazine
第5368図（1863）
出典／The Biodiversity Heritage Library

多様な植物をよりよく知るためには、植物が持つ形質や、私たち人間との関係に基づいて分類することが大切です。「分類する」という作業は、植物の分類に限らず、利用場面に応じてさまざまな分類基準で分類することになります。本章では、系統分類学的分類、植物学的分類、園芸学的分類という異なった分類基準による分類法で用いられる用語を解説します。とくに、生物の進化、分化の道筋に基づく系統分類学が著しく発展し、それに基づく分類体系も変化していることから、最新の学説をわかりやすく解説しました。

2-1 ｜ 系統分類学的分類

● **植物分類学** [plant taxonomy]

　分類 [classification, grouping] は学問の基本ともいえ、分類なしには学問や科学の発展はありえません。ここでは、植物の分類について解説することにします。

　植物の分類は、「食べられる植物」と「食べられない植物」に分けたことに始まったと考えられます。これらは経験に基づいた分類で、学問とはまだいえないものです。しかし、このような経験や知識が集積されて、一つのまとまりのある学問として体系づけられ、発展していきました。

　植物を分類する学問である植物分類学は、他の多くの学問と同じようにギリシアの哲学者によって始められました。「植物学の父」とも呼ばれる**テオフラストス**（Theophrastos, 紀元前約371―287）は、その代表的著作『**植物誌**』（紀元前300年頃）において、すでに植物を外観によって木、低木、亜低木、草などに分類しています。

　今日の分類学につながる学問的な基礎を築いたのは「分類学の父」とも呼ばれる、有名なスウェーデンの植物学者、**カール・フォン・リンネ**（Carl von Linné, 1707―78）です。彼の植物分類法は、それまでに知られていた動植物についての情報を整理して分類表をつくり、その著書『**自然の体系**』（1735年）において、生物分類を体系化しました。それぞれの種の特徴を記述し、類似する生物との相違点を記したのです。近代的分類学の始まりで、植物の分類においても、同書において示され、花の構造、とくに雄しべと雌しべ（心皮）の数を重視したもので、最初に雄しべの数と形態で24のグループに分け、次に雌しべの心皮の数で分類したものでした。

『自然の大系』10版　第1巻

　しかし、まだ**進化論** [theory of evolution] が発表される前であることもあり、種は不変なものであると考え、各植物群の自然的系統関係を重視していないなど、現代の分類学からみると人為的な分類法といえます。

　比較的、自然の系統関係を反映した分類法を示したのはフランスの**ジュシュー**（A. L. de Jussieu, 1748―1836）とされています。19世紀半ばに、**ダーウィン**（C. R. Darwin, 1809―82）や**ウォーレス**（A. R. Wallace, 1823―1913）によって進化論が発表されてから、植物分類学もその刺激を受け、植物が進化してきた歴史を反映し、各分類群の類縁関係や系統をあきらかにしようとする、**系統分類学** [phylogenetic taxonomy] へと発展していきました。

　このような系統分類法のうち、最も有名なものは、ドイツの**エングラー**（A. Engler, 1844―1930）が提唱した「**エングラーの体系**」で、世界の植物学者に影響を与えました。最近までは、アメリカの植物学者**クロンキスト**（A. J. Cronquist, 1912―92）が発表した「**クロンキストの体系**」もよく採用されていました。これらの系統分類法は、単純な構造を持つ花から、複雑な構造の花が進化したという仮説に基づくもので、分類群間の類似性によって体系づけられていました。

　一方、1990年代以降からDNA解析による**分子系統学** [molecular phylogeny] の発展により、その成果に基づく新たな分類体系が発表されています。

　被子植物（36頁）においては、1998年には**ＡＰＧ分類体系**としてまとめられ、その後、2003年にAPG Ⅱとして改訂され、2009年には第2回改訂版APG Ⅲが公表され、近年では2016年に第4版APG Ⅳ

が公表されています。新たな APG Ⅳ では APG Ⅲ よりさらに全体の体系化が進められ、被子植物は63目416科にまとめられています。**APG** とはこの分類を実行する研究グループ（被子植物系統分類グループ：The Angiosperm Phylogeny Group）の略称です。この分類体系は、被子植物のみを扱っています。最大の特徴は、被子植物のうち、これまで考えられていた双子葉植物を進化の過程で、単子葉植物より前に発生したグループである**原始的被子植物** [primitive angiosperms] と、後に発生したグループである**真正双子葉植物** [eudicots, eudicotyledons] に大別することです（36頁）。すなわち、被子植物は、わずか数百種ほどの多系統の原始的被子植物と、単子葉植物と真正双子葉植物という二つの大きな単系統群とから構成されています。なお、原始的被子植物は**基部被子植物** [basal angiosperms] とも呼ばれます。新しい分類体系では、科レベルでも以下に示すように従来からの分類体系から多数変更点があり、園芸愛好家には戸惑うことも多く、定着にはまだ時間がかかりそうです。本書では、原則として APG Ⅳ に基づいて記述しています。

まだ人類は全生物の類縁関係や系統をあきらかにするほどの知識を持ち合わせていませんので、今後も新しい分類体系が発表される可能性があるでしょう。ここでは園芸上、とくに重要である分類群についてのみ解説することにします。

ＡＰＧ分類体系による科レベルの主な変更点

① スギ科はヒノキ科に含められ、スギ科は消滅した。
② アカザ科はすべてヒユ科に統合され、アカザ科は消滅した。
③ 旧ユキノシタ科には木本、草本の多様な属を含んでいたが、APGでは、木本性の属すべていくつかの草本性の属が他の科に移された。アジサイ属、ウツギ属などはアジサイ科に移された。
④ パンヤ科（バオバブで有名なアダンソニア属が含まれる）、アオギリ科はすべてアオイ科に統合された。シナノキ科のシナノキ属、ツナソ属もアオイ科に統合された。
⑤ トチノキ科、カエデ科がムクロジ科に併合され、両者の名称が消滅した。
⑥ 旧ミズキ科に属していた植物のうち、アオキ属はガリア属ガリア科もしくは独立してアオキ科に移された。
⑦ ヤブコウジ科はすべてサクラソウ科に含められ、ヤブコウジ科は消滅した。
⑧ キョウチクトウ科とガガイモ科は統合され、キョウチクトウ科とされた。
⑨ 旧ゴマノハグサ科とされるもののうち、ウンラン属、ジギタリス属、キンギョソウ属など多くの属がオオバコ科に移された。
⑩ 旧クマツヅラ科の多くの科がシソ目の別の科に移された。クサギ属、ムラサキシキブ属などはシソ科に移された。新クマツヅラ科に残ったものは、ランタナ属やクマツヅラ属など数属にすぎない。

● **種子植物** [spermatophyta, seed plant]　**胞子植物** [spore plant]

種子植物は種子（135頁）で繁殖する植物群のことです。花を咲かせる植物という意味の**顕花植物**とほぼ同じ意味に使われますが、「花」の定義を広義にとるか狭義にとるかでその意味が異なってくるため、近年は種子植物と呼ばれることが多いようです。種子植物は**裸子植物**と**被子植物**（36頁）に大別されます。

胞子植物は、種子植物の対語で、**コケ植物**、**シダ植物**のように**胞子**で繁殖する植物群のことです。花を咲かせない植物という意味の**隠花植物**とほぼ同じ意味です。種子植物は学術用語ですが、胞子植物は学術用語ではありません。なお、本書ではコケ植物は解説していません。

● シダ植物 [pteridophyte]
　胞子で繁殖する**胞子植物**で、維管束（85頁）があります。シダ植物以外の胞子植物には維管束がありません。

シダ植物

ヘゴ（ヘゴ科）
Cyathea spinulosa

アジアンタム（イノモトソウ科）
Adiantum raddianum cv.

ビカクシダ（ウラボシ科）
Platycerium bifurcatum

● 裸子植物 [gymnosperm]　被子植物 [angiosperm]
　裸子植物とは、胚珠が子房（105頁）に包まれていない種子植物（35頁）のことです。木本茎（84頁）を持ち、樹木になります。葉の葉脈は基本的に二又脈（100頁）ですが、針葉樹（142頁）では特殊化して1本の葉脈のみのものが多くなっています。果実をつくらず、種子は裸の状態です。世界に約700種が知られています。
　裸子植物に対し、胚珠が子房に包まれる種子植物のことを**被子植物**といいます。葉脈は網状脈または平行脈（101頁）です。種子が成熟すると子房が肥大して果実をつくります。世界に26万種が知られています。単子葉植物より前に発生したグループである**原始的被子植物** [primitive angiosperms] と、後に発生したグループである**単子葉植物**（同頁）と**真正双子葉植物** [eudicots, eudicotyledons] から構成されています。

● 単子葉植物 [monocotyledon]　双子葉植物 [dicotyledon]
　古典的な分類法として、被子植物を子葉（101頁）の枚数によって二つに大別し、**単子葉植物**と**双子葉植物**に分けられます。
　APG分類体系（34頁）では、被子植物は、単子葉植物より前に発生したグループである**原始的被子植物** [primitive angiosperms] と、後に発生したグループである単子葉植物と**真正双子葉植物** [eudicots, eudicotyledons] から構成されています。単子葉植物と真正双子葉植物の特徴は、38頁表2.1を参照してください。

種子植物

裸子植物

ソテツ（ソテツ科）
Cycas revoluta

奇想天外（ウェルウィッチア科）
Welwitschia mirabilis

ヒマラヤスギ（マツ科）
Cedrus deodara

被子植物

原始的被子植物（基部被子植物）

ヒツジグサ（スイレン科）
Nymphaea tetragona

ペペロミア・アルギレイア（コショウ科）
Peperomia argyreia

タイサンボク（モクレン科）
Magnolia grandiflora

単子葉植物

カラジウム'ホク・ロング'（サトイモ科）
Caladium bicolor 'Hok Long'

カノコユリ（ユリ科）
Lilium speciosum

カトレヤ・プルプラタ（ラン科）
Cattleya purpurata

真正双子葉植物

アイスランドポピー（ケシ科）
Papaver nudicaule cvs.

キンギョソウ
Antirrhinum majus cvs.

ヤグルマギク
Cyanus segetum cvs.

表2.1 単子葉植物と真正双子葉植物の特徴

	単子葉植物	真正双子葉植物
根	主根の成長が早く止まり、不定根がよく発達してひげ根となり、主根と側根の区別がない（78頁図3.2）	胚の幼根がそのまま発育して主根となり、主根の側方に分岐した側根が生じる（78頁図3.1）
茎	維管束の木部があまり発達せず、多肉で柔らかい草質の茎である草本茎を持つものが多いが、ヤシ科やリュウゼツラン属など例外もある。茎の維管束は多数で、散在している	茎の維管束の数は少なく、ふつう円形に並ぶ
子葉の数	1枚	2枚（例外として、シクラメン属などは1枚。ストレプトカルプス属では子葉の1枚が退化して残りの1枚で終生生育するものがある
葉	ふつう単葉で、葉は全縁であることが多い。しかし、ヤシ科などのように複葉のものや、サトイモ科などのように縁が切れ込むものもある。脈は平行脈であるが、サトイモ科などでは網状脈をもつものがある	葉の形態は様々で、鋸歯や切れ込みをもつものも多い。脈は網状脈
花	花の各部はふつう3またはその倍数からなる三数性。ラン科など特殊化した例外もある。子房の中もふつう3室からなるが例外もある	花の各部は2、4、5またはその倍数からなる。子房の室の数もこの各部の数であることが多い

● **維管束植物** [vascular plant]　**非維管束植物** [non-vascular plant]

維管束（85頁）が発達して、地上に枝葉を繁らせ、より陸上生活に適応した形態を持つ植物を**維管束植物**といい、シダ植物、裸子植物、被子植物が含まれます（36頁）。維管束をもたない植物を便宜的に**非維管束植物**と呼びますが、系統的にはかなり異なるまとまりのない植物群です。

維管束植物は非維管束植物に比べて陸上の生活により適しているため、前者を**高等植物**、後者を**下等植物**ということがあります。

● **陸上植物** [terrestrial plant]

コケ植物、シダ植物（36頁）と種子植物（35頁）を示し、陸上で進化した植物の系統を総称したもので、水中などで生育する植物も含みます。

2-2　植物学的分類

様々な植物学的特徴によって植物をいろいろなグループに分類する用語について考えてみましょう。

● **生活形** [life form] **による分類**

植物の生活様式を生態的な観点から類型化したものを**生活形**といいます。様々な分類法がありますが、気候との関係から、植物が生活に不適な期間（低温期および乾燥期）を耐える**休眠芽**（87頁）の位置やその

保護状態などにより分類した**ラウンケル**(C. Raunkiaer)の生活形が有名です。このように気候との関係で分類した方法は、その植物が自生している地域の気候を反映していると考えることができます。

熱帯雨林では、**地上植物**が生育する全植物の半数以上を占めていますが、寒さの厳しい高緯度地域では**地表植物**や**半地中植物**の占める割合が高くなるといわれています。

以下にラウンケルの生活形に基づいて解説します。

1．地上植物 [phanerophyte]

低温や乾燥に耐える休眠芽の位置が地上から30cm以上にある植物を呼びます。ほとんどが木本植物（141頁）です。さらに次のように分けることができます。

- 1.1 **大高木**　休眠芽の位置が地上から30m以上の植物。
- 1.2 **中高木**　休眠芽の位置が地上から8〜30m以上の植物。
- 1.3 **小高木**　休眠芽の位置が地上から2〜8m以上の植物。
- 1.4 **低木**　　休眠芽の位置が地上から0.3〜2m以上の植物。

以上は一般の植物にあてはまる地上植物です。なお、大きくなる大高木などでは成長の過程で、いろいろな生活形を経過することになります。

また、特殊なものとして次のものが加えられています。

- 1.5 **多肉植物**（68頁）　すべての多肉植物があてはまるわけではありませんが、保護器官に包まれていない休眠芽の位置が地上から30cm以上にある多肉植物がここでは含まれます。
- 1.6 **着生植物**（43頁）　樹木などに着生した結果、休眠芽の位置が地上から30cm以上になった着生植物がここでは含まれます。

2．地表植物 [chamaephyte]

休眠芽の位置が地表と地上30cmの間にあるものを呼び、さらに矮小な低木や草木が含まれます。

3．半地中植物 [hemicryptophyte]

休眠芽が地表面のすぐ下に位置している植物を呼びます。雪が多い地域では、雪により低温からかなり保護されるため、この生活形を持つ植物が多く見られます。

4．地中植物 [geophyte]

休眠芽が地表面から離れた地中にあって保護されている植物を呼びます。**地下茎**（89頁）を持つ植物がこれにあたり、いわゆる**球根植物**（54頁）の多くがこれに含まれます。低温や乾燥に対する保護状態がよいので、高緯度地域や高山、乾燥地にこの生活形を持つ植物が多く見られます。

地中植物のなかでも、休眠芽が地中に保護されているものを**土中植物**（狭義の地中植物）と呼びます。また、休眠芽が水中にある植物を**水生植物**（40頁）、水が飽和している水辺の湿地や浅水中にある植物を**沼沢植物**といいます。

5．一年生植物 [therophyte]

生活に適している期間だけ生育し、1年以内に枯死して、生育不適期間を種子の状態で過ごす植物を呼びます。

● 水分条件による分類

生育地の水分条件によって、植物を次のように分類します。

1. **乾生植物** [xerophyte]

砂漠などの乾燥地や、塩分の多い環境下や低温により、水分の吸収が困難な場所に生育し、形態的あるいは機能的に乾燥に耐える性質を持った植物を**乾生植物**と呼んでいます。

多肉植物（68頁）も含まれますが、乾生植物のすべてが多肉植物ではなく、根系（78頁）がよく発達していたり、葉を巻くことで蒸散量を減少させたり、葉に毛があり霧などから水分を得やすくするなど、蒸散量より吸水量（22頁）が多くなるようにして水分不足の環境に適応しています。

着生植物（43頁）の場合も、常に安定して水分が供給されないことが多く、乾生植物として扱われるものがたくさんあり、ラン科やパイナップル科などによく見られます。

2. **中生植物** [mesophyte]

乾生植物と湿生植物の中間の性質を持つ植物を**中生植物**と呼び、一般に見られる植物はこの中生植物です。**適潤植物**ともいいます。

3. **湿生植物** [hygrophyte]

湿潤な水辺や湿原に生育する植物を総称して**湿生植物**といいます（42頁図2.1）。サギソウ（*Pecteilis radiata*）など。

湿性植物

オランダカイウ
Zantedeschia aethiopica

サギソウ
Pecteilis radiata

ベニバナサワギキョウ
Lobelia cardinalis

4. **水生植物** [hydrophyte, aquatic plant, water plant]

池や川、湖沼などの水中や水辺に生育する植物を総称して**水生植物**といいます（42頁図2.1）。一般に、維管束植物（38頁）を対象とし、次の四つのタイプに分類されます。

水生植物

抽水植物
ヒメガマ
Typha domingensis

抽水植物
ハス
Nelumbo nucifera

浮葉植物
ミズヒナゲシ
Hydrocleys nymphoides

浮葉植物
スイレン　*Nymphaea* cv.

浮葉植物
パラグアイオニバス　*Victoria cruziana*

沈水植物
バイカモ
Ranunculus nipponicus var. *submersus*

浮漂植物
ホテイアオイ
Eichhornia crassipes

4.1 抽水植物 [emergent plant, emerging plant]　根は水底の土壌に張っていますが、茎や葉の一部または大部分が空中に伸びている植物をいい、**挺水植物**とも呼びます。ガマ（*Typha latifolia*）、ハス（*Nelumbo nucifera*）など。

4.2 浮葉植物 [floating leaved plant, floating leaf water plant]　根は水底の土壌に張っていますが、水面に**浮葉**(98頁)を浮かばせる植物をいいます。オニバス（*Euryale ferox*）、ヒツジグサ（*Nymphaea*

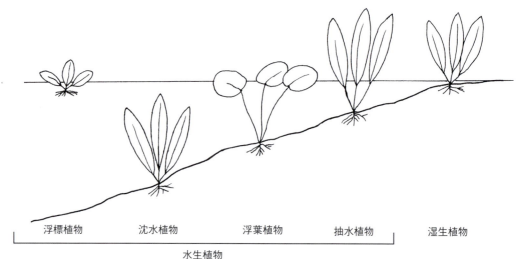

図 2.1　水生植物と湿生植物の模式図

tetragona）など。
- **4.3　沈水植物** [submerged plant, immersed aquatic plant]　植物体全体が完全に水面下に沈んで、根は水底の土壌に張っている植物をいいます。バイカモ（*Ranunculus nipponicus* var. *submersus*）など。
- **4.4　浮漂植物** [free-floating plant, floating plant]　根は水底の土壌に張らず、植物体全体が水面に浮かんで生育する植物をいいます。**浮遊植物**とも呼びます。ホテイアオイ（*Eichhornia crassipes*）、ムジナモ（*Aldrovanda vesiculosa*）など。

● 塩分条件による分類

生育地の土壌の塩分条件によって、植物を次のように分類します。

1. 塩生植物 [halophyte]

海岸や砂丘、内陸地の塩地など、塩分の多い土壌に生育し、高い濃度の塩分に耐える**維管束植物**（38頁）を総称して**塩生植物**といいます。ハマヒルガオ（*Calystegia soldanella*）など。

塩分を含んだ海浜や砂地などで、潮風の吹く環境で生育する植物を**海浜植物** [littoral plant] と呼びます。

2. マングローブ [mangrove]

塩生植物のなかでも、熱帯や亜熱帯の海岸沿いの砂泥地や、河口の湿地帯など、海水と淡水の間のいろいろな塩類濃度の水が出入りする場所に生育する低木や高木を総称して**マングローブ**と呼んでいます。マングローブで構成される群落を**マングローブ林**といいます。

マングローブは約100種があるとされ、主としてヒルギ科、ハマザクロ科、シクシン科、クマツヅラ科、センダン科など

マングローブ
ヤエヤマヒルギ　*Rhizophora mucronata*
沖縄の慶佐次湾にて

の植物で構成されています。特殊な環境で生育するため、特有な形態を示すものが多く、支柱根や呼吸根(79頁)が発達する植物もあります。

また、ヒルギ科のヤエヤマヒルギ(*Rhizophora mucronata*)、オヒルギ(*Bruguiera gymnorhiza*)、メヒルギ(*Kandelia candel*)などでは、母植物についた状態の果実の中で種子が発芽し、幼根が果実の外に伸び出す**胎生種子**(140頁)を持ちます。

● **根が伸長する環境による分類**

根が伸長する環境によって、植物を次のように分類します。

一般に見られる植物のように、地面に生えるものを**地生植物** [terrestrial plant] といいます。

一方、樹木の幹や露出した岩などに、気根(79頁)などを出して付着し、生活している植物を**着生植物**といいます。一般に、着生植物は高温多湿の環境を好むので、高緯度に向かうにつれて少なくなる傾向にあります。最も着生植物がよく見られるのは、熱帯地方の高所に発達する雲霧林と呼ばれる森林帯で、常に雲がかかり、高い湿度と適当な温度が保たれるのが特徴です。

ラン科植物や**シダ植物**などが代表的な着生植物です。一説には、維管束植物(38頁)のすべての着生植物のうち、ラン科植物の着生植物が約3分の1を占めているとされています。

岩の表面に直接に、または薄く覆う土壌に生育する植物を**岩生植物** [lithophyte] といいます。岩の表面に直接気根などで付着している場合は、着生植物にも含まれます。岩の割れ目や、隙間にたまった土などに生育する植物のことを、**岩隙植物** [chasmophyte] といいます。

岩の種類により、**石灰岩植物**、**蛇紋岩植物**などに区別され、特殊な環境であることから特有な植物が多いことで有名です。

ラン科植物における地生植物、着生植物、岩生植物

地生植物
ブルー・チャイナ・オーキッド
Cyanicula gemmata

着生植物
デンドロビウム・セニレ
Dendrobium senile

岩生植物
ブルボフィルム・カナブリエンセ
Bulbophyllum kanburiense

● **一生の間の開花結実回数による分類**

一般に**多年生植物**(141頁)の場合、ある大きさに達した後は、毎年繰り返して開花結実しますが、このような植物を**多稔植物** [polycarpic plant] と呼び、大部分の多年生植物が含まれます。

これに対し、一生の間に1回だけ開花結実して、その後枯死する植物を**一稔植物**[monocarpic plant] と呼び、**一年生植物、二年生植物**（140頁）のほか、多年生植物でもアオノリュウゼツラン（*Agave americana*）やモウソウチク（*Phyllostachys heterocycla*）などのタケ類などが知られます。

多年生植物の場合、とくに**多年生一稔植物**[monocarpic perennial] または**一稔多年生植物**といいます。

多年生一稔植物

開花中の金鑲玉竹（きんじょうぎょくちく）
Phyllostachys aureosulcata 'Spectabilis'

開花中の
アオノリュウゼツラン
Agave americana

● **有機栄養の摂取方法による分類**

植物の多くは、無機化合物のみを素材として、**光合成**（10頁）により有機化合物を自力で合成して生活でき、この方法を**独立栄養**[autotrophy, autotrophism] と呼びます。

一方、程度の差はありますが他の生きた植物から養分を吸収して生育する植物を**寄生植物**[parasitic plant] と呼びます。反対に、養分を吸収される植物を**宿主植物**[host plant] といいます。代表的な寄生植物としては、巨大な花を咲かせるラフレシア属（*Rafflesia*）が知られ、ブドウ科のテトラスティグマ属（*Tetrastigma*）が宿主植物です。

ナンバンギセル（*Aeginetia indica*）は、ススキ（*Miscanthus sinensis*）などが宿主植物です。

根に共生する菌根菌を通して生物の遺体やその分解物から養分を得る植物を**腐生植物**[saprophyte] と呼びます。

葉が変形し発達した捕虫器官によって昆虫などの小動物を捕らえ、自らが分泌する消化酵素や共生する微生物などの助けを借りて、捕らえた小動物を消化吸収し、養分の一部とする植物を**食虫植物**（71頁）と呼びます。

寄生植物

ラフレシア・ケリー
Rafflesia kerrii

ナンバンギセル
Aeginetia indica

● 動物との共生関係による分類

異なる生物どうしで生活を共にして、お互いの生活において不利益がない現象を**共生** [symbiosis] といい、共生を行う植物を**共生植物** [symbiotic plant] と呼びます。

植物体の一部にアリの巣をつくらせ、すまわせたアリと共生する植物を**アリ植物** [myrmecophyte, ant plant] といいます。植物はアリにすみかを与え、アリは昆虫や哺乳類など植物を食べる動物から植物を守ったり、アリが巣に残す排泄物や食べ残しに含まれる栄養分を植物が吸収したりしています。このようなアリ植物は熱帯に原産する植物にのみ見られるものです。

● 分布の由来による分類

1．野生植物 [wild plant]

その地域に自然の状態で生えている植物を**野生植物**と呼び、外来植物が野生化した帰化植物（46頁）も含まれます。帰化植物を含めず、その地域にもともと自生していた野生植物を**自生植物** [native plant] といい、**在来植物**と同じ意味です。

2．固有種 [endemic species]

ある特定の地域のみにしか分布してない植物を**固有種**といいます。島に生育する植物は、海による隔離のため、固有種が多くなる傾向があり、わが国の野生植物約5300種のうち、約34％に相当する約1800種が固有種です。固有種の場合、その地域の植物が絶滅すれば、他の地域に存在しないため、完全に地球上からなくなってしまうことになります。

3．残存種 [relic species]

過去にたくさんあった植物のうち、生育環境の変化によって衰退し、特定の地域に生き残っているものを**残存種**といいます。

4．外来植物 [introduced plant]

外来植物とは外国から渡来した植物の総称で、栽培植物（47頁）と帰化植物（46頁）が含まれます。

日本における外来植物を含む外来生物の規制および防除に関する「特定外来生物による生態系等に係る被害の防止に関する法律」において、明治時代以降に日本に入り込んだ外来生物のなかで、農林水産業、人の生命や

アリ植物

アリアカシア
Acacia sphaerocephala
アリが出入りできる穴がある刺をもち、内部は中空になっており、アリはこの中空部を巣として利用している

アケビカズラ
Dischidia major
葉が変形して膨れ、中空で、アリが巣として利用している

アリノスダマ
Hydnophytum formicarum
胚軸下部が大きく膨らんで「こぶ」のようになり、内部には迷路のような空隙があり、アリが巣として利用している

身体、生態系へ被害を及ぼすもの、または及ぼすおそれがある外来生物（侵略的外来種）のなかから、外来生物法に基づき指定された生物（生きているものに限られ、卵、種子、再生可能な器官も含まれる）を**特定外来生物**といいます。

植物としては16種が指定され、オオキンケイギク（*Coreopsis lanceolata*）、オオハンゴンソウ（*Rudbeckia laciniata*）、ブラジルチドメグサ（*Hydrocotyle ranunculoides*）、ボタンウキクサ（*Pistia stratiotes*）などのように、観賞用として導入され、逸出して定着したものが多数占めています。

特定外来生物に指定された植物

オオハンゴンソウ
Rudbeckia laciniata

ボタンウキクサ
Pistia stratiotes

5. 帰化植物 [naturalized plant]

外来植物のうち、野生化した植物を**帰化植物**と呼びます。現在、日本には約700種の帰化植物が知られています。生活力や分布力、繁殖力などが多く、雑草的な性質を持つものが多く見られます。

栽培植物が野外に逸脱し、野生化したものを、**逸出帰化植物** [escaped naturalized plant] といいます。有史以前に外国から渡来し、帰化したため文献上の記録がない帰化植物を**史前帰化植物** [prehistoric naturalized plant] といいます。一般に、単に帰化植物という場合は、史前帰化植物は含まれません。

帰化植物
シロツメクサ
Trifolium repens
明治時代以降、家畜の飼料用として導入されたものが野生化した

原種
ペラルゴニウム・ククラツム
Pelargonium cucullatum
ペラルゴニウムの重要な交雑親の一種

栽培植物
ペラルゴニウム 'イースター・グリーティング'
Pelargonium domesticum
'Easter Greeting'

6. 原種 [original species]

栽培植物をつくり出すもとになった野生植物(45頁)を**原種**といいます(写真46頁)。野生植物と同義語のように使用されることがありますが、適当ではありません。

7. 栽培植物 [cultivated plant]

野生植物(45頁)に対する用語で、穀物や園芸植物(51頁)である野菜、果樹、観賞植物や、薬用植物など、人間が保護管理して、人間生活に役立つ植物をいいます(写真46頁)。

2-3 絶滅が危惧される野生植物の分類

● レッドリストによる分類

　私たちが住む地球上には、維管束植物(38頁)として約30万種の植物があるといわれています。もちろん、私たち人間がまだ見ていないものや、1種と思っていたものが研究の結果たくさんの種を含んだものであったりして、実際には少なく見積っても約50万種はあるともいわれています。

　これらの多様な植物にも、絶滅の危機に瀕している**野生植物**(45頁)は少なくありません。おそらく私たち人間がまだ調査もしていないうちに絶滅していく植物も少なくないでしょう。

　たくさんの野生植物が絶滅の危機にある原因としては、最も大きな理由として開発行為による自生地の破壊、次に園芸目的の一部の悪質な園芸業者や園芸愛好(？)家の大量な採集があげられています。とくに園芸上、人気のあるラン科植物では、わが国の場合、実に70％以上が絶滅のおそれがある状況といわれています。

　絶滅が危惧される植物の現況については、世界的には**IUCN（国際自然保護連合）**がまとめたレポートがあり、赤い表紙の本として出版したために「**レッドリスト**」として知られています。この「レッドリスト」を基に、種ごとに詳細な情報を付けたものを「**レッドデータブック**」と呼んでいます。

　わが国の維管束植物に関していえば、2017年に環境庁がまとめた最新の調査によると、約7000種の維管束植物のうち、約25％に当たる1782種が絶滅を危惧され、絶滅、野生絶滅、準絶滅危惧、情報不足をあわせて2155種が報告されています。

　このように野生植物の絶滅の危機は、私たち園芸愛好家と無関係ではありません。ここでは絶滅の危機の心配がある植物に関する用語を解説し、この問題についての理解を深めたいと思います。

　レッドリストは絶滅の危険の程度を示す必要があり、基準に基づき区別しています。IUCNは2001年に新たなカテゴリーを示し、

表2.2
環境省レッドリストのカテゴリーと維管束植物の掲載数(2017年)

カテゴリー（略号）		種数
絶滅（EX）		28
野生絶滅（EW）		11
絶滅危惧	絶滅危惧ⅠA類	522
	絶滅危惧ⅠB類	519
	絶滅危惧Ⅱ類（VU）	741
準絶滅危惧（NT）		297
情報不足（DD）		37

合計　2155

日本でもこれまでの基準を修正し（2007年）、絶滅のおそれがある植物は、その危険程度によって、47頁表2.2のように分類されています。

1. **絶滅** [extinct]

    押し葉標本の植物標本などで、過去にわが国に生息していたことが確認されており、野生または栽培下でもすでに絶滅したと考えられる種のことです。

2. **野生絶滅** [extinct in the wild]

    過去にわが国に生息していたことが確認されており、栽培下では存続しているが、野生ではすでに絶滅したと考えられている種のことです。

3. **絶滅危惧Ⅰ類** [critically endangered, endangered]

    絶滅の危機に瀕している種。現在の状態をもととした圧迫要因が引き続き作用する場合、野生での存続が困難な種のことです。その程度により、ごく近い将来における野生での絶滅の危険性が極めて高いものを**絶滅危惧ⅠA類** [critically endangered]、ⅠA類ほどではないが、近い将来における野生での絶滅の危険性が高いものを**絶滅危惧ⅠB類** [endangered]と区別します。

4. **絶滅危惧Ⅱ類** [vulnerable]

    絶滅の危険が増大している種。現在の状態をもたらした圧迫要因が引き続き作用する場合、近い将来「絶滅危惧Ⅰ類」のランクに移行することが確実と考えられる種のことです。

5. **準絶滅危惧** [near threatened]

    現時点での絶滅危険度は小さいが、生息条件の変化によっては「絶滅危惧」として上位ランクに移行する要素がある種のことです。2000年には「絶滅危惧」のランクに含まれていたサクラソウ（*Primula sieboldii*）やサギソウ（*Pecteilis radiata*）などが、保全の努力により準絶滅危惧に移行しています。

日本のレッドリストに掲載されている維管束植物（2017年）

絶滅危惧ⅠB類（EN）
ムニンノボタン
Melastoma tetramerum

絶滅危惧Ⅱ類（VU）
イソフジ
Sophora tomentosa

絶滅危惧Ⅱ類（VU）
オオハマギキョウ
Lobelia boninensis

絶滅危惧Ⅱ類（VU）
アサヒエビネ
Calanthe hattorii

6. 情報不足 [data deficient]

環境条件の変化によって、容易に「絶滅危惧」として上位ランクに移行する要素があるが、評価するだけの情報が不足している種のことです。

前述したように、わが国では維管束植物のうち、約7000種の維管束植物のうち、約25％に当たる1782種の野生植物、すなわち4種に1種において絶滅の危機が迫っていることになります（2017年）。この1782種は絶滅危惧（絶滅危惧ⅠA類、絶滅危惧ⅠB類、絶滅危惧Ⅱ類の合計）を示しています。このように野生植物の現状は、私たちが考えている以上に危険な状態にあります。一度この地球から絶滅してしまうと、30数億年という長い進化の歴史の結果として現存している野生植物が永久になくなってしまうことになります。私たち園芸愛好家も、このような現状を踏まえて、良識的な判断で行動したいと思います。ただし、良心的にであっても、「自生地の復元」と称して、栽培植物を野生状態に戻そうとしたり、野生植物であっても他の地域から導入した種子や個体を自然に戻したりするのは、自然の撹乱を起こすだけで、本当の意味での自生地の復元にはなりませんので注意しましょう。

野生植物を保護する際、野生状態のまま保存するのが最も望ましいのですが、どうしても生育環境の悪化が避けられない場合、緊急的に避難する必要があります。最近では、絶滅のおそれがある植物の緊急避難場所として植物園などの施設が注目されており、（公社）日本植物園協会を中心として保全活動に取り組んでいます。

48頁で紹介する写真も、各地の植物園などで緊急避難している個体を撮影したものです。

● ワシントン条約 [Convention on International Trade in Endangered Species of Wild Fauna and Flora]

絶滅のおそれがある野生動植物を保護するために、過度に国際取引に利用されないように採択された国際条約のことで、正式名称は「**絶滅のおそれがある野生動植物の種の国際取引に関する条約**」といい、通称「**ワシントン条約**」と呼んでいます。1973年3月、81か国が参加してアメリカのワシントンで採択され、1975年4月に発効しました。英名「Convention on International Trade in Endangered Species of Wild Fauna and Flora」の頭文字をとって**CITES**（サイテス）とも呼ばれています。日本は1980年11月に批准しています。

この条約によって国際取引が規制されている野生動植物は、海外からの持ち込みは厳重に規制されています。植物の場合、園芸的に人気のあるラン科植物は全種（表2.3）が、サボテン科植物、多肉植物（68頁）、食虫植物（71頁）のほとんどが国際取引の制限を受けています。この条約では、保護の必要な程度によって、野生動植物を附属書で、次のようなランクに分類しています。

なお、ワシントン条約は国際取引に関する条約で、ワシントン条約批准以前に国内に導入したものから繁殖したものを国内で取引する場合は、なんら問題ありません。

附属書Ⅰは、絶滅のおそれがあり、商業目的の国際取引が禁止されている野生動植物が該当しています。これに該当するも

表2.3　ワシントン条約で国際取引が規制されているラン科植物

附属書Ⅰ	
アランギス・エリシー	*Aerangis ellisii*
カトレヤ・ヨンゲアナ	*Cattleya jongheana*
カトレヤ・ロバタ	*Cattleya lobata*
デンドロビウム・クルエンツム	*Dendrobium cruentum*
パフィオペディルム属全種	*Paphiopedilum* spp.
ペリステリア・エラタ	*Peristeria elata*
フラグミペディウム属全種	*Phragmipedium* spp.
レナンテラ・インスコオティアナ	*Renanthera imschootiana*

附属書Ⅱ	
ラン科全種（附属書Ⅰ以外）	*Orchidaceae* spp.

ワシントン条約附属書Ⅰで記載される主な植物（2017年1月13日現在）

岩牡丹（いわぼたん）
Ariocarpus retusus
本属は全種指定

兜丸（かぶとまる）
Astrophytum asterias

精巧殿（せいこうでん）
Turbinicarpus pseudopectinatus
本属は全種指定

メロカクツス・グラウケスケンス
Melocactus glaucescens

カトレヤ・ヨンゲアナ
Cattleya jongheana

カトレヤ・ロバタ
Cattleya lobata

ペリステリア・エラタ
Peristeria elata

パフィオペディルム・フィリピネンセ
Paphiopedilum philippinense
本属は全種指定

フラグミペディウム・ベッセアエ
Phragmipedium besseae
本属は全種指定

のは、とくに厳重に国際取引が禁止されています。

附属書Ⅱでは、現在必ずしも絶滅のおそれはありませんが、国際取引を制限しないと絶滅のおそれがある野生動植物が該当しています。輸出入に際しては輸出国の輸出許可書が必要です。

附属書Ⅲは、条約締結国の事情で国際取引を規制する必要があると認めたものが該当しています。

コラム | 野生絶滅が園芸植物に

チョコレートコスモス（*Cosmos atrosanguineus*）は、シックな花色と、チョコレートを思わせる花の香りがあり、人気のある園芸植物です。実はチョコレートコスモスは、野生状態では1970年代には絶滅しており、IUCN（国際自然保護連合）によるレッドリストでは野生絶滅となります。1902年から、イギリスの王立キュー植物園で保存されていた1個体を基に栽培が始まりました。1個体由来なので種子ができないため、さし木などで栄養繁殖され、日本には大正時代初期に導入されています。最近では、キバナコスモス（*Cosmos sulphureus*）との雑種が作出され、一般にルージュシリーズとして販売されています。

チョコレートコスモス
Cosmos atrosanguineus

チョコレートコスモスとキバナコスモスの雑種

2-4 | 園芸学的分類

● **園芸植物** [horticultural plant]

栽培植物（47頁）は、**農作物** [agricultural crop] と**園芸植物**とに大別できます。本項目では、園芸植物を中心に解説します。

まず、**園芸** [horticulture] とは、英語「horticulture」の訳語であり、1873年（明治6）に発行された『英和語彙』において、「園藝」として初めて現れました。一方、「horticulture」の語源は、二つのラテン語「hortus：囲まれた土地」と「colere または cultura：栽培または耕作」の合成語であり、「囲われた土地で作物を栽培する」という意味です。訳語である「園芸」においても、「園」は囗（囲われた土地）と袁（ゆっ

たりとした衣服）に分解でき、「藝」は植物を植えるという意味であることから、「囲われた土地で、ゆったりとした衣服を着て、植物を植える」という意味となります。このように園芸は囲われた土地で、手間暇かけて植物を栽培することを示しています。

　園芸で扱う植物は園芸植物または**園芸作物**[horticultural crop]と呼ばれ、以下のように副食やデザートとして食用を目的とする野菜と果樹、観賞を目的とする観賞植物に分類されます。

　一方、農作物は穀物やイモ類、マメ類などの食用作物を中心に、**飼料作物**や**工業原料作物**、**緑肥作物**があります。

1．果樹 [fruit tree]

　食用となる**果実**（129頁）および**種子**（135頁）を産する多年生の木本植物（141頁）を果樹といいます。なお、多年性植物（141頁）ですが、2年以上栽培を要するバナナ（*Musa* spp.）、パイナップル（*Ananas comosus*）、パパイヤ（*Carica papaya*）なども含みます。

2．野菜 [vegetable, vegetable crop]

　草本植物（140頁）で、その全部あるいは一部が食用にされるものをいい、**蔬菜**とも呼びます。

3．観賞植物 [ornamental plant]

　花や葉、果実などを観賞したり、香りなどを楽しんだりする目的で栽培される植物を**観賞植物**または**花卉**と呼んでいます。

以下に、種類が多く、多様な観賞植物に関する用語を解説していきます。

● 一・二年草 [annual and biennial]

　一回結実すると枯死する一稔草で、種子で繁殖する一年草と二年草を総称して、園芸的には**一・二年草**と呼んでいます。

1．一年草 [annual]

　園芸上の**一年草**は、種子が発芽すると、1年以内に開花結実して株全体は枯死し、種子だけが残る草本植物（140頁）のことで、毎年、種子をまいて栽培する必要があります。これらのなかには、原産地では**多年生植物**（141頁）になるものでも、他の地域で栽培する場合、環境が異なるために1年以内で枯死する傾向にある植物は、園芸的には一年草として扱われます。

　一年草は種子をまく季節によって、**秋まき一年草**と**春まき一年草**に区別されます。

　1.1　秋まき一年草 [winter annual]　　一般に9〜10月の秋に種子をまき、翌春に開花するもので、ふつうは寒さに強く、夏の高温乾燥期が訪れる前に株は枯死して、多くは種子で残ります。キンセンカ（*Calendula officinalis*）などが知られます。また、本来は多年生植物であっても秋まき一年草として扱うものもたくさんあります。例えば、パンジー（*Viola* × *wittrockiana*）、カルセオラリア（*Calceolaria* Herbeohybrida Group）、スターチス（*Limonium sinuatum*）などが知られます。

　1.2　春まき一年草 [summer annual]　　降霜の危険がなくなってから種子をまき、夏から秋に開花するものです。例えば、ヒマワリ（*Helianthus annuus*）、トレニア（*Torenia fournieri*）などが知られ

一・二年草

秋まき一年草
パンジー'モルフォ'
Viola × wittrockiana 'Morpho'
本来は多年生植物

秋まき一年草
スターチス'フォーエバー・ゴールド'
Limonium sinuatum
'Forever Gold'
本来は多年生植物

春まき一年草
ヒマワリ　サンリッチ・レモン
Helianthus annuus
Sunrich™ Lemon

春まき一年草
トレニア'カウ・アイ・ディープ・ブルー'
Torenia fournieri
'Cow Eye Deep Blue'
本来は多年生植物

春まき一年草
ペチュニア'ロンド・ローズ・スター'
Petunia hybrida
'Rondo Rose Star'
本来は多年生植物

二年草
フウリンソウ'チャンピオン・ピンク'
Campanula medium
'Champion Pink'

ます。また、コリウス（*Plectranthus scutellarioides*）、インパティエンス（*Impatiens walleriana*）、ペチュニア（*Petunia hybrida*）などの寒さに弱い、熱帯・亜熱帯原産の多年生植物もたくさん含まれています。もちろん、それより早くに加温または保温施設内で種子をまき、降霜がなくなってから戸外に植えつける場合もあります。

寒さに対する抵抗性に注目して**耐寒性一年草**と**非耐寒性一年草**に区別することもあります。一般に、前者は秋まき一年草として、後者は春まき一年草として扱うことが多いようですが、もちろん例外もあります。一般に寒さに弱い植物でも、秋に種子をまき、加温または保温下で栽培し、春に開花させるも

のは**半耐寒性一年草**と呼ぶことがあります。
　例えば、シザンサス（*Schizanthus wisetonensis*）などが知られます。

2. 二年草 [biennial]

　園芸上の**二年草**と呼ばれているものは、種子が発芽してから1年以上2年以内で開花結実して株全体が枯死し、種子が残る草本で、やはり毎年、種子をまく必要があります。例えば、ジギタリス（*Digitalis purpurea*）、フウリンソウ（*Campanula medium*）などが知られます。

　二年草の場合、開花までに時間がかかり、効率よく栽培するには不適であるため、本来は二年草であるものが、ジギタリスやビジョナデシコ（*Dianthus barbatus*）などのように品種改良や栽培技術によって1年以内で開花するものもたくさんあります。

● **宿根草** [perennial]

　草本（140頁）のうち、植物学上の多年生植物（141頁）から、球根植物やラン類、サボテンと多肉植物など特殊なグループを除いたものを、園芸的に**宿根草**と呼んでいます。

　例えば、ハナショウブ（*Iris ensata*）、シャクヤク（*Paeonia lactiflora*）、キキョウ（*Platycodon grandiflorus*）、ガーベラ（*Gerbera × hybrida*）などが知られます。

　本来は、冬になると地上部が枯死し、地下にある芽と根で冬を越し、翌春それをもとにして成長する草本を指しています。しかし、最近では冬期も地上部が枯れない多年生植物も含めることが多くなりました。例えば、マーガレット（*Argyranthemum frutescens*）などが知られます。

宿根草

ハナショウブ '扇の的'
Iris ensata 'Ouginomato'

キキョウ
Platycodon grandiflorus

マーガレット
Argyranthemum frutescens cv.

● **球根植物** [bulb and tuber]

　多年生植物（141頁）のうち、地下または地際が肥大して養分を蓄えた貯蔵繁殖器官を**球根**と総称しており（81頁）、それらを持っているものを、一般に**球根植物**または**球根類**と呼んでいます。

　ただし、あきらかに球根を持つものでも、サギソウ（*Pecteilis radiata*）などのように、慣習上、球根植

球根植物

秋植え球根

チューリップ'ダイナスティ'
Tulipa gesneriana 'Dynasty'

カノコユリ
Lilium speciosum

スイセン'スージー'
Narcissus 'Suzy'

春植え球根

アマリリス'ルートビッヒ・スカーレット'
Hippeastrum 'Ludwig Scarlet'

カラジウム'ピンク・クラウド'
Caladium bicolor 'Pink Cloud'

カンナ'トロピカナ'
Canna × *generalis* 'Tropicana'

物として扱わないものもあり、その範囲は研究者によって様々です。
　球根を植えつける季節によって、**秋植え球根**と**春植え球根**に区別されます。

1.　秋植え球根

　秋植え球根とは、秋に球根を植えつけると、その秋または翌春に地上に芽を出して低温多湿期に成長し、多くは翌年の早春から夏にかけて開花し、球根が肥大して、夏の高温乾燥期に休眠に入るタイプのものをいいます。
　チューリップ(*Tulipa gesneriana*)、ユリの仲間(*Lilium* spp.)、スイセン(*Narcissus* cvs.)などが代表的です。これらは一般に寒さに強いものが多いのが特徴です。

2.　春植え球根

　亜熱帯や熱帯に原産する寒さに弱い球根植物の場合、春に球根を植えつけて高温期に成長し、夏から

秋にかけて開花するものを、春植え球根と呼んでいます。
　アマリリス（*Hippeastrum* cvs.）やカラジウム（*Caladium bicolor*）、カンナ（*Canna* × *generalis*）などがよく知られています。
　なお、春植え球根の場合、温度や土壌水分が十分であれば常緑のものも含まれ、その生育パターンは様々です。

● 花木 [flowering tree and shrub]
　本来は花を観賞する木本植物（141頁）を**花木**と呼んでいますが、広義には葉、果実などを観賞する木本も含めて呼んでいることもあります。広義の場合、**観賞樹** [ornamental tree and shrub] とほぼ同意語となります。用途によって、次のように呼ばれています。
　花木のうち、**切り花** [cut flower] として生け花などに利用するものを**切り花花木**、または**枝物**といいます。

花木

バラ'コティヨン'
Rosa 'Cotillion'

コデマリ
Spiraea cantoniensis

フヨウ'紅孔雀'
Hibiscus syriacus 'Beni Kuzyaku'

カシワバアジサイ'スノーフレーク'
Hydrangea quercifolia 'Snowflake'

ツバキ'有楽'
Camellia japonica 'Uraku'

カルミア
Kalmia latifolia

家庭の庭に植えられるものは、**庭木**[garden tree and shrub]と呼ばれ、一般には比較的大きくならない低木(141頁)が好まれます。市街地内の道路に並木状に植えられるものは**街路樹**[street tree]と呼ばれています。

なお、これらはいずれも慣用語で、厳密に定義づけられた用語ではありません。

また、熱帯・亜熱帯原産の木本、あるいはそれらを使って育成された花木を**熱帯花木**(69頁)といいます。

● ドワーフ・コニファー [dwarf conifer]

裸子植物(36頁)のうち、葉が針形で葉脈が1本になったもの(単一脈系,100頁)を**針葉樹**[conifer]といいます。これらのうち、とくに矮性のコニファーは園芸的に利用価値が高く、これらは**ドワーフ・コニファー**または、単に**コニファー**と呼ばれています。欧米では庭の縁取りや鉢植えなどにたくさん使われ、日本でも近年注目されています。

幹が匍匐するドワーフ・コニファーは、**グラウンドカバープランツ**(58頁)にも利用されています。

ドワーフ・コニファー

カナダトウヒ'コニカ'
Picea glauca 'Conica'

コロラドトウヒ'グラウカ・グロボサ'
Picea pungens 'Glauca Globosa'

モントレイイトスギ'ウィルマ'
Cupressus macrocarpa 'Wilma'

● 盆栽 [bonsai]

植物を小さな鉢に植えて、人為的に樹形を整え自然にある風景をほうふつとさせるように育てたものを**盆栽**と呼んでいます。

ふつう植物を鉢に植える場合、花や葉、果実など、その植物自身が持つ美しさを観賞しますが、盆栽の場合は本来の自然以上の自然美を表現するために培養する点で大きく異なります。

盆栽を観賞する場合、樹形美、古色、風格を主眼に全体の美しさを観ることが大切です。盆栽は日本で独自に創始された芸術といえ、近年では世界中で愛好家が増加し、いまや「bonsai」は国際語となっています。

盆栽には、主として木本が用いられますが、キク(*Chrysanthemum morifolium*)などの草本も使用されることがあります。

盆栽

松柏盆栽
ミヤマビャクシン（シンパク）
樹齢250年以上
Juniperus chinensis var. *sargentii*

雑木盆栽
イロハモミジ '清玄'
樹齢約110年
Acer palmatum 'Seigen'

用いられる植物によって、次のように大別されます。

1．松柏盆栽

マツ科やヒノキ科など常緑の**針葉樹**（142頁）を用いた盆栽をいい、男性的な力強さが魅力です。葉を一年中つけているので、**常磐木**とも呼ばれています。

2．雑木盆栽

前記の松柏盆栽以外の木本を使った盆栽をいい、一般には**落葉広葉樹**（142頁）を用います。成長が早く、なによりも四季の変化を敏感に感じさせてくれる点が魅力です。

雑木盆栽は観賞部位によって、**葉もの盆栽**、**花もの盆栽**、**実もの盆栽**に区別されます。花もの盆栽としては、サツキ盆栽が最も代表的です。

● グラウンドカバープランツ [ground cover plant]

平坦地、法面などの地表面、あるいは建築物の壁面などの垂直面を覆って生育し、美観を保ち、地表面を保護し、土壌の乾燥を防ぐなどの役目をする植物を**地被植物**や**グラウンドカバープランツ**、あるいは単に**グラウンドカバー**、**カバープランツ**と呼んでいます（写真59頁）。

グラウンドカバープランツでは、**多年草**や**低木**（141頁）が多く用いられます。また、形態的には密に生えて地表を覆う植物や、茎が地表を這う**匍匐茎**（89頁）を持つ植物、**つる植物**（同頁）が一般的です。いわゆる**芝**もグラウンドカバープランツに含まれますが、概して広い面積に植えられるため、ふつうはグラウンドカバープランツから独立して扱われます。

● つる植物 [climbing plant, vine]

多くの植物は自らの茎で自立しているのがふつうですが、他の植物や物体に絡みついて、細長い茎を伸ばして成長する植物を**つる植物**と呼び、このような茎を**つる** [vine] といいます。絡みつく方法によって次の二つのタイプに大別できます。

グラウンドカバープランツ

フイリヤブラン
Liriope muscari 'Variegata'

アークトセカ
Arctotheca calendula

アジュガ'バリエガタ'
Ajuga reptans 'Variegata'

テイカカズラ'ハツユキカズラ'
Trachelospermum asiaticum 'Hatuyukikazura'

つる植物

巻きつき植物
モミジヒルガオ
Ipomoea cairica

よじ登り植物
スイートピー
Lathyrus odoratus cvs.

よじ登り植物
パッシフロラ'インセンス'
Passiflora 'Incense'

①茎自体が他物に巻きついて高く伸びる植物を**巻きつき植物**[twining plant]といい、このような茎を**巻きつき茎**(90頁)と呼びます。

②茎自身は巻きつかず、つるに生じたある種の器官で他物につかまって高く伸びる植物を**よじ登り植物**[climbing plant]といい、このような茎を**よじ登り茎**(90頁)と呼びます。つかまる器官としては、**不定根**(78頁)、**鉤**、**巻きひげ**(145頁)などがあります。

ただし、園芸上でいう「つる植物」は、茎が細長いことは共通していますが、地表を這うものや、垂れ下るものを含むことがあります。

● 山野草 [wild plant]

　一般には山野に自生する草本の多年生植物(141頁)を**山野草**または**山草**と呼んで栽培していますが、その範囲はひろく、定義づけはなかなか困難で、木本植物(141頁)の多くも山野草として扱っています。

　山野草愛好家の間では、以前は日本原産の植物を好む傾向が強かったのですが、自生地から株を採集することへの批判もあり、近年は種子から繁殖した外国産の山野草を栽培することが多くなりました。これらの外国産の山野草は、導入当初の明治時代後期にはそのほとんどは栽培が盛んなヨーロッパ(西洋)経由で日本に紹介された経緯もあり、**洋種山野草**、または**洋種山草**と呼ばれて区別されることもあります。

　カタクリ（*Erythronium japonicum*）、セツブンソウ（*Eranthis pinnatifida*）などのように、早春に開花し、夏までには葉を落とし、その後は球根(81頁)などの地下部のみで越冬する植物群を、**スプリング・エフ**

山野草

キエビネ
Calanthe striata

イチリンソウ
Anemone nikoensis

カタクリ
Erythronium japonicum

セツブンソウ
Eranthis pinnatifida

洋種山野草

コリダリス・フレクオサ
'チャイナ・ブルー'
Corydalis flexuosa 'China Blue'

クリスマスローズ
Helleborus niger

シクラメン・コウム
Cyclamen coum

ェメラル [spring ephemeral] または**春植物**と呼んでいます。

● **斑入り植物** [variegated plant]

ふつう、均一な同一色になる部分において、二色以上の色の異なる小部分が存在して模様をつくる現象を**斑入り** [variegation] といい、この現象が現れた植物を**斑入り植物**と呼んでいます。また、異色部を**斑**といいます。

斑入りは葉のほか、花弁、茎、種皮などいろいろな部分に見られますが、一般的には、葉に現れたものを示すことがふつうです。いわゆる**古典園芸植物**（63頁）にも多く見られ、園芸古書である『草本奇品家雅見』（1827年）や『草本錦葉集』（1829年）にもたくさん掲載されています。

自然のなかに見いだされたり、栽培下で見いだされたりして、観賞価値の高さと珍しさから園芸植物として栽培されます。斑入りの状態により、園芸的に様々なタイプに区別されています。

ここでは代表的なタイプについて解説します。

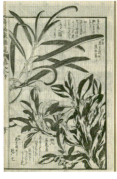

『草木奇品家雅見』（1827年）
出典／国立国会図書館デジタルコレクション

『草木錦葉集』（1829年）
出典／国立国会図書館デジタルコレクション

1. **覆輪** [marginal variegation, picotee]
   縁の部分が斑入りになるものをいいます。

2. **爪斑** [tipped variegation]
   先端部のみが斑入りになるものをいいます。

3. **中斑** [centered variegation]
   中央部が斑入りになるものをいいます。

4. **散斑** [spotted variegation]
   細かい斑点が全面に散在するものをいいます。斑点の大きさや状態によって**砂子斑**、**星斑**とも呼びます。

5. **刷毛込み斑** [splashed variegation]
   葉の場合、中央脈（100頁）から葉縁にかけて斑が入るものをいいます。**掃け込み斑**とも呼びます。

6. **縞斑** [striped variegation]
   縞の斑が縦に入るものをいい、**条斑**とも呼びます。

7. **脈斑** [reticulated, along veins]
   脈状に斑が入るものをいい、**網斑**とも呼びます。

斑入りの主なタイプ

覆輪
ドラセナ・レフレクサ'ソング・オブ・インディア'
Dracaena reflexa 'Song of India'

爪斑
ネオレゲリア・スペクタビリス
Neoregelia spectabilis

中斑
ナカフヒロハオリヅルラン
Chlorophytum comosum 'Picturatum'

散斑
ドラセナ・スルクロサ'フロリダ・ビューティー'
Dracaena surculosa 'Florida Beauty'

刷毛込み斑
コルディリネ'チョコレート・クイーン'
Cordyline fruticosa 'Chocolate Queen'

縞斑
ムラサキオモト'ナナ・トリカラー'
Tradescantia spathacea 'Nana Tricolor'

脈斑
フィットニア'モザイク・ホワイト・フォレスト・フレーム'
Fittonia albivenis 'Mosaic White Forest Flame'

虎斑
サンセビエリア
Sansevieria trifasciata

切斑
クワズイモ'バリエガタ'
Alocasia odora 'Variegata'

8. **虎斑**(とらふ) [tiger's stripes]
   やや不規則な境界面によって横に斑が入るものをいいます。
9. **切斑**(きりふ) [variegated a half part of a leaf]
   直線的な境界面によって二色に分けられるものをいいます。

● **古典園芸植物**(こてんえんげいしょくぶつ)

　日本において園芸文化が大きく花ひらいた江戸時代を中心にして、日本で古くから長く栽培、観賞、育種されてきた園芸植物を総称して、**古典園芸植物**または**古典植物**(こてんしょくぶつ)、**伝統園芸植物**(でんとうえんげいしょくぶつ)と呼んでいます。

　キク (*Chrysanthemum morifolium*) やサクラソウ (*Primula sieboldii*)、ハナショウブ (*Iris ensata*)、フクジュソウ (*Adonis amurensis*) など花を観賞するもののほか、オモト (*Rohdea japonica*) やカンノンチク (*Rhapis excelsa*)、ハラン (*Aspidistra elatior*)、マンリョウ (*Ardisia crenata*)、シダ植物のイワヒバ (*Selaginella tamariscina*)、マツバラン (*Psilotum nudum*) など、葉やその斑を観賞するものもたくさん含まれます。

　特殊な古典園芸植物として、アサガオ (*Ipomoea nil*) における**変化アサガオ**(へんか)が知られます。変化アサガオは、遺伝子の変異によって花や葉が様々な色や形に変化したもので、奇形となった花も葉も観賞対象となります。そのブームは文化・文政年間（1804〜30年）および嘉永・安政年間（1848〜60年）に頂点に達しました。

古典園芸植物

マツバラン：長生舎主人『松葉蘭譜』（1836 年）より
出典／国立国会図書館デジタルコレクション

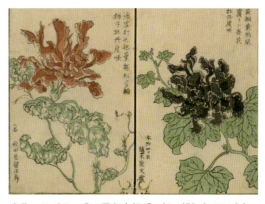

変化アサガオ：成田屋留次郎『三都一朝』（1854 年）より
出典／国立国会図書館デジタルコレクション

● **東洋ラン**(とうよう)　**洋ラン**(よう)

　ラン科植物は、園芸的に**東洋ラン**と**洋ラン**に分けられます。

　東洋ランとは、日本や中国など主として温帯原産のラン科植物のうち、とくにシュンラン属 (*Cymbidium*) のシュンラン (*C. goeringii*)、カンラン (*C. kanran*)、ホウサイラン (*C. sinense*)、スルガラン (*C. ensifolium*)、コラン (*C. koran*)、キンリョウヘン (*C. floribundum*)、イッケイキュウカ (*C. faberi*) などや、セッコク (*Dendrobium moniliforme*)、フウラン (*Neofinetia falcata*) およびその栽培品種などを総称したものです。

　なお、コランはスルガランと同種とする説もあります。いずれも洋ランに比べ華やかさはありません

東洋ラン

シュンラン'天心'
Cymbidium goeringii 'Tenshin'

カンラン'華神'
Cymbidium kanran 'Kashin'

セッコク'清姫'
Dendrobium moniliforme 'Kiyohime'

西洋ラン

カトレヤ類
カトリアンテ・ラブ・エクセレント
× *Cattlianthe* Love Excellence
カトレヤ属をはじめ、近縁属やそれらの属間交雑により作出された人工属は、園芸上はカトレヤ類と総称される。カトリアンテ属はカトレヤ属（*Cattleya*）とグアリアンテ属（*Guarianthe*）の属間交雑により作出された人工属

シンビジウム・クスダ・ストーン'ガトーショコラ'
Cymbidium Kusuda Stone 'Gateau Chocola'

デンドロビウム・オーロラ・クイーン'淡雪'
Dendrobium Aurora Queen 'Awayuki'

パフィオペディルム・セント・スイシン
Paphiopedilum Saint Swithin

ファレノプシス・リトル・ジェム
Phalaenopsis Little Gem

が、その葉姿や花形は気品にあふれ、芳香を持つものも少なくなく、古くから愛好家がたくさんいます。

一方、熱帯・亜熱帯原産のラン科植物の野生種およびその交雑種は、日本には当初、ヨーロッパを通じて紹介されたため、**西洋ラン**を略して**洋ラン**と呼ばれています。洋ランは交雑により雑種が数多く作出され、異なる属と属との属間交雑もめずらしくありません。一般に、洋ランは東洋ランに比べ種類が多く、花は豪華ですが、東洋ランのように株全体から鉢に至るまで観賞する風習はなく、花のみが観賞の対象です。

属間交雑がよく発達したものは、園芸上は煩雑さを避けるために、例えばカトレヤ類やバンダ類のように、そのグループを代表する属名を用いて近縁属やその属間交雑によりつくり出された**雑種属**（158頁）を総称することがあります。

● **ハーブ** [herb]　　**スパイス** [spice]

飲食物に芳香や風味を加えるために用いる植物またはその一部分（種子、果実、花、蕾、葉、茎、樹皮、根など）を**香辛料** [condiment, spice & herb] といいます。

ハーブ

チャイブ
Allium schoenoprasum

フレンチラベンダー
'エイボン・ビュー'
Lavandula stoechas 'Avonview'

スペアミント
Mentha spicata

タイム
Thymus vulgaris

ジャーマン・カモミール
Matricaria chamomilla

フェンネル
Foeniculum vulgare

スパイス

ターメリック
ウコン（右写真）の根茎をスパイスとして利用

ウコン
Curcuma longa

黒コショウ
コショウ（右写真）の未熟果を乾燥させたものが黒コショウで、熟果を半発酵させて外果皮を取り除いたものが白コショウである

コショウ
Piper nigrum

　これらの香辛料のうち、一般に温帯原産で葉を利用するものを**ハーブ**と呼んでいます。わが国でも古くから知られる、サンショウ（*Zanthoxylum bungeanum*）、シソ（*Perilla frutescens* var. *crispa*）、セリ（*Oenanthe javanica*）、ワサビ（*Eutrema japonicum*）などもハーブと考えられます。花が美しいものも多く、生活のなかで気軽に用いることができるため近年愛好家がふえてきています。

　ハーブとよく似たものにスパイスがあります。一般に熱帯・亜熱帯原産の植物の乾燥した種子、果実、花、蕾、葉、茎、樹皮、根などを用いるものを**スパイス**と呼んでいます。スパイスにはハーブと重複する植物も多く、例えばコリアンダー（*Coriandrum sativum*）の場合、生または乾燥させた葉はコエンドロやパクチーと呼ばれてハーブとして扱われ、果実はコリアンダーの名でスパイスとして扱われています。ふつうはハーブのほうがスパイスに比べ風味や芳香がマイルドです。

　ハーブとスパイスはいずれもヨーロッパで著しく発達しました。とくにスパイスは遠方の異国の植物であったため、15世紀半ばから17世紀半ばまで続いたいわゆる大航海時代も、スパイスへのあくなき欲求から幕が開かれたことはよく知られています。

サボテンと多肉植物

ススキノキ科
キダチアロエ
Aloe arborescens

キジカクシ科
吉祥天（きっしょうてん）
Agave parryi var. *huachucensis*

キジカクシ科
サンセビエリア'ゴールデン・ハニー'
Sansevieria trifasciata
'Golden Hahnii'

ベンケイソウ科
黒法師（くろほうし）
Aeonium arboreum
'Atropurpureum'

トウダイグサ科
ユーフォルビア・アエルギノサ
Euphorbia aeruginosa

ハマミズナ科
小公子（しょうこうし）
Conophytum bilobum

サボテン科
金鯱（きんしゃち）
Echinocactus grusonii

サボテン科
白鳥
Mammillaria herrerae

キョウチクトウ科
フエルニア・ゼブリナ
Huernia zebrina

● **多肉植物** [succulent plant]

　砂漠などの乾燥地や、寒冷地、高山帯、塩分の多い環境下に生育する植物では、それらの環境に適応した結果、植物体の一部（葉、茎、根）が分厚くなったり太くなったりし、多肉質になって貯水組織をつくり、そこに多量の水分を蓄えています。このように多肉化した植物のことを**多肉植物**と総称しています（写真67頁）。50数科、約1万種以上の植物が多肉植物として扱われており、ススキノキ科、キジカクシ科、ベンケイソウ科、トウダイグサ科、ハマミズナ科、サボテン科、キョウチクトウ科などの植物がよく知られています。

　多肉植物のなかでも、**サボテン科植物**は非常に大きな植物群で、1科だけで数千種もありますので、園芸の世界ではサボテン科植物と、その他の多肉植物を区別して、「**サボテンと多肉植物**」[cactus and succulent plants]と分けて扱っています。

　サボテン科植物は一部の例外を除いて、南北両アメリカ大陸とその周辺の島々に分布しています。その他の多肉植物は多くの科にまたがっていますので、その分布域も広範囲ですが、アフリカとメキシコに最もよく見られます。

● **温室植物** [greenhouse plant]　**室内植物** [indoor plant, interior plant]

　熱帯・亜熱帯原産の植物は、温帯よりも高緯度の地域においては、寒さに弱いため戸外では越冬することができず、生産園芸上は低温期には**温室**などの施設で加温を行って栽培する必要があるため、わが国ではこのような植物を**温室植物**と呼んでいます。

　シクラメン（*Cyclamen persicum*）やハイドランジアと呼ばれるセイヨウアジサイ（*Hydrangea macrophylla*）などのように、戸外でも越冬できる植物でも、生産園芸上は温室内で加温し、開花を促成させることが多く、このような植物も温室植物に含めることがあります。

　温室植物という用語は、どちらかというと生産園芸上の用語ですが、植物園などにある大型の展示温室などで栽培される、一般には流通しない植物も含まれることがあります。

　生産園芸により一般に流通している温室植物の場合、家庭での趣味園芸では必ずしも温室が必要ではなく、室内の環境を調節すれば十分栽培できるため、**室内植物**という用語を使うことがあります。

　温室植物あるいは室内植物という用語は、栽培される地域によって含まれる植物の範囲が異なることがあります。ヨーロッパの高緯度地域においては、日本では戸外で栽培されるアオキ（*Aucuba japonica*）やツバキ（*Camellia japonica*）、ヤツデ（*Fatsia japonica*）なども室内で栽培され、室内植物として扱われています。

　温室植物あるいは室内植物は、さらに次のように分類できますが、重複するものも多く、あくまでも便宜的なもので、厳密なものではありません。また、洋ランや観葉植物は園芸上、とくに重要で種類も多いため独立して扱われることがあります。

1. 温室花もの [greenhouse flowering plant]

　花や苞（102頁）などを観賞する一・二年草、宿根草、球根植物、花木（52～56頁）などのうち、寒さに弱い植物を**温室花もの**と呼ぶことがあります。この場合、洋ラン（63頁）は含みません。また、花木のうち熱帯・亜熱帯原産の植物、またはその雑種は、**熱帯花木**として区別されることがあります。

　よく知られているものとしては、シクラメン（*Cyclamen persicum*）、エラティオール・ベゴニア（*Begonia* Hiemalis Group）、クリスマスカクタス（*Schlumbergera* × *buckleyi*）、ポインセチア（*Euphorbia pulcherrima*）、セイヨウアジサイ（*Hydrangea macrophylla*）、シネラリア（*Pericallis hybrida*）、カランコエ（*Kalanchoe blossfeldiana*）、プリムラ・ポリアンタ（*Primula* × *polyantha*）、プリムラ・オブコニカ（*Primula*

温室花もの

クリスマスカクタス'リタ'
Schlumbergera × *buckleyi* 'Rita'

エラティオール・ベゴニア
'アフロディテ・レッド'
Begonia (Hiemalis Group)
'Aphrodite Red'

シネラリア
Pericallis hybrida cvs.

熱帯花木

ハイビスカス'ベティ・イエロー'
Hibiscus 'Betty Yellow'

ブーゲンビレア・バティアナ
'ミセス・バット'
Bougainvillea buttiana 'Mrs Butt'

ゲンペイカズラ
Clerodendrum thomsoniae

obconica)、セントポーリア (*Saintpaulia* cvs.)、フクシア (*Fuchsia hybrida*) などがあります。

2．洋ラン（63頁）

3．**熱帯花木** [tropical flowering tree and shrub]
　花木のうち、熱帯・亜熱帯原産の植物またはそこから育成されたものを、**熱帯花木**と呼んでいます。温帯原産の花木に比べ、花色が強烈で鮮やかなものが多いのが特徴です。
　一般的なものとしては、ハイビスカス (*Hibiscus* cvs.)、アブティロン (*Abutilon* × *hybridum*)、ブーゲ

観葉植物

ペペロミア・オブツシフォリア‘ゴールデン・ゲート’
Peperomia obtusifolia ‘Golden Gate’

フィロデンドロン‘レモン・ライム’
Philodendron ‘Lemon Lime’

コルディリネ‘愛知赤’
Cordyline fruticosa ‘Aichi-Aka’

ブライダルベール
Gibasis pellucida

カラテア・マコヤナ
Calathea makoyana

ネオレゲリア‘セイラーズ・ウォーニング’
Neoregelia ‘Sailor's Warning’

ベンジャミンゴム‘スターライト’
Ficus benjamina ‘Starlight’

ベゴニア・ブレビリモサ‘エキゾチカ’
Begonia brevirimosa ‘Exotica’

シェフレラ‘ホンコン・バリエガタ’
Schefflera arboricola ‘Hong Kong Variegata’

ンビレア属（*Bougainvillea*）、サンタンカ（*Ixora chinensis*）、ゲンペイカズラ（*Clerodendrum thomsoniae*）などが知られています。

4．観葉植物 [ornamental foliage plant]

主に葉を観賞する植物のうち、熱帯・亜熱帯原産の温室植物を**観葉植物**と呼んでいます（写真70頁）。一般に耐陰性が強く、人が居住する室内環境でもよく育つため、近年では生活の必需品ともいえるほどよく普及してきました。

よく利用されている観葉植物としては、アジアンタム（*Adiantum raddianum*）、セイヨウタマシダ（*Nephrolepis exaltata*）、ペペロミア属（*Peperomia*）、ポトス（*Epipremnum aureum*）、ディフェンバキア属（*Dieffenbachia*）、フィロデンドロン属（*Philodendron*）、コルディリネ属（*Cordyline*）、ドラセナ属（*Dracaena*）、ブライダルベール（*Gibasis pellucida*）、カラテア属（*Calathea*）、ベンジャミンゴム（*Ficus benjamina*）、インドゴムノキ（*Ficus elastica*）、ベゴニア属（*Begonia*）、セイヨウキヅタ（*Hedera helix*）、シェフレラ（*Schefflera arboricola*）などがあります。

また、観賞用に栽培されるパイナップル科は、日本では**アナナス類**と総称され、花や苞を観賞することが多いのですが、ふつうは観葉植物に含まれることが多いようです。

5．食虫植物 [insectivorous plant]

食虫植物とは、一般の植物と同様に土壌や水中から栄養分を摂取し、光合成（10頁）をしていますが、葉が変形し発達した捕虫器官によって昆虫などの小動物を捕らえ、自らが分泌する消化酵素や共生する微生物などの助けを借りて、捕らえた小動物を消化吸収し、養分の一部とする被子植物（36頁）の特殊なグループのことです（写真72頁）。世界で12科19属600種以上が知られ、日本にも2科、4属、約20種が自生しています。

昆虫以外にも、カエルなどの両生類、クモ、小鳥や小さな哺乳動物（ネズミなど）さえも捕らえていることが多いので、最近では**肉食植物** [carnivorous plant] と呼ばれることがあります。

食虫植物は共通して、日照条件がよく、湿原や荒地など強酸性で養分が極端に少ない場所に生えています。食虫植物は競争相手が少ないこのような場所を生活の場に選び、不足気味の養分を、小動物を消化吸収することで補っていると考えられます。

ウツボカズラ（ネペンテス）属（*Nepenthes*）などのように熱帯原産のものに対し、サラセニア属（*Sarracenia*）などは戸外で越冬できるものも多いですが、一般には温室植物として扱われます。

捕虫方法によって、次の5つのタイプに大別できます。

- 5.1 **粘着式** 腺毛（143頁）の発達が著しく、粘着捕虫するもの。モウセンゴケ（ドロセラ）属（*Drosera*）、ドロソフィルム属（*Drosophyllum*）、ビブリス属（*Byblis*）、ムシトリスミレ（ピングイクラ）属（*Pinguicula*）などで見られます。
- 5.2 **ばね式** 二枚貝状の葉片を閉合運動させて捕虫するもの。ハエトリグサ（*Dionaea muscipula*）とムジナモ（*Aldrovanda vesiculosa*）などで見られます。
- 5.3 **落とし穴式** 葉の大部分が壺形や筒形になって落とし穴のようになり、小動物を穴部に落とし込んで捕らえるもの。ウツボカズラ（ネペンテス）属（*Nepenthes*）、サラセニア属（*Sarracenia*）、ダーリングトニア・カリフォルニカ（*Darlingtonia californica*）、フクロユキノシタ（*Cephalotus follicularis*）、ヘリアンフォラ属（*Heliamphora*）などで見られます。
- 5.4 **吸い込み式** 水中にふたのついた小さな捕虫袋をもち、水圧の差で小動物を吸い込んで捕虫するもの。タヌキモ属（*Utricularia*）で見られます。

食虫植物

粘着式
ドロセラ・カペンシス
Drosera capensis

粘着式
ムシトリスミレ
Pinguicula macroceras

ばね式
ムジナモ
Aldrovanda vesiculosa

ばね式
ハエトリグサ
Dionaea muscipula

落とし穴式
フクロユキノシタ
Cephalotus follicularis

落とし穴式
ダーリングトニア・カリフォルニカ
Darlingtonia californica

落とし穴式
ヘリアンフォラ・ヌタンス
Heliamphora nutans

落とし穴式
サラセニア・レウコフィラ
Sarracenia leucophylla

吸い込み式
タヌキモ
Utricularia vulgaris var. *japonica*

5.5 誘い込み式　　迷路により小動物を捕虫器官まで誘導するもの。ゲンリセア属（*Genlisea*）で見られます。

6. サボテン　多肉植物(68頁参照)

前者と同様に、戸外で越冬できるものも多いですが、やはり温室植物として扱われます。

● オーナメンタルグラス

観賞用のいわゆるグラス類の総称で、パンパスグラス（*Cortaderia selloana*）、ファウンテングラス（*Pennisetum setaceum*）、ススキ（*Miscanthus sinensis*）、ラグラス（*Lagurus ovatus*）などのイネ科植物を中心に、一部、カヤツリグサ科、イグサ科、ガマ科や、特殊なものとしてはサトイモ科のショウブ（*Acorus calamus*）、セキショウ（*Acorus gramineus*）やススキノキ科のニューサイラン（*Phormium tenax*）、トクサ科のトクサ（*Equisetum hyemale*）などを含みます。

オーナメンタルグラス

カヤツリグサ科
フィシニア・トルンカタ
Ficinia truncata

イネ科
パンパスグラス'プミラ'
Cortaderia selloana 'Pumila'

イネ科
タカノハススキ
Miscanthus sinensis 'Zebrinus'

イネ科
パープルファウンテングラス
Pennisetum setaceum 'Rubrum'

● 有毒植物 [poisonous plant]

　有毒成分を含む植物を**有毒植物**と呼びます。園芸植物のなかにも、たくさんの有毒植物が含まれ（75頁表2.4）、毎年のように、園芸活動を実践する現場で、有毒植物が原因の健康被害が起きています。すべての有毒植物を園芸の場から排除することが大切なのではなく、生産から流通・販売、利用にいたる各場面で、有毒植物に対する情報を共有し、取り扱い方を十分に周知することが大切です。

　とくに、ジャガイモ（*Solanum tuberosum*）による食中毒は、患者数では最も多く、食用部のイモにおいて光が当たって緑色部になった部分や、芽の周辺には有毒成分であるポテトグリコアルカロイド（α型‐ソラニンなど）を含んでいます（コラム76頁参照）。

　人の健康に害を与える植物には食べて中毒をおこす（食中毒）植物、触れて皮膚炎になる（接触皮膚炎）植物、花粉症の原因となる植物などがあり、花粉症以外は原因となる植物をよく知って、うっかり食べたり触ったりしなければ被害を防ぐことができます。

有毒植物①

主に食中毒を引きおこす園芸植物

グロリオサ
Gloriosa superba cv.

ニホンズイセン
Narcissus tazetta subsp. *chinensis*

ドイツスズラン
Convallaria majalis

フクジュソウ
Adonis ramosa

ブルグマンシア・インシグニス'ホワイト'
Brugmansia × *insignis* 'White'

ジギタリス
Digitalis purpurea

有毒植物②

主に接触皮膚炎を引きおこす園芸植物

ディフェンバキア'ハワイ・スノー'
Dieffenbachia 'Hawaii Snow'

クレマチス'ピンク・ファンタジー'
Clematis 'Pink Fantasy'

ホワイトレースフラワー
Ammi majus

表2.4 園芸植物中の主な有毒植物の有毒部位と症状

植物名	部位	症状
クレマチス	全草、特に葉や茎	接触による皮膚炎
グロリオサ	全草、特に球根	誤食による吐き気、嘔吐、けいれん
ジギタリス	全草、特に葉	誤食による吐き気、嘔吐、下痢、視覚異常など、重症時には心臓停止による死亡
ジャガイモ	芽周辺部、光が当たって緑色になった表皮周辺	有毒部位の誤食により、腹痛、嘔吐、下痢、脱力感、めまい（コラム76頁参照）
スイセン	全草、特に球根	誤食による吐き気、嘔吐、下痢
スズランおよびドイツスズラン	全草、特に花、根、球根	誤食による吐き気、嘔吐、重症時には心臓麻痺、心不全による死亡
スパティフィラム	全草	誤食による唇、口内のただれ
ディフェンバキア	全草	誤食による唇、口内のただれ
フクジュソウ	全草、特に根茎や根	誤食による嘔吐、脈の乱れ、呼吸困難、重症時には心臓麻痺による死亡
プリムラ・オブコニカ	葉、花茎、萼などの腺毛	接触による皮膚炎
ブルースター	茎葉切り口からの乳液	扱う機会が多い場合、接触による皮膚炎
ブルグマンシア	全株	誤食による眼のかすみ、瞳孔拡散、嘔吐、けいれん、呼吸困難、幻覚、汁液が目に入ると失明の恐れ
ホワイトレースフラワー	全草、特に汁液	汁液が皮膚につき、日光に当たると皮膚炎を起こす

コラム ｜ ジャガイモが有毒植物に

日常食べている野菜なども、注意しないと有毒植物になることがあります。厚生労働省のウェブサイト「食中毒統計資料」における2005年から2016年の過去12年分のデータを分析すると、発生件数についてはスイセン41件が最も多いですが、患者数について注目するとジャガイモ489人が最も多くなります。すなわち、ジャガイモは集団食中毒として発生していることが多く、小学校などの学校現場での事故がよく知られています。
ジャガイモは最も広範囲に、かつ大量に栽培

光が当たり表皮周辺が緑になったジャガイモ

されるイモ類ですが、特に、芽周辺部および光が当たって緑色になった表皮周辺に、有毒成分であるポテトグリコアルカロイド（PGA）と総称される、α型－ソラニン（α-solanine）とα型－チャコニン（カコニン：α-chaconine）などが含まれます。芽周辺部が有毒であることはよく知られていますが、緑色になった表皮周辺が有毒であるということはあまり知られていないようです。土寄せをしてジャガイモに光を当てないようにすることを知らないで、学校現場で食育などの一環で栽培し、緑色になったジャガイモを食したことなどが原因であることが多いようです。収穫後の保管場所も光が当たらないようにすることが大切です。

Chapter 3
植物の形態

ストレプトカルプス・ヴェンドランディー
Streptocarpus wendlandii
Curtis's Botanical Magazine
第7447図（1895）
出典／The Biodiversity Heritage Library

多様な植物を理解するには、植物の形態による情報は欠かせません。図鑑などで正しい情報を得るためにも、形態の情報を正確に使いこなす必要があります。本章では、肉眼やルーペ程度で観察できる形態に注目し、根部・地下部、茎、葉、花、花序、果実、種子、その他に分類して、形態について用いられる用語を解説します。

3-1　根部・地下部

● **根** [root]

根はふつう、地中で水分や養分を吸収する機能を持つ器官の一つで、地上部を支える役目があります。形態的、機能的に通常の根は**普通根** [ordinary root] といいます。一般に根冠と根毛を持っています。

根冠 [root cap] は根の成長点を帽子状に覆う保護組織のことで、根が土壌の中を伸長する時に、根の成長点を土壌との摩擦から保護しています。**根毛** [root hair] は根の先端付近に密生する組織で、根の表面積を増して、土中から水分を吸収する役目があります。

土中にある**地中根** [terrestrial root] のほか、空気中にある**気根**(79頁)や、水中にある**水中根**(80頁)に分類されます。種類によって、後述するように、様々な形や機能を持つものに変形します。

根冠
タコノキ
Pandanus boninensis

● **根系** [root system]

植物の地下部全体を示し、**根**と**地下茎**(89頁)や**球根**(81頁)が含まれます。植物体を固着させるとともに、水や養分を吸収する役目があります。

● **主根** [main root, taproot]　**側根** [lateral root]

種子が発芽すると、種子の中の**幼根**(137頁)が伸び、この根を**初生根** [primary root] といいます。裸子植物、原始的被子植物、真正双子葉植物(36頁)では、幼根が発達して主軸として太くなり、主根となります。

一方、**側根**は主根から分岐して側方に生じた根のことで、主根の皮層や表皮などを貫通して表面に出たものです(図3.1)。イネ科植物では、種子の中で幼根から側根が生じ、これらを**種子根** [seminal root] といいます。

単子葉植物(36頁)の多くは、主根の成長が早く止まり、不定根(同頁)がよく発達して**ひげ根** [fibrous root]（図3.2）となり、主根と側根の区別がありません。

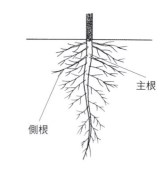

図3.1　主根と側根

● **定根** [root]　**不定根** [adventitious root]

主根(同頁)と主根から分岐して生じた側根(同頁)を合わせて**定根**といい、それ以外の根はすべて**不定根**と呼びます。

茎や葉から生じる根は不定根で、さし木繁殖(204頁)で生じる根はすべて不定根です。単子葉植物(36頁)のひげ根もすべて不定根です。球根(81頁)から生じる根や、気根(79頁)、匍匐茎(89頁)から生じる根も不定根です。

図3.2　ひげ根

● 気根 [aerial root]

気根は茎や幹から空気中に伸び出した根のことで、**不定根**（78頁）の一種です。形や機能から、次のように区別されます。

1．支柱根 [prop root]

地上部から生じて地中に達し、地上部を支える役目をしてします。

タコノキ属（*Pandanus*）やマングローブ（42頁）の一種のヤエヤマヒルギ（*Rhizophora mucronata*）でよく発達しています。

インドゴムノキの仲間〈イチジク属（*Ficus*）〉でもよく見られ、ガジュマル（*Ficus microcarpa*）やベンガルボダイジュ（*Ficus benghalensis*）では、垂れ下がった支柱根が地面に達するとふつうの根を出し、やがて幹状になり、1本の木で一つの森のようになることがあります。小さなものでは、トウモロコシ（*Zea mays*）にも見られます。

2．保護根 [protective root]

地上茎（89頁）から多数生じた細い気根が絡み合って、厚く硬い層をなして茎を覆うもので、保護や水分保持、茎の支柱の役目をしています。

樹木状になる木生シダのヘゴ（*Cyathea spinulosa*）などに見られ、板状や柱状に製材したものが**ヘゴ材**として園芸的に利用され、**着生植物**（43頁）やよじ登り植物（59頁）の栽培に使われています。

3．呼吸根 [respiratory root]

湿地などに生える植物では、地中に酸素が乏しいため、泥中から根の一部を空気中に出して、呼吸に役立てることがあり、このような気根を**呼吸根**と総称します。形状から以下のように区別されます。

3.1 **直立根** [erect root] 真っすぐに上に伸びるもので、マングローブのハマザクロ（*Sonneratia alba*）などに見られます。

3.2 **屈曲膝根** [curved knee-root] 上下に屈曲しながら横走して所々から地上に出て、この部分の背面が隆起するもので、マングローブのオヒルギ（*Bruguiera gymnorhiza*）などで見られます。

支柱根
ヤエヤマヒルギ
Rhizophora mucronata

支柱根
トウモロコシ'イエロー・ポップ'
Zea mays 'Yellow Pop'

保護根
ヘゴ
Cyathea spinulosa

呼吸根（直立膝根）
ラクウショウ
Taxodium distichum

呼吸根（板根）
カポック
Ceiba pentandra

3.3 直立膝根 [erect knee-root]
横走する根の背面が局部的に肥大して柱状に立つもので、ラクウショウ (*Taxodium distichum*) などで見られます。

3.4 板根 [buttress root]
横走する根の背面だけが肥大して屏風のようになるもので、熱帯多雨林によく見られます。板根の下端は水平に切れていて、ほとんど地中には伸長せず、地面にのっかっているにすぎません。サキシマスオウノキ (*Heritiera littoralis*) やカポック繊維を採るカポック (*Ceiba pentandra*) などでよく発達しています。

4. 吸水根 [absorptive root]
ラン科植物に多く見られ、根の表面が**根被** [root sheath] と呼ばれる綿状の組織で覆われ、空中から湿気や降雨時の水を吸収する役目を果たしています。**ベラーメン** [velamen] とも呼びます。

吸水根
バンダ・コエルレア
Vanda coerulea

5. 付着根 [adhesive root]
よじ登り植物 (59頁) の茎から生じた気根で、他物にはりついて植物体を支えています。

6. 寄生根 [parasitic root]
寄生植物 (44頁) が宿主の体内にさし込み、養分や水分を吸収する根のことです。

7. 同化根 [assimilation root, assimilatory root]
葉や茎がほとんど発達せず、根が葉の代わりに光合成 (10頁) を営む根を同化根といいます。扁平または棒状で、緑色を帯びています。クモラン (*Taeniophyllum glandulosum*) などで見られます。

付着根
ヘデラ
Hedera helix cv.

● 水中根 [aquatic root]
水中にある根のことを**水中根**といいます。固着や支柱の役目はしませんが、吸水 (22頁) を行います。根毛や根冠 (78頁) の発達が悪かったり、まったくなかったりする場合があります。

ホテイアオイ (*Eichhornia crassipes*) などのように、根毛の代わりに**根帽** [root pocket] という類似の組織を持つことがあります。ただし、根毛と違い、若い根を包んでいた組織からできたもので、根毛のように再生能力がありません。

● 貯蔵根 [storage root]
地中根が変形したもので、肥大して、でんぷんやイヌリンなどの養分や水を貯える器官となったものを**貯蔵根**といいます。

同化根
クモラン
Taeniophyllum glandulosum
葉はなく、光合成は根が行っている

主根〈一部、胚軸(137頁)も含まれる〉が肥大したものは**多肉根** [succulent root] といい、ダイコン(*Raphanus raphanistrum* subsp. *sativus*)、ニンジン(*Daucus carota*)などに見られます。塊状に肥大し、栄養繁殖に役立つものは**塊根**(83頁)と呼び、ダリア(*Dahlia* cvs.)などで見られ、**球根**(同頁)として扱われます。

貯蔵根(多肉根)
ダイコン
Raphanus raphanistrum subsp. *sativus* cv.

● **担根体** [rhizophore]

ヤマノイモ属(*Dioscorea*)の地下部に見られる、長形、扇形、塊形をした「イモ」を**担根体**と呼び、茎と根の中間的な性質を持つとされますが、維管束(85頁)の配列が茎の特徴を示すことから、塊茎(82頁)の一種と考えられます。

● **球根** [bulb]

多年草(141頁)のうち、地下または地際で肥大して養分を蓄えた貯蔵繁殖器官を総称して**球根**といいます。原則として一・二年草(52頁)では球根という用語は使いません。植物の生育に不適な環境が毎年定期的に繰り返される地域では、球根を地下につくることで、植物は寒暑や乾燥に耐えることができます。

ふつう、休眠期があり、その期間は茎、葉、根はなくなり、球根が休眠状態を続け、生育に不適な時期をしのいで、繁殖や次期の生育に備えています。しかし、サギソウ(*Pecteilis radiata*)などのように、水分の変化が少ない湿地に生育しながら球根をつくるものもあります。

園芸上、とくに観賞園芸では、球根を持つ植物を**球根植物**(54頁)または**球根類**と呼んでいますが、前述のサギソウや、リアトリス(*Liatris spicata*)、キキョウ(*Platycodon grandiflorus*)など、球根をつくるものでも、習慣上は球根植物として扱っておらず、研究者によりその範囲は様々です。野菜園芸などでは、サトイモ(*Colocasia esculenta*)のように明らかに球根である塊茎(82頁)を持つ場合も、球根植物として扱うことはありません。

肥大した器官の種類や形態により、82頁表3.1のように区別されますが、これらの中間移行型のものもあります。鱗茎は葉が、球茎、塊茎、根茎は地下茎が、塊根は根が肥大、肥厚しています。

1. 鱗茎 [bulb]

短い茎のまわりに、葉の全体または葉鞘(95頁)部が多肉化して貯蔵器官となった**鱗片葉**(102頁)が重なり合ったものです。さらに次の二つに分けられます。

1.1 層状鱗茎 [tunicated bulb]　鱗片葉が成長点を取り巻いて層状に重なり合ったもので、最も外側の鱗片葉が薄皮になり、鱗茎全体を覆っています。**有皮鱗茎**ともいいます。チューリップ属(*Tulipa*)、ダッチアイリス(*Iris × hollandia*)などのように、毎年、母球が消耗してなくなり子球(84頁)に更新されるものと、アマリリス属(*Hippeastrum*)、スイセン属(*Narcissus*)、ヒアシンス(*Hyacinthus orientalis*)などのように母球は毎年更新され

層状鱗茎(更新型)
チューリップ
Tulipa gesneriana cv.

ずに、新しい鱗片葉が内部でつくられて母球自体が大きくなっていくものがあります。

1.2 鱗状鱗茎 [non-tunicated bulb]　鱗状の鱗片葉が瓦のように重なり合ったもので、薄皮で覆われていません。**無皮鱗茎**ともいいます。ユリ属（*Lilium*）などが知られます。

２．球茎 [corm]

短縮した茎が肥大して、養分の貯蔵器官になり、球形または卵形になったものです。葉の基部の各節に薄皮がついて、球茎全体を包んでいます。グラジオラス属（*Gladiolus*）やフリージア属（*Freesia*）、クロッカス属（*Crocus*）など、アヤメ科植物によく見られ、毎年更新されます。

３．塊茎 [tuber]

短縮した茎が塊状または球状に肥大したもので、その形態と薄皮で包まれていないことで、球茎と区別されます。また、母球（84頁）の更新の有無により、さらに次の二種類に区別できます。

年々更新されるものにはカラジウム（*Caladium bicolor*）、アネモネ（*Anemone coronaria*）などがあります。シクラメン属（*Cyclamen*）、球根ベゴニア（*Begonia* Tuberhybrida Group）、グロキシニア（*Sinningia*

層状鱗茎（非更新型）
アマリリス　*Hippeastrum* cv.

鱗状鱗茎
スカシユリ　*Lilium speciosum*

球茎
サフラン　*Crocus sativus*

表3.1　球根の分類（今西, 2012 より一部改変）

肥大部分	種類		形態的特徴	更新の有無	植物名	特殊な種類	形態的特徴	植物名
葉	鱗茎	層状鱗茎	外皮がある	更新型	チューリップ、ダッチアイリス			
				非更新型	アマリリス属、スイセン属、ヒアシンス			
		鱗状鱗茎	外皮がない		ユリ属			
茎	球茎		節と節間を持ち、葉の基部が薄い膜状となり、茎の肥大部分を包む		グラジオラス、フリージア属、クロッカス属			
	塊茎		葉の変形物で覆われない	更新型	カラジウム、アネモネ			
				非更新型	シクラメン属、球根ベゴニア、グロキシニア			
	根茎		地表面あるいはその直下を茎が水平面に成長、全体的に肥厚する		ジャーマンアイリス、カンナ属	尾状地下茎	地下を走る茎の先端で鱗片葉が形成され、まつかさ状または尾状となったもの	アキメネス属、コーレリア属、グロキシニア属
						念珠状地下茎	節間が膨れ、節の部分がくびれて念珠状になったもの	リボングラス
根	塊根				ダリア、ラナンキュラス			

塊茎（非更新型）
シクラメン
Cyclamen persicum cv.

根茎
ジャーマンアイリス
Iris × germanica cv.

尾状地下茎
アキメネス・グランディフロラ
Achimenes grandiflora

塊根
ダリア
Dahlia cv.

塊根
ラナンキュラス
Ranunculus asiaticus cv.

speciosa）などは胚軸（137頁）が肥大してできたもので、塊茎が年々肥大するだけで、新しい塊茎と交代して更新されることがありません。

4. 根茎 [rhizome]

　地中を長く横にはう茎が、球状にならず全体的に肥大したもので、地上茎と同様に節があり、そこから葉や根が生じます。カンナ属（*Canna*）、ジャーマンアイリス（*Iris × germanica*）などが知られます。また、ハス（*Nelumbo nucifera*）の根茎は**レンコン**と呼ばれて食用にされ、節がとくに目立っています。特殊なものでは、次のものが知られます。

　4.1 尾状地下茎 [scaly rhizome]　　地下を走る茎の先端で鱗片葉が形成され、まつかさ状または尾状となったもの。アキメネス属（*Achimenes*）やコーレリア属（*Kohleria*）、植物学上のグロキシニア属（*Gloxinia*）などイワタバコ科植物で知られています。

　4.2 念珠状地下茎 [ringed stem]　　節間が膨れ、節の部分がくびれて念珠状になったもの。リボングラス（*Arrhenatherum elatius* subsp. *bulbosum* 'Variegatum'）などに見られます。

5. 塊根 [tuberous root]

　根が肥大して塊状になり、多くの養分を貯えたもの。ダリア（*Dahlia*）、ラナンキュラス（*Ranunculus asiaticus*）などが知られ、上部に茎の基部がついていないと芽が生じませんので注意が必要です。一方、サツマイモ（*Ipomoea batatas*）も塊根をつくりますが、不定芽（86頁）が生じますので、上部に茎の基部がなくても芽が生じてきます。

　ダイコン（*Raphanus raphanistrum* subsp. *sativus*）、カブ（*Brassica rapa*）などの一・二年草（52頁）では、根が肥大しても繁殖器官ではないので、塊根ではなく、**多肉根**（81頁）と呼びます。

- **母球** [mother bulb, mother corm, mother tuber]　**子球** [bulblet, cormel]
　園芸上、植えつけ時の球根(81頁)、または鱗片繁殖などの人為繁殖に用いる球根を**母球**といい、新しくつくられた球根を**子球**といいます。

- **木子** [cormel, cormlet, bulblet]
　園芸上、地下部に形成された小さい球根を**木子**といいます。ユリ属(*Lilium*)の地下茎の葉腋(87頁)につくられる**小鱗茎** [bulbil] や、グラジオラス属(*Gladiolus*)やフリージア属(*Freesia*)などのように子球基部につくられる**小球茎** [small cormel] があります。

木子
ネリネ'パトリシア'
Nerine bowdenii 'Patricia'

- **牽引根** [contractile root]
　ユリ属(*Lilium*)やグラジオラス属(*Gladiolus*)、フリージア属(*Freesia*)など母球の上に子球(84頁)が生じる球根植物において、生育初期に子球から生じる太い**不定根**(78頁)のことで、乾燥期に収縮して子球を地中に引き込み、子球を乾燥から守る役目があります。また、球根が年々新しい球根と更新しないものにも見ることができます。

- **地下茎** [subterranean stem]
　地下にある茎のことで、養分を貯えたり、長く伸びて繁殖したりします。いろいろな形態に変化することがあり、**鱗茎**、**球茎**、**塊茎**、**根茎**に区別されます(81〜83頁)。
　ただし、鱗茎は地下茎と葉が変化した鱗片葉(81頁)も含めて呼んでいます。

3-2　茎

- **茎** [stem, stalk]
　ふつう、地上にあって葉(92頁)をつけ、植物体の地上部を支える役目があり、茎の中には**維管束**(85頁)が発達しており、水や光合成産物の通路にもなります。ふつう見られる**地上茎**に対して、地下にある茎を**地下茎**(89頁)と呼び、様々な形や機能を持つものに変形することがあります。また、性質で大別すると、**木本茎**と**草本茎**があります。

- **木本茎** [woody stem]　**草本茎** [herbaceous stem]
　維管束(85頁)の木部がよく発達した硬い丈夫な多年生の茎を**木本茎**といい、太い木本茎はとくに**幹** [trunk] と呼びます。また、木部があまり発達せず、多肉で柔らかい草質の茎を**草本茎**といいます。

● **維管束** [vascular bundle]

シダ植物、種子植物（両者で**維管束植物**, 38頁）において、茎、葉、根を走る束状の組織系で、主として水の通路となる木部と、主として光合成産物の通路となる師部からなっています。また、互いに連絡して植物体を強固にしています。

サボテン科植物では木質化しないので、乾燥地でしおれてしまっても、植物体の体制が崩れないように維管束が発達しています。自生地などにおいて乾燥状態で枯れると、師管部が網状に残り、民芸品などの材料として利用されています。

1. 木部 [xylem]

道管 [vessel]、**仮道管** [tracheid]、**木部柔組織** [xylem parenchyma]、**木部繊維** [xylem fiber] などからなる複合組織で、道管と仮道管は水の通路となっています。裸子植物 (36頁) では、道管と木部繊維がありません。

2. 師部 [phloem]

師管 [sieve tube]、**伴細胞** [companion cell]、**師部繊維** [phloem fiber]、**師部柔組織** [phloem parenchyma] などからなる複合組織で、葉でできた光合成産物を根に送る通路になっています。シダ植物では伴細胞と師部繊維が、裸子植物では伴細胞がありません。

師管の跡
松嵐（まつあらし）
Cylindropuntia bigelovii
サボテン科では、乾燥状態で枯死すると師管が網状に残る

● **形成層** [cambium]

形成層は茎の肥大を行う分裂組織で、維管束（同頁）内の道管と師管の間にある**維管束内形成層** [fascicular cambium] と、これらを連結するような位置に生じる**維管束間形成層** [interfascicular cambium] があり、互いに連絡して、茎の全周をめぐって環状になり、**形成層輪** [cambium ring] と呼ばれます。ふつう、裸子植物、原始的被子植物、真正双子葉植物 (36頁) で発達し (図3.3)、単子葉植物 (36頁) ではごく一部が特殊な形成層を持つことがあります。

接ぎ木を行う場合、穂木と台木が活着するように、両者の形成層を少なくとも一か所は一致させるように接ぐ必要があります (207頁)。

また、植物体の表面を保護する**コルク層** [cork layer] を分化する形成層を、**コルク形成層** (88頁) と呼びます。

● **シュート** [shoot]

一つの茎とそれにつく葉とは、もともと一つの**茎頂分裂組織** (87頁) からつくられたもので、茎の成長と葉の発生には密接な関係があり、1本の茎とその茎につく葉をまとめて**シュート**と呼びます。訳語として**苗条**などと呼ぶことがあります。

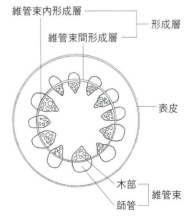

図3.3
真正双子葉植物の茎の断面を示す模式図

● 芽 [bud, sprout]

シュート（85頁）の未展開のものを**芽**といい、発達して茎、葉、花になります。茎の先端である茎頂（87頁）にある芽を**頂芽** [apical bud, terminal bud]、茎の側方にできる芽を**側芽** [lateral bud] と呼びます。

種子植物（35頁）では、側芽はふつう、葉腋（87頁）に生じるので、**腋芽** [axillary bud] といいます（図3.4）。一般に、頂芽のほうが、腋芽より発育がよく、これを**頂芽優勢** [apical dominance] と呼び、頂芽を取り除くと側芽の発育がよくなります。

図3.4　枝の模式図

● 定芽 [definite bud]　不定芽 [advetitious bud, indefinite bud]

種子植物では茎頂と葉腋は常に芽を生じる位置ですので、頂芽と腋芽（同頁）を合わせて**定芽**、その他の位置にある芽は**不定芽**と呼び、茎や葉、根にできます。不定芽のなかには、栄養繁殖に役立つものがあります。

● 葉芽 [leaf bud, foliar bud]　花芽 [flower bud]

芽が展開した時、葉や茎をつくる芽を**葉芽**と呼び、単一の花や複数の花の集団である花序（122頁）をおさめている芽を**花芽**といいます。花芽のほうが葉芽よりやや太くて短いのがふつうです。**混芽** [compound bud] は、葉と花（または花序）の両方を含んでいる芽で、葉芽、花芽に対していいます。

● 高芽 [offshoot]

ラン科のデンドロビウム属（*Dendrobium*）などに見られるもので、温度や水分、肥料など環境や栽培条件の変化が原因で、**花芽**が**葉芽**（同頁）に変わり、やがて根も生じてくるものをいいます。

不定芽
セイロンベンケイ
Bryophyllum pinnatum

さし木により生じた不定芽と不定根
サンセベリア'ローレンティー'
Sansevieria trifasciata 'Laurentii'

高芽
デンドロビウム・モスカツム
Dendrobium moschatum

● **休眠芽** [dormant bud, resting bud]

　芽がつくられた後、ある発達段階で発育を停止している芽を**休眠芽**といいます。**側芽**(86頁)の多くは休眠芽で、**頂芽**(86頁)がなくなると再び発育を始めます。2シーズン以上にわたって休眠し続けている芽を**潜伏芽** [latent bud] と呼びます。

● **冬芽** [winter bud]　**夏芽** [summer bud]

　温帯産の樹木や多年草などは、冬に休眠する**休眠芽**(同頁)があり、これを**冬芽**と呼びます。ふつう、夏から秋につくられ、この状態で休眠します。冬芽を覆う鱗状の葉を**芽鱗** [bud scale] といい、冬芽を保護しています。このような保護器官に包まれていない冬芽を、**裸芽** [naked bud] と呼んでいます。

　一方、夏に乾季となる地域では、夏に休眠する休眠芽があり、これを**夏芽**といいます。

冬芽
オオカメノキ
Viburnum furcatum
花芽（中央）と葉芽（両端）

冬芽
ハクモクレン
Magnolia denudata
花芽（頂芽）と葉芽（側芽）
花芽は毛で覆われる

冬芽
ソメイヨシノ'染井吉野'
Cerasus yedoensis
'Somei-yoshino'
芽鱗で覆われる冬芽

● **茎頂** [shoot apex]

　シュート(85頁)の先端部にある分裂組織で、細胞が分裂して茎や葉をつくる**茎頂分裂組織** [shoot apical meristem] があって、ここから新しい茎や葉がつくられ、**シュート頂**とも呼ばれます。

　以前は、茎頂分裂組織は**生長点**と呼ばれていましたが、幾何学でいう点とは異なり、多数の細胞からなるので、この用語は使われないようになっています。

● **葉腋** [leaf axil]

　葉が茎につく部分のすぐ上側の茎の部分で、ふつう定芽である**腋芽**(86頁, 図3.4)があります。

● **節** [node]

　葉が茎につく部分を節といい、節と節の間の部分を**節間** [internode] と呼びます。**稈**(89頁)ではこの部分が中空となっています。

● 葉痕 [leaf scar]

落葉後、葉のついていた痕が茎に残ったものを呼び、葉柄（94頁）の基部の形により、楕円形や円形など様々な形となり、茎から分かれて葉に入る維管束（85頁）の配置がよくわかります。

● 表皮 [epidermis]　周皮 [periderm]

植物の表面を覆う組織を**表皮**といい、1～数層の細胞からなり、厚さがほぼ等しく、植物の各組織を保護します。裸子植物、原始的被子植物、真正双子葉植物（36頁）では、茎や根の形成層が活発に活動して肥大成長すると、表皮がそれについていけずに脱落する場合があり、その時、表皮に代わり表面を保護するために二次的にできる組織を**周皮**といいます。周皮はこれをつくる**コルク形成層**（同頁）と、外側につくられた**コルク組織**と、内側につくられた**コルク皮層**からなります。樹木では幹のコルク組織が発達すると、その外側にある表皮などは枯死して**樹皮** [bark] になり、幹がさらに発達するとコルク組織の外層もしだいに樹皮となって、古いものからはげ落ちていきます。

葉痕
オニグルミ
Juglans mandshurica var. *sachalinensis*
葉痕はサルに似ている

葉痕
アジサイ
Hydrangea macrophylla
葉痕は顔に見える。冬芽は裸芽

● コルク形成層 [phellogen, cork cambium]

周皮（同頁）をつくる細胞分裂組織で、外側に**コルク組織** [phellem, cork] を、内側に**コルク皮層** [phelloderm, cork cortex] をつくります。また、落葉や落果など植物体の一部が離脱した場合や、傷をつけた後も、コルク形成層ができて、コルク組織をつくり、表面を保護します。

コルク組織を剥がしてコルクが採取される
コルクガシ　*Quercus suber*

● 皮目 [lenticel]

樹木の幹に周皮（同頁）がつくられる場合、気孔（100頁）に変わってガス交換を行う組織で、一般には表面よりやや隆起しており、その形や分布は樹種により異なり、樹皮に特徴的な模様を与えています。

● 枝 [branch, limb]

樹木において、**主幹** [trunk] から分かれた茎をいい、腋芽または不定芽（86頁）が発達したものです。主幹から枝が分かれることを**分枝** [branching, ramification] といいます。

皮目
ソメイヨシノ'染井吉野'
Cerasus yedoensis 'Somei-yoshino'

● **長枝** [long branch] **短枝** [short branch]

同じ植物において、節間(87頁)が長く伸びた枝を**長枝**といい、ふつう見られる枝はほとんど長枝です。これに対し、**短枝**は節間が著しく短縮した枝のことです。裸子植物(36頁)では、イチョウ(*Ginkgo biloba*)やマツ属(*Pinus*)、カラマツ属(*Larix*)などで見られます。被子植物(36頁)では、多くの樹木で見られます。盆栽(57頁)や庭木では、枝が伸びすぎないように、長枝を切って、短枝を成長させることがふつうです。

● **地上茎** [terrestrial stem, epigeal stem]
地下茎 [subterranean stem]

ふつう見られる茎を**地上茎**、また地中にあって特殊な形に変化している茎を**地下茎**といいます。地下茎は形態により、**鱗茎**、**球茎**、**塊茎**、**根茎**に区別されます(81〜83頁)。

長枝と短枝
イチョウ
Ginkgo biloba

地上茎にも以下のような種類があります。

● **稈** [culm]

イネ科のタケ類(タケ亜科)やイネ(*Oryza sativa*)などの茎のように、節(87頁)以外の部分は中がからで、外側が比較的硬い茎を、とくに**稈**と呼んでいます。また、このように茎などの中の組織がからのことを**中空**といい、反対に中に組織が詰まっていることを**中実**といいます。

● **挺幹** [caudex]

ヤシ科などで見られるように、枝を出さないで、頂部に多数の葉を群生する幹をいいます。パキポディウム属(*Pachypodium*)など多肉植物(68頁)においても、よく見られます。

挺幹
亜阿相界(ああそうかい)
Pachypodium geayi

● **匍匐茎** [creeping stem, repent stem] **走出枝** [runner]

細長い茎が地表面に沿って伸びるものを**匍匐茎**といい、節から不定根(78頁)が生じます。一方、オランダイチゴ(*Fragaria × ananassa*)やオリヅルラン(*Chlorophytum comosum*)などのように、茎の先端部からのみ芽や根を出して繁殖に役立っている場合、これを**走出枝**、または**ストロン**[stolon]と呼んで区別しています。

走出枝
オランダイチゴ
Fragaria × ananassa cv.

● **巻きつき茎** [twining stem]
　アサガオ（*Ipomoea nil*）などのように、茎自体が他物に巻きついて高く伸びるものをいいます。つるの巻き方は、左巻き、右巻きと区別しますが、人によりまったく逆の呼び方をすることがありますので、注意が必要です。標準的なものを図3.5に示しました。

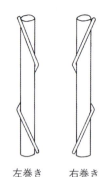

左巻き　　右巻き

図3.5　つるの巻き方

● **よじ登り茎** [climbing stem]
　茎自身は巻かずに、つるに生じたある種の器官で他物につかまって高く伸びるものをいい、このような茎を持つ植物を**よじ登り植物**（59頁）と呼びます。つかまる器官としては、付着根（80頁）、鉤、刺、巻きひげ、吸盤などがあります。

● **茎巻きひげ** [stem tendril]
　巻きひげ（145頁）のうち、茎の変形であるものをいい、ブドウ科、トケイソウ科などで見られます。

● **茎針** [stem spine, stem thorn]
　ボケ属（*Chaenomeles*）やミカン属（*Citrus*）などで見られるように、短縮して先の尖った枝のことで、針状または鉤状になったものをいいます。

● **葉状茎** [cladophyll, cladophyllum, phylloclade, phyllocladium]
　茎が偏平または線状に変形し、一見して葉のように見え、緑色で、光合成（10頁）を行うものをいいます。ふつう葉は退化して、葉の代わりの機能を行っています。タデ科のカンチク（*Homalocladium platycladum*）、サボテン科のウチワサボテンの仲間や、クリスマスカクタス（*Schlumbergera* × *buckleyi*）、キジカクシ科のナギイカダ（*Ruscus aculeatus*）やアスパラガス属（*Asparagus*）などで見られます。

葉状茎
カンチク
Homalocladium platycladum

葉状茎
金烏帽子（きんえぼし）
Opuntia microdasys

葉状茎
クリスマスカクタス
Schlumbergera × *buckleyi* cv.

● 多肉茎 [succulent stem]

茎が著しく肥大して、ふつう緑色で、光合成(10頁)を行うものをいいます。ふつう葉は退化して、鱗片状または針形になっています。乾燥地に生息している植物で多く見られ、サボテン科やトウダイグサ属(*Euphorbia*)などで見られます。

● 偽鱗茎 [pseudobulb, pseudocorm]

ラン科植物に見られるもので、茎や花茎(114頁)の一部が肥大して球形や卵形などになった貯蔵器官をいい、**偽球茎**とも呼びます。鱗茎(81頁)とは由来がまったく異なります。園芸上は**バルブ**とも呼ばれます。

偽鱗茎
セロジネ・トリネルビス
Coelogyne trinervis

むかご(鱗芽)
オニユリ
Lilium lancifolium

● むかご [propagule]

地上部に生じた定芽(86頁)が養分を蓄えて肥大し、母体から離脱して地上で発芽し、繁殖の役に立っているものを**むかご**と呼びます。

このうち、葉が発達せずに茎が多肉になったものを**肉芽** [brood] といい、ヤマノイモ属(*Dioscorea*)などで見られます。茎は小さくて多肉な葉をつけるものを**鱗芽** [bulbil] といい、オニユリ(*Lilium lancifolium*)などで見られます。

● 偽茎 [pseudostem]

葉の葉鞘(95頁)部が重なり合って、一見すると茎のように見えるものをいいます。バショウ科、ショウガ科、カンナ科などで知られます。真の茎は地際付近にあります。

偽茎
アルピニア・プルプラタ
Alpinia purpurata

● 帯化 [fasciation]

茎が扁平な形に変化することをいい、茎の茎頂部が帯状にひろがるか、いくつかの枝が一平面に癒着するためにおこり、園芸的に珍重されています。トサカゲイトウ(*Celosia argentea* Cristata Group)では、これがふつうの状態です。綴化ともいいます。生け花(232頁)では石化といい、オノエヤナギ(*Salix udensis* 'Sekka')の栽培品種は、セッカヤナギと呼ばれ、生け花材料としてよく利用されています。

帯化
トサカゲイトウ'ボンベイ・オレンジ'
Celosia argentea (Cristata Group)
'Bombay Orange'

3-3 | 葉

● **葉** [leaf, foliage]

維管束植物（シダ植物、種子植物，38頁）において、葉は**根**（78頁）、**茎**（84頁）とともに植物の栄養器官を構成し、ふつう、茎のまわりに規則的につき、偏平な形をしています。葉を構成する細胞は葉緑体を持ち、あらゆる生物の生命の源ともいえる**光合成**（10頁）を営むとともに、呼吸や蒸散（10, 22頁）の働きも行っています。

このように葉の本来の機能を持つ葉を**普通葉** [foliage leaf] と呼び、一般に葉といえばこの普通葉をさします。葉は基本的に**葉身**（同頁）、**葉柄**、**托葉**（94頁）の3部分に区別されます（図3.6）。この三部分が揃っている葉を**完全葉** [complete leaf]、いずれかが欠けている葉を**不完全葉** [incomplete leaf] といいます。ふつう芽（86頁）が展開するに従い、多くの葉が生じますが、奇想天外（*Welwitschia mirabilis*）のように、2枚の本葉（101頁）のみが終生伸び続ける奇妙な植物もあります。

大きな葉はヤシ科やサトイモ科で見られます。ラフィアヤシ（*Raphia farinifera*）は、巨大な羽状複葉（95頁）を持つ植物として有名で長さ15〜20m、幅3mもあり、結束用や編物材料に使われるラフィア繊維はこの葉からできています。

葉は形態学上、最も変化に富む器官とされ、形や、大きさ、茎へのつき方など様々です。また、花を構成する萼、花冠、雄しべ、雌しべなどは**花葉**と呼ばれ、葉の変形とみられます（105頁）。

図3.6　葉の模式図

奇想天外（きそうてんがい）
Welwitschia mirabilis
2枚の本葉のみが終生伸び続ける。葉間にあるのは球果状の雌花序

● **葉身** [blade, leaf blade, lamina]

葉のひろがった部分で、ふつう偏平で、葉の本体ともいえます。

葉身の形態は種類により様々で、形態を表現する場合、全体の概形、先端、基部、**葉縁** [leaf margin] などに分けて記述します（93頁図3.7, 3.8, 3.9, 3.10）。また、厚さ、光沢、質感（142頁）、毛の有無や性質（143頁）についても述べることがあります。

葉縁に凹凸がまったくない場合、**全縁** [−の, entire] と呼びます。葉縁に細かい凹凸がある場合、その凹凸を**鋸歯** [serration] や**歯牙** [dentation] などと表現します。鋸歯は、ノコギリの歯のように、あまり大きくなく、形が一様で、葉先に向かってやや傾いているものをいいます。また、歯牙は鋭く形が不揃いものをいいます。

葉縁に大きな凹凸がある場合、葉縁が裂けるとか、切れ込みがあると表現されます。切れ込みの仕方には、**羽状** [−の, pinnate] と**掌状** [−の, palmate, digitata] に大別され、切れ込みと切れ込みの間の部

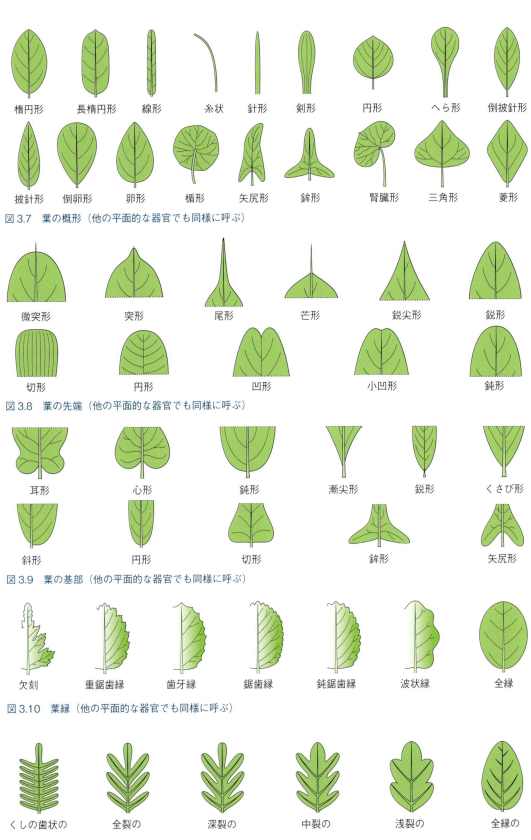

図 3.7 葉の概形（他の平面的な器官でも同様に呼ぶ）

図 3.8 葉の先端（他の平面的な器官でも同様に呼ぶ）

図 3.9 葉の基部（他の平面的な器官でも同様に呼ぶ）

図 3.10 葉縁（他の平面的な器官でも同様に呼ぶ）

図 3.11 葉の裂け方（他の平面的な器官でも同様に呼ぶ）

分を**裂片** [lobe] といいます。切れ込みの程度は、**浅裂** [―の, lobed]、**中裂** [―の, cleft]、**深裂** [―の, parted] と表現します（93頁図3.11）。

切れ込みが深くなって、ほとんど中央脈（100頁）まで達した状態を**全裂** [―の, divided] といい、さらに葉身が複数の部分に分かれると、このような葉を**複葉** [compound leaf]（95頁）と呼びます。

羽状浅裂
アロカシア・アマゾニカ
Alocasia × *amazonica*

掌状中裂
ヤツデ
Fatsia japonica

● **葉柄** [petiole, leaf stalk]

葉身（92頁）と茎の間の柄のような部分で、葉身と茎の間の物質輸送路であるとともに、葉身を適当な位置に支える役目をしています。

葉柄がある場合は**有柄** [―の, stipitate]、ない場合は**無柄** [―の, sessile]、といい、他の柄状の器官の有無もこのように表現します。

● **托葉** [stipule]

葉が茎についている部分にあるもので、葉状、突起状、刺状などその形態は様々です。

対生（97頁）する葉の葉柄（同頁）と葉柄の間（すなわち茎の側面）にある托葉は**葉柄間托葉**または**葉間托葉** [interpetiolar stipule] といい、アカネ科などにあります。バラ属などで見られる葉柄に沿って合着するものを**合生托葉** [adnate stipule] と呼びます。

ふつう、托葉は小さいものですが、エンドウ（*Pisum sativum*）の托葉は小葉（95頁）より大きく葉状です。インドゴムノキ（*Ficus elastica*）の托葉も葉状で大きくよく目立ち、托葉は葉身が展開するころには離脱します。このように生育の早い段階に離脱することを**早落性** [―の, caducous] といいます。

葉柄間托葉
イクソラ'スーパー・キング'
Ixora 'Super King'

合生托葉
バラ
Rosa cv.

早落性の托葉
インドゴムノキ'ティネケ'
Ficus elastica 'Tineke'

● **葉鞘** [laef sheath]
　単子葉植物(36頁)でよく見られ、葉の基部が鞘状になって茎を抱くようになっている部分をいい、葉柄(94頁)がひろがったものとも、葉柄と托葉(94頁)が合わさったものともいわれています。ヤシ科では葉自体が大きいので、よく目立ちます。ラン科のカトレヤ属などでは、**シース** [sheath] とも呼ばれ、蕾時の花や花序(122頁)を包んで保護しています。
　真正双子葉植物(36頁)でもタデ科など一部のもので見られ、托葉が鞘状になっているので**托葉鞘** [ochrea] といわれます。

シース（葉鞘）
リンコレリオカトレヤ・パストラル'インノセンス'
× *Rhyncholaeliocattleya* Pastoral 'Innocence'

● **単葉** [simple leaf]
　葉全体が1枚の葉身(92頁)のみからなるものをいいます。

● **複葉** [compound leaf]
　葉身(92頁)が完全に分裂して2枚以上の部分からなる葉を、単葉に対して、**複葉**と呼び、各部分を**小葉** [leaflet] といいます。小葉に葉柄状の器官があれば**小葉柄** [petiolule]、托葉状(94頁)の器官があれば**小托葉** [stipel] といいます。
　小葉と単葉との区別は見かけ上は困難ですが、葉腋には必ず腋芽(86頁)があるので、単葉の腋には腋芽があるに対し、小葉の腋にはありません。また、小葉は葉身の一部に当たるものですので、1平面上に並んでいます。複葉では落葉の際、まず小葉が離脱してから葉軸や葉柄が落ち、決して複葉全体が一度に落葉することはありません。
　複葉は、小葉の配列によって次のように分類されます。

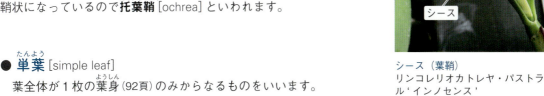

図 3.12　複葉の構造

1. **羽状複葉** [pinnate compound leaf, pinnately compound leaf]
　中央に**葉軸** [rachis] があり、その左右に小葉が並ぶ複葉を**羽状複葉**といいます(図3.13)。葉軸の先に、左右いずれでもない小葉がある場合、この小葉を**頂小葉** [terminal leaflet] といい、その他のものを**側小葉** [lateral leaflet] といいます。
　また、頂小葉があるものを**奇数羽状複葉** [impari-pinnate, odd-pinnate]、ないものを**偶数羽状複葉** [paripinnate, even-pinnate] と区別します。

偶数羽状　　　奇数羽状　　　2回奇数羽状　　　3回奇数羽状

図 3.13　羽状複葉

羽状複葉
ヒメショウジョウヤシ
Cyrtostachys renda
葉軸と葉柄、葉鞘が鮮やかな橙赤色になる

2回奇数羽状複葉
シロモッコウ'フィオナ・サンライズ'
Jasminum officinale 'Fiona Sunrise'

掌状複葉
シェフレラ'ホンコン・バリエガタ'
Schefflera arboricola 'Hong Kong Variegata'

さらに分かれる場合、**二回羽状複葉**[bipinnate compound leaf]、**三回羽状複葉**[tripinnate compound leaf]と表現し、前記のように奇数、偶数の区別をする場合があります。

シダ植物(36頁)で羽状複葉はよく見られますが、中央の軸を**中軸**[rachis]、中軸から分かれた最初の裂片を**羽片**[pinna]、最終次の裂片を**小羽片**[pinnule]と呼んでいます。

2．掌状複葉[palmate compound leaf]
葉柄の先端から何枚かの小葉が手のひら状に出た複葉を掌状複葉といいます(図3.14)。小葉の数はふつう奇数です。

3．鳥足状複葉[pedately compound leaf]
掌状複葉に似ていますが、小葉が同一場所から出ないで、最下の小葉は、上部の小葉の小葉柄の途中から分かれて生じています(図3.15)。

4．三出複葉[ternate compound leaf]
頂小葉(95頁)と1対だけからなる複葉を三出複葉と呼びます(図3.16)。クローバーは三出複葉で、いわゆる「四つ葉のクローバー」は、小葉が4個からなる複葉です。さらに分かれる場合、**二回三出複葉**[biternate compound leaf]、**三回三出複葉**[triternate compound leaf]といいます。

● **葉序**[leaf arrangement, phyllotaxis]
葉は茎の節についていますが、茎に葉が配列する仕方を**葉序**とい

図3.14
掌状複葉

図3.15
鳥足状複葉

図3.16
三出複葉

三出複葉
クローバー'ティン・ワイン'
Trifolium repens 'Tint Wine'

います（図3.17）。ふつう、葉面が日光や大気に十分当たるように、互いに重なり合わないよう茎に配列されています。しかし、マダガスカルの乾燥地に自生するアリュオーディア属（*Alluaudia*）の葉は、強力な日光から身を守るため、葉面が日光に当たりにくいように垂直につき、茎に陰ができるようになっています。

　各節に1枚の葉がつく場合を**互生**[－の, alternate]いいます。隣り合う葉が約180°の角度を取り、葉が平面的に縦2列に並ぶ場合、**二列互生**[－の, 2-ranked alternate]と呼びます。

　茎の各節に複数の葉がつく場合を**輪生**[－の, whorl]といいます。輪生の場合、各節につく葉の枚数が安定している場合、**三輪生**、**四輪生**と呼びます。

　各節に2枚つく場合は、2枚の葉が茎をはさんで反対方向につくために、とくに**対生**[－の, opposite]といいます。上から見ると十字形に葉がつく場合、**十字対生**[decussate opposite]と呼びます。

特殊な葉の付き方
アリュオーディア・プロセラ
Alluaudia procera

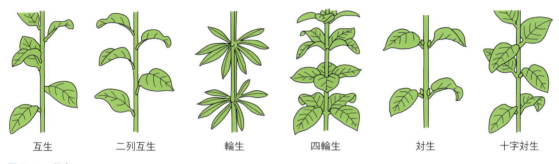

図 3.17　葉序

2列互生
フイリアマドコロ
Polygonatum odoratum var. *pluriflorum* 'Variegatum'

十字対生
星の王子
Crassula perforata

三輪生
トリリウム・グランディフロラ
Trillium grandiflorum

● 根出葉 [radical leaf]　茎生葉 [cauline leaf]

　根ぎわから生じる葉を**根出葉**と呼び、あたかも根から葉が生じているように見えるのでこの名があります。正確には地下茎（84頁）から根が生じています。**根生葉**とも呼びます。根出葉が地面に放射状に配列すると、上から見た時にバラの花弁状に見えるので、この場合の根出葉の全体を**ロゼット** [rosette] といい、タンポポ属（*Taraxacum*）などのようにロゼットの状態で越冬する植物を**ロゼット植物** [rosette plant] と呼びます。

　一方、伸張した地上茎につく葉を**茎生葉**といいます。

根出葉
アークトセカ
Arctotheca calendula

● 浮葉 [floating leaf]

　水生植物（42頁）において、水面に浮かんでいる葉をいいます。スイレン属（*Nymphaea*）、オオオニバス属（*Victoria*）などで見られます。

浮葉
スイレン
Nymphaea cv.

● 水葉 [water leaf]

　水生植物の沈水植物（40頁）に見られるように、水中に沈んでいる状態に適応した形態の葉をいい、**水中葉**、**沈水葉**とも呼びます。マダガスカルレースソウ（*Aponogeton madagascariensis*）などで見られます。

● 両面葉 [bifacial leaf]　等面葉 [equifacial leaf, isolateral leaf]
　単面葉 [unifacial leaf]

　葉には一般に気孔（100頁）の密度、維管束（85頁）の配置などに関して表裏があり、このような通常見られる葉を**両面葉**といいます。一方、スイセン属（*Narcissus*）などの葉は外見状、表裏の区別がほとんどなく、このような葉を**等面葉**と呼びます（写真99頁）。

水葉
マダガスカルレースソウ
Aponogeton madagascariensis

　また、裏側に相当する組織しか持たない葉を**単面葉**といい、ネギ（*Allium fistulosum*）やアヤメ属（*Iris*）などで見られます（写真99頁）。ネギでは葉の上部が円筒形になっており、維管束の構造から見ると裏面が外側を向いています。アヤメ属では裏面が外側になるように二つ折りしてできたものと考えられます。生け花（232頁）の世界では、アヤメ属の葉の表裏を問題にしますが、植物学的にはいずれも裏面と考えられます。

● 幼葉 [young leaf]　成葉 [mature leaf]

　個体発生の初期（発芽してまもないころ）と成熟後では、葉の形態が異なることがあり、これをそれぞれ**幼葉**、**成葉**といいます（写真99頁）。

等面葉
ニホンズイセン
Narcissus tazetta subsp. *chinensis*

単面葉
ジャーマンアイリス
Iris × germanica

成葉
ポトス　*Epipremnum aureum*
観葉植物として利用するのは幼葉で、成葉になると長さ80cmほどになり、羽状に裂ける

● **抱茎**[amplexicaular]　**沿着**[decurrent]　**突き抜き**[perfoliate]

葉と茎のつき方において、葉柄や葉身の基部が幅ひろくなり、茎の両側を抱いているものを**抱茎**といいます。葉身の基部がしだいに狭まって、葉柄や茎に沿って続いている場合は**沿着**または**沿下**といいます。

また対生(97頁)する葉の基部が互いに合着して、茎が葉の中心を突き抜いているように見える場合は**突き抜き**といいます(図3.18)。

● **盾着**[－の, peltate]　**縁着**[－の, marginal]

葉身と葉柄のつき方において、葉柄が葉身の中ほどにつく場合、その形態より**盾着**といいます。この場合、葉脈は葉柄がついた所から、側脈(100頁)が放射状にひろがります。

縁着は一般に見られるもので、葉柄が葉身の基部の縁についている場合をいいます。

盾着
キンレンカ
Tropaeolum majus cv.

● **小舌**[ligule]

葉鞘(95頁)と葉身の境目にある舌状の小さな突起物のことで、イネ科植物によく見られます。**葉舌**ともいいます。

抱茎　沿着　突き抜き
図3.18
茎と葉の付き方

小舌
ニシキザサ
Oplismenus hirtellus 'Variegatus'

● **葉枕** [leaf cushion]

葉柄（94頁）が茎につく所や、小葉（95頁）が葉軸につく所にある膨らみを**葉枕**といいます。マメ科のネムノキ（*Albizia julibrissin*）やオジギソウ（*Mimosa pudica*）では、この葉枕の細胞の体積が変化し、関節の役目をはたして開閉運動を行っています。

● **気孔** [stoma]

主として葉身の表皮にあって空気や水蒸気の出入りを行う小さな孔を**気孔**といいます。気孔は**孔辺細胞** [guard cell] と呼ばれる2個の細胞と、それにはさまれた隙間で構成され、内外の条件によって孔辺細胞が曲がることにより気孔が開閉します。気孔の開閉により蒸散量が変化し、植物体内の水分含量が調整されています。気孔の分布は、一般に葉身の裏面のほうが密度は高く、裏面にのみ分布するものもありますが、スイレン属（*Nymphaea*）などのように水面に浮かぶ浮葉植物（41頁）では表面にのみ分布しています。

葉身に分布するだけでなく、葉緑素を含み光合成（10頁）を行う器官であれば、托葉や葉状茎、葉柄でも、その表皮には気孔があります。

● **葉脈** [vein, nerve]

葉身の中に分布する維管束（85頁）を**葉脈**といいます。最も太い葉脈を**主脈** [main vein] といい、ふつうは葉身中央を貫く**中央脈** [central vein] をさします。主脈から派生した葉脈を**側脈** [lateral vein] といいます。側脈間の脈を**細脈** [veinlet] と呼びます。葉脈の分布する状態を**脈系** [venation] といい、単一脈系、二又脈系、網状脈系、平行脈系、の4タイプに大別されますが、主な葉脈によって区別しており、細脈の分布状態は関係ありません。

1. 単一脈系 [simple venation]

葉身の中で葉脈が分岐せず、中央脈1本のみの脈系で、ソテツ（*Cycas revoluta*）などで見られます。

2. 二又脈系 [dichotomous venation]

葉脈が二又、二又に分かれる**二又分枝**を繰り返すものです。原始的なタイ

単一脈系
ソテツ
Cycas revoluta

二又脈系
イチョウ
Ginkgo biloba

網状脈系
ハイビスカス
Hibiscus cv.

平行脈系
コルディリネ
Cordyline fruticosa cv.

プと考えられ、シダ植物や裸子植物のほか、原始的被子植物、真正双子葉植物(36頁)でもわずかに見られます。**二叉脈**とも呼びます。

3. 網状脈系 [reticulate venation]

主な葉脈が網目状になるものをいい、原始的被子植物、真正双子葉植物にふつうに見られ、単子葉植物(36頁)ではサトイモ科などの一部で見られます。このうち、中央に太い中央脈があり、中央脈から分枝した側脈があるものは**羽状脈** [pinnate venation]といいます。また、主な葉脈が手のひら状に分布するものを**掌状脈** [palmatifid venation, digitate venation]と呼びます。

4. 平行脈系 [parallel venation]

主な葉脈が平行で分岐しないものをいいます。これらの葉脈間を結ぶ細かい葉脈がありますが、平行に走る主な葉脈を直角に結ぶため、細かい葉脈で囲まれた最小区画は長方形になります。

これまでは光合成など葉の本来の機能をもつ普通葉と呼ばれる葉を解説してきましたが、以下、特殊な葉について述べていきます。

● **低出葉** [cataphyll]　**高出葉** [hypsophyll]

普通葉(92頁)以外の特殊な葉は、**シュート**(85頁)につく位置によって**低出葉**と**高出葉**に分けることができます。シュートの下部につくられる普通葉以外の特殊な葉は、低出葉と呼び、鱗片葉(102頁)などがあります。一方、シュートの上部につく花葉(105頁)を除く普通葉以外の特殊な葉は高出葉と呼び、代表的なものとしては苞(102頁)があります。

● **子葉** [cotyledon]　**本葉** [true leaf]

植物体に最初につくられる葉を**子葉**と呼び、種子内にあります(137頁)。裸子植物では、2ないし多数

子葉と本葉
マリーゴールド
Tagetes erecta cv.

子葉
シクラメン
Cyclamen persicum cv.

子葉
ストレプトカルプス・ウェンドランディー
Streptocarpus wendlandii

あり、単子葉植物では1枚、原始的被子植物、真正双子葉植物(36頁)ではふつう、2枚あります。シクラメン属では1枚です。

マメ科やウリ科などではよく発達して植物の初期の成長に必要な養分を蓄える役目を持つことがあります。一般に発芽してしばらくするとなくなります。

しかし、イワタバコ科のストレプトカルプス属の数種(*Streptocarpus* spp.)は、本来2枚あるべき子葉の1枚が退化し、残りの1枚のみが大きく発達して、終生この1枚の子葉のみで育つため、奇妙な植物として知られています。

一方、子葉に次いで生じる普通葉(92頁)を園芸では**本葉**と呼びます。

● **鱗片葉** [bulb scale]

芽の多くは葉の変態したもので保護されています。保護する**変態葉** [metamorphosed leaf] が比較的小さくて多数ある場合、これを**鱗片葉**と呼びます。球根のうちの鱗茎(81頁)や尾状地下茎(83頁)、冬芽を覆う芽鱗(87頁)などで見られます。

また、タケ類の地下茎から地上に出た若いシュート(85頁)は**タケノコ**と呼ばれますが、タケノコを覆う竹の皮も鱗片葉です。

● **苞** [bract]

花芽(86頁)を保護する**変態葉**が比較的大きくて小数の場合、これを**苞**または**苞葉** [bract leaf] と呼びます。ふつう、苞の腋には花芽があります。

苞が花弁状に大きくなっていることも多く、ポインセチア(*Euphorbia pulcherrima*)やブーゲンビレア属(*Bougainvillea*)、切り花として人気のあるヘリコニア属(*Heliconia*)などのように観賞の対象となっています。

1. 総苞片 [involucral bract, involucral leaf]

ハナミズキ(*Cornus florida*)、プロテア属(*Protea*)のように、苞のうちで花序(122頁)の基部に密集し

苞
ブーゲンビレア・グラブラ'サンデリアナ'
Bougainvillea glabra 'Sanderiana'

苞
ヘリコニア・ロストラタ
Heliconia rostrata

総苞片
ハナミズキ
Cornus florida cv.

総苞片
コスモス'イエロー・キャンパス'
Cosmos bipinnatus
'Yellow Campus'

総苞片
クリ
Castanea crenata

仏炎苞
アンスリウム
Anthurium andreanum

てつくものの全体を**総苞**[involucre]といい、一つひとつを総苞片と呼びます。

　キク科の頭状花序(124頁)の基部にある総苞片は一見すると萼片(108頁)のようです。クリ(Castanea crenata)の**いが**も総苞で、一本一本が総苞片にあたります。

　また、サトイモ科に見られる肉穂花序(123頁)を包む大型の苞も総苞の1種と考えられ、とくに**仏炎苞**[spatha]と呼ばれています。ミズバショウ(Lysichiton camtschatcensis)や、アンスリウム属(Anthurium)、スパティフィルム属(Spathiphyllum)などでは観賞の対象となっています。

2．小苞 [bracteole, bractlet]

　苞の上部にあって、最も花に近い苞を小苞と呼び、腋に花を生じません。

葉巻きひげ
エンドウ
Pisum sativum cv.

● **葉巻きひげ** [leaf tendril]
　巻きひげ(145頁)のうち、葉が変形したものを**葉巻きひげ**と呼び、エンドウ(Pisum sativum)などで見られます。

● **葉針** [leaf spine, leaf needle, leaf thorn]
　植物体の表面から突起して先端が尖って硬いものを**刺**(145頁)と呼び、そのうち葉が変形してできたものを**葉針**といいます。サボテン科でふつうに見られます。

葉針
金鯱(きんしゃち)
Echinocactus grusonii

● 捕虫葉 [insectivorous leaf]
　食虫植物(71頁)に見られ、昆虫などの小動物を捕らえるように変形した葉のことで、形態や捕虫の方法などは様々です。
　ウツボカズラ(ネペンテス)属 (*Nepenthes*) の葉は、捕虫葉と葉巻きひげ(103頁)の両方の役目があります。

捕虫葉
ネペンテス・アラタ
Nepenthes alata

● 多肉葉 [succulent leaf]
　葉が肥厚して全体に多量の水を含んでいるものを**多肉葉**と呼び、ふつう、葉脈(100頁)が観察できません。

多肉葉
朧月
Graptopetalum paraguayense

● 胞子葉 [fertile leaf]
　シダ植物(36頁)において、**胞子**をつける葉をいい、**実葉**とも呼びます。
　一般に、胞子をつける葉とつけない葉とで著しく形態が異なる場合に用いる用語で、胞子をつけない**裸葉**、**栄養葉** [sterile leaf] に対していいます。

● 巣葉 [nest leaf]
　シダ植物(36頁)のビカクシダ(プラティケリウム)属 (*Platycerium*) などにおいて、着生生活に適応して水や腐葉を貯めるために特殊な形態に変形した葉を**巣葉**といいます。
　比較的早く葉緑素がなくなり、光合成など、葉本来の機能を行わなくなるので、**普通葉**(92頁)に対してこのように呼ばれています。

胞子葉
マツザカシダ
Pteris nipponica

● 止め葉 [boot leaf, flag leaf]
　園芸上、花茎の最上位の普通葉を区別する場合、止め葉といいます。

巣葉
ビカクシダ
Platycerium bifurcatum

3-4 | 花

● 花 [flower, blossom]

花とは、**種子植物**（裸子植物と被子植物, 36頁）において、生殖を役割とする器官のことですが、ふつう、花といえば被子植物の花をさします。ここでは、狭義の花である被子植物の花について解説します。

花は**雌しべ**（同頁）、**雄しべ**（106頁）、**花被片**（花弁と萼片, 107頁）、それらをつける台座である**花托**（113頁）で構成されています（図3.19）。花被片には生殖の機能がなく、受粉を媒介する昆虫を呼び寄せるなどの役目がありますが、単なるアクセサリーにすぎません。花被片がなくても、雌しべと雄しべのいずれかがあれば花といえます。これらの構成要素の有無などによって、花を分類することができます。

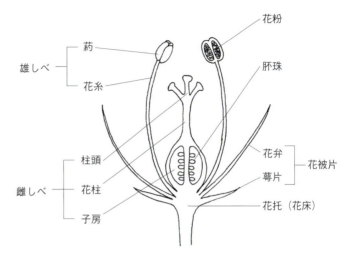

図 3.19
被子植物の花の模式図

花は葉が変形したものの集合体とされ、花を構成する要素の雌しべ、雄しべ、花弁、萼は特殊な葉であると考えられるので、これらを総称して**花葉** [floral leaf] といいます。すなわち、花は茎の一部が特殊化してできた花托に、葉の変形であるいくつかの花葉がついたものといえます。花葉は、ふつう先端より、雌しべ、雄しべ、花弁、萼片の順に配列しています。

ソテツ科やイチョウ科、マツ科などの裸子植物では、このような花の定義とはかなり異なり、特殊な花をつくるため、本書では詳しい説明は割愛します。

● 雌しべ [pistil]

雌ずいともいいます。花の中心に位置する器官で、ふつう**子房** [ovary]、**花柱** [style]、**柱頭** [stigma] からなっています。雌しべは**心皮** [carpel] と呼ばれる特殊な葉で構成されていると考えられ、被子植物（36頁）では1～数枚の心皮の縁が癒合して、内部に**胚珠** [ovule] を包んでいます。

一つの花には雌しべが1個であることが多いですが、2個～多数の場合もあり、このような時は全体を**雌ずい群** [gynoecium] と呼びます。

柱頭は雌しべの上端にあり、花粉を受け取る器官で、粘液や毛に覆われるなど、花粉を受けやすくなっています。

子房は雌しべの下部にあり、胚珠を内蔵した膨らんだ部分で、受精後は**果実**（129頁）になります。

花柱は子房と柱頭の間の円柱状の部分で、柱頭が花粉を受けやすい場所に突き出す役目をしていると考えられますが、ケシ属（*Papaver*）などのように欠いている花もあります。アヤメ属（*Iris*）では、三つに分かれた花柱が平たい花弁状になっており、裏側の先端に柱頭があります。

● **雄しべ** [stamen, androecium]

　雄ずいともいいます。花粉を入れる**葯** [anther] と、それを支える**花糸** [filament] からなっています。
　葯を構成する袋を**花粉嚢** [pollen sac] といいます。一つの花がもつ雄しべのすべてを集団で呼ぶ時、**雄ずい群** [androecium] といいます。
　雄ずい群の状態により、次のように分類できます。

1. 花糸の基部で癒合

　すべての雄しべが癒合して1束になっていれば**単体雄ずい** [monadelphous stamen] といい、アオイ科、ツバキ属 (*Camellia*) などで見られます。
　全体が2束になる場合は**二体雄ずい**、または**両体雄ずい** [diadelphous stamen] と呼びます。マメ科で見られるものは10本の雄しべのうち、9本が癒合して1本だけが独立しています。
　砲丸のような果実をつけるホウガンノキ (*Couroupita guianensis*) は、花の形態も面白く、多数ある雄しべが二組に分かれる2体雄ずいです。
　雄ずい群が全体で3または5束に分かれる場合、**多体雄ずい** [polyadelphous stamen] といい、それぞれ**三体雄ずい** [triadelphous stamen]、**五体雄ずい** [pentadelphous stamen] と呼びます。前者にはオトギリソウ (*Hypericum erectum*) など、後者にはトモエソウ (*Hypericum ascyron*) などが知られます。

2. 花糸では離れ、葯で癒合

　花糸の部分では互いに離れていかて、葯の部分で癒合している雄ずいを**集葯雄ずい** [syngenesious stamen] といいます。
　キク科では5本ある雄しべのすべてが葯の部分で環状に癒合しています。イワタバコ科などでは、一つの花の雄しべの何本かが集葯雄ずいとなることがあります。

アヤメの雌しべと雄しべ
Iris sanguinea

単体雄ずい
カイドウツバキ
Camellia amplexicaulis

二体雄ずい
ホウガンノキ
Couroupita guianensis

集葯雄ずい
エシキナンサス・コルディフォリウス
Aeschynanthus cordifolius

3．雄しべの長さが異なる

　6本ある雄しべのうち4本が長い場合、**四長雄ずい**、または**四強雄ずい** [tetradynamous stamen] と呼び、アブラナ科などに見られます。また、4本ある雄しべのうち2本が長い場合、これを**二長雄ずい**、または**二強雄ずい** [didynamous stamen] といい、シソ科、キツネノマゴ科、イワタバコ科などで見られます。

4．偽副冠がある

　アマゾンユリ（*Eucharis* × *grandiflora*）やヒメノカリス属（*Hymenocallis*）などでは、花糸の基部がひろがって互いに合着し、カップ状の**偽副冠** [staminal cup] をつくることがあります。

5．変形や退化で機能を失う

　雄しべが変形したり退化したりして、正常な花粉を持った葯をつけず、その機能を失ったものを**仮雄ずい** [staminode] といい、ラン科、ショウガ科などで見られます。

偽副冠
アマゾンユリ
Eucharis × *grandiflora*

仮雄ずい
パフィオペディルム・スクハクリー
Paphiopedilum sukhakulii

● **ずい柱** [column]

　雄しべと**雌しべ**（105, 106頁）が癒合して合体する場合、その全体を**ずい柱**といい、ラン科の多くやキョウチクトウ科の一部（旧ガガイモ科）で見られます。ラン科の場合、雌しべの花柱（105頁）の先に雄しべがついているような構造で、**葯帽** [anther cap] と呼ばれる保護器官の中に花粉が互いに結合した**花粉塊** [pollinium] が入っており、よく目立ちます（図3.20）。

● **花被片** [tepal, perianth segment]

　花葉（105頁）のうち、雌しべや雄しべ（105, 106頁）を保護するための器官で、生殖には直接かかわりませんが、色彩や匂いで花粉を媒介する昆虫などを引きつける役目もあります。一つの花の花被片を全体として表す場合、これを**花被** [perianth] と呼びます。

　一つの花が持つそれぞれの花被片において、外見上の区別があまりなく、その配列が外側に並ぶものと内側に並ぶものに区別される場合、**外花被片** [outer tepal]、**内花被片** [inner tepal] と呼びます。また、それぞれを全体として表す場合、**外花被** [outer perianth]、

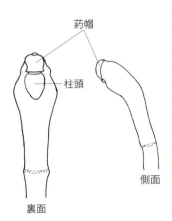

図 3.20　ずい柱の構造

ずい柱
カトレヤ・アクランディアエ
Cattleya aclandiae

同花被花
マドンナリリー
Lilium candidum

唇弁
カトレヤ・ラビアタ
Cattleya labiata

袋状の唇弁
パフィオペディルム・カロッスム
Paphiopedilum callosum

内花被 [inner perianth] と呼びます。このように、外花被と内花被の色彩や形が似ている場合、この花を**同花被花** [homochlamydeous flower] といい、ユリ科、ヒガンバナ科などで一般的です。

花被片の質が異なる場合、外花被片を**萼片** [sepal]、内花被片を**花弁** [petal] といい、このような花を**異花被花** [heterochlamydeous flower] といい、真正双子葉植物(36頁)の多くの花はこれに当たります。

ラン科では、3個ある内花被片のうちの1個が他のものと形態、大きさ、色彩などがかなり異なり、とくに**唇弁** [labium, labellum] と呼びます。パフィオペディルム属(*Paphiopedilum*)やアツモリソウ属(*Cypripedium*)では、唇弁が袋状となっています。

● **花冠** [corolla]

異花被花(同頁)において、一つの花の**花弁**(同頁)の全体を表す場合、これを**花冠**と呼びます。花冠が互いに独立して花托(113頁)についている場合、この花冠を**離弁花冠** [choripetalous corolla] と呼びます。また、花冠が互いに癒合してひとつの筒状の部分をつくる場合、この花冠を**合弁花冠** [sympetalous corolla]

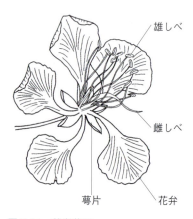
図 3.21 離弁花冠
ホウオウボク
Delonix regia

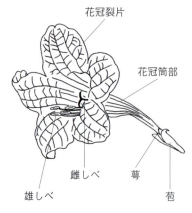
図 3.22 合弁花冠
リュエリア・マクランタ
Ruellia macrantha

副裂片
ゲンチアナ・アカウリス
Gentiana acaulis

と呼び、筒状部を**花冠筒部**または略して**花筒** [floral tube] といいます。合弁花冠であっても、ふつう花冠の先は裂けており、この部分を**花冠裂片** [corolla lobe] と呼びます。なお、厳密には花冠ではありませんが、同花被花（108頁）であっても、花冠と表現されることがあります。

リンドウ属（*Gentiana*）では、花冠裂片の間に**副裂片** [plicae]（写真108頁）があります。

● 花冠の形態

花冠（108頁）は**相称性**（二分した両半分が、互いにその形状や構造が等しいこと）に基づき、**放射相称花冠**と**左右相称花冠**に大別され、後者のほうがより進化していると考えられています。また、花被片（107頁）の大きさがそれぞれ異なり、相称面がまったくない花冠を**非相称花冠** [asymmetric corolla] といい、カンナ（*Canna × generalis*）などで見られます。

放射相称花冠と左右相称花冠はそれぞれの次のように表現されます。

1．放射相称花冠 [actinomorphic corolla]

相称面が3個以上ある花冠をいい、花冠の中心を通り、左右相称になる面が3本以上あります。形態により、次のように表現されます。

1.1 **十字形花冠** [cruciate corolla]　離弁花冠の一種で、4枚の花弁が2枚ずつ相対して十字形をしている花冠をいい、アブラナ科植物などで見られます。

1.2 **ナデシコ形花冠** [caryophyllaceous corolla]　離弁花冠の一種で、5枚の花弁からなります。ナデシコ属（*Dianthus*）によく似たものをいいます。

1.3 **バラ形花冠** [rosaceous corolla]　離弁花冠の一種で、5枚の花弁が集まって浅い皿状にひらいており、ノイバラ（*Rosa multiflora*）によく似たものをいいます。

1.4 **ユリ形花冠** [liliaceous corolla]　離弁花冠の一種で、ユリ科植物に見られるように3枚の内花被片に、同質同形の3枚の外花被片が放射相称についている花冠をいいます。

1.5 **車形花冠** [rotate corolla]　合弁花冠の一種で、花冠筒部が短く、花冠の先端が水平に近い開度でひらいている花冠をいい、ナス科植物などで見られます。

十字形花冠
スイートアリッサム　スノー・クリスタルズ
Lobularia maritima
Snow Crystals™

ナデシコ形花冠
ヒメナデシコ'スカーレット'
Dianthus deltoides
'Scarlet'

バラ形花冠
イヌバラ
Rosa canina

ユリ形花冠
ヤマユリ
Lilium auratum

車形花冠
ニオイバンマツリ
Brunfelsia australis

高盆形花冠
ユキワリコザクラ
Primula modesta var. *fauriei*

鐘形花冠
ホタルブクロ
Campanula punctata

漏斗形花冠
マルバアサガオ
Ipomoea purpurea

壺形花冠
アセビ'クリスマス・チェア'
Pieris japonica 'Christmas Cheer'

筒状花冠(左)と舌状花冠(右)
ヒマワリ　ビンセンツ・オレンジ
Helianthus annuus Vincent's® Orange

蝶形花冠
ムラサキセンダイハギ
Baptisia australis

かぶと状花冠
ヒダカトリカブト
Aconitum yuparense var. *apoiense*

スミレ形花冠
ニオイスミレ
Viola odorata

ラン形花冠
レリア・アンケプス
Laelia anceps

唇形花冠
パイナップルセージ
Salvia elegans

仮面状花冠
キンギョソウ
Antirrhinum majus cv.

- **1.6** 高盆形花冠 [hypocrateriform corolla]　合弁花冠の一種で、花冠筒部が長く、先端が皿状にひらいているものをいい、サクラソウ属（*Primula*）などに見られます。**高つき形花冠**ともいいます。
- **1.7** 鐘形花冠 [bell-shaped corolla, campanulate corolla]　合弁花冠の一種で、花冠の大部分が基部からつながり、先端のみ裂けて、鐘形をした花冠をいい、キキョウ科のキキョウ（*Platycodon grandiflorus*）や、ホタルブクロ属（*Campanula*）などで見られます。
- **1.8** 漏斗形花冠 [infundibular corolla]　合弁花冠の一種で、花冠全体がつながり、下部は細長い筒状で、上部はしだいにひろがり、漏斗形をした花冠をいいます。ヒルガオ科のアサガオ（*Ipomoea nil*）や、ナス科のダツラ属（*Datura*）、ブルグマンシア属（*Brugmansia*）などで見られます。
- **1.9** 壺形花冠 [urceolate corolla]　合弁花冠の一種で、花冠筒部が膨らみ、壺形をした花冠をいい、ツツジ科のアセビ（*Pieris japonica*）などで見られます。
- **1.10** 筒状花冠 [tubular corolla]　合弁花冠の一種で、ふつう、キク科植物の頭状花序（124頁）の中心部にある花をいい、5枚の花弁が互いに合着して筒状または管状になり、先端が五つに裂けている花冠をいいます。**管状花冠**とも呼びます。

2．左右相称花冠 [zygomorphic corolla]

左右の各部分が同形で、左右対称の形をしています。形態により、次のように表現されます。

- **2.1** 蝶形花冠 [papilionaceous corolla]　離弁花冠の一種で、マメ科植物の多くに見られます。5枚の花弁が左右相称につき、蝶の形にまとまっている花冠をいいます。
- **2.2** かぶと状花冠 [galeate corolla]　離弁花冠の一種で、トリカブト属（*Aconitum*）に見られ、後萼片がかぶと形になっている花冠をいいます。
- **2.3** スミレ形花冠 [violaceous corolla]　離弁花冠の一種で、スミレ属（*Viola*）に見られ、上側の**上弁** [upper petal] 2個、側方の**側弁** [lateral petal] 2個、下側の**唇弁** [lip, lower petal] 1個からなります。唇弁には**距**（113頁）があります。
- **2.4** ラン形花冠 [orchidaceous corolla]　ラン科植物にのみ見られる離弁花冠の一種で、花弁に相当する内花被のうち、中央の内花被片1枚が袋状または舌状の唇状になるので、とくに唇弁と呼びます。
- **2.5** 唇形花冠 [labiate corolla]　合弁花冠の一種で、花冠の先端が深く2裂片に裂けて、唇のような形をしている花冠をいい、上側の裂片を**上唇**、下側の裂片を**下唇**と呼びます。シソ科、ゴマノハグサ科、キツネノマゴ科、イワタバコ科などでよく見られます。
- **2.6** 仮面状花冠 [masked personate corolla, personate corolla]　合弁花冠の一種で、唇形花冠とよく似ていますが、上唇と下唇の間に膨らみができて、喉部をふさいでいる花冠をいい、キンギョソウ（*Antirrhinum majus*）などで見られます。
- **2.7** きんちゃく形花冠 [calceolate corolla]　合弁花冠の一種で、花冠が2裂し、下唇がとくに袋状に膨らんだものをいい、カルセオラリア属（*Calceolaria*）で見られます。
- **2.8** 舌状花冠 [ligulate corolla]　合弁花冠の一種で、ふつうキク科植物の頭状花序の周辺部にある花をいい、5枚の花弁が合着して1枚になり、上部が舌のような形としている花冠をいいます。

きんちゃく形花冠
カルセオラリア'ディライト・レッド・アンド・ゴールド'
Calceolaria (Herbeohybrida Group)
'Delight Red and Gold'

● **萼** [calyx]

異花被花において、一つの花の萼片（108頁）全体を表す場合、これを萼といいます。

萼片の相互が合着している時は**合片萼** [gamosepalous calyx, synsepalous calyx]、合着していない時は**離片萼** [chorisepalous calyx, dialysepalous calyx] と呼びます。

合片萼は萼片が基部で合着して筒状となり、この筒上部を**萼筒** [calyx tube]、筒状上部の合着していない部分を**萼裂片** [calyx lobe] といいます。

キンポウゲ科のアネモネ属（*Anemone*）、トリカブト属（*Aconitum*）、クレマチス属（*Clematis*）、ウマノスズクサ科のカンアオイ属（*Asarum*）、アリストロキア属（*Aristolochia*）などのように、花冠（108頁）がない花では萼が花冠状に大きく発達していることがあります。アカネ科のコンロンカ属（*Mussaenda*）では、花冠は漏斗状で小さく、萼裂片の一つが花弁状に大きく発達しています。

萼は開花前の花を保護する役割を担っていて、開花前に落下することもあり、これを**早落萼** [caducous calyx] といいます。

開花、結実後にも残る場合これを**宿在萼** [persistent calyx] と呼びます。ホオズキ（*Physalis alkekengi* var. *franchetii*）では、花後しだいに大きくなって袋状になり、果実を包み、熟すと着色して観賞されます。

萼の基部にさらに萼状のものがある場合、これを**副萼** [accessory calyx, calycle, epicalyx] といい、一つひとつを**副萼片**と呼び、バラ科のオランダイチゴ属（*Fragaria*）、キジムシロ属（*Potentilla*）、アオイ科で見られます。

● **副花冠** [corona, crown, paracorolla]

副冠ともいい、内花被または花冠（108頁）と、雄しべ（106頁）の間にできた花冠状の付属

花冠状に発達した萼
アリストロキア・ギガンテア
Aristolochia gigantea

花弁状に発達した萼
テッセン
Clematis florida

宿在萼
ホオズキ
Physalis alkekengi var. *franchetii*

赤く色づく副萼
パボニア　*Pavonia* × *gledhillii*

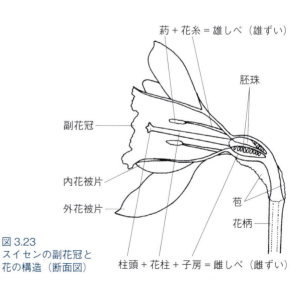

図3.23
スイセンの副花冠と花の構造（断面図）

物をいいます。とくにスイセン属（*Narcissus*）では大きく発達しています。また、トケイソウ属（*Passiflora*）では糸状になっています。その他、キョウチクトウ科でも見られます。

● **距**[spur]

　萼（112頁）や花冠（108頁）の一部が中空で、けづめ状に飛び出した部分をいい、ふつう、蜜腺（146頁）があって蜜を溜めています。

　萼に距がある花としては、ヒエンソウ（*Consolida ajacis*）や、ツリフネソウ（インパティエンス）属（*Impatiens*）などがあります。花冠に距があるものとしては、スミレ属（*Viola*）や、多くのラン科植物で見られます。ラン科のアングレクム・セスクイペダレ（*Angraecum sesquipedale*）では、距は30〜35cmと長く、目立ちます（コラム121頁参照）。

糸状の副花冠
トケイソウ
Passiflora caerulea

距
アフリカホウセンカ
Impatiens walleriana cv.

● **花托**[torus]

　花柄の先端にあり、花を構成する花葉（雌しべ、雄しべ、花被片、107頁）がつく台座を**花托**と呼び、モクレン属（*Magnolia*）のように、軸状の場合は**花軸**[floral axis]と呼びます。ハス（*Nelumbo nucifera*）ではさらに花托が発達して雌しべ全体を包み込んでいます。**花床**[receptacle]は平面的にひろがった部分を呼びます。

花托
ハス '桜蓮'
Nelumbo nucifera 'Ouren'

花軸
タイサンボク
Magnolia grandiflora

花を構成するものではありませんが、花をつける枝や茎を次のようにいいます。

● **花柄**[pedicel]　**花梗**[peduncle]

　花を支える柄のうち、一つの花を支える柄を**花柄**、複数の花を支える柄を**花梗**といいます。花後は、果実を支える柄となり、それぞれ**果柄**[pedicel]、**果梗**[peduncle]となります。枝分かれした花序の末端の直接花をつける柄を**小花柄**[pedicelet]と呼びます（122頁）。

● 花茎 [scape]
　葉をつけないで、その頂部に花だけをつける茎をいいます。キク科の頭状花序(124頁)の場合もこのように表現します。

　花は生殖を役割とする器官ですので、雌しべと雄しべのいずれか一方があれば、他の花葉(105頁)が欠けていても花といえます。花被(花冠と萼)の有無、雌しべと雄しべの有無、花被片の配列の仕方によって、花を分類することができます。

● 無花被花 [achlamydeous flower]　　有花被花 [chlamydeous flower]
　花被(107頁)の有無によって分類すると、花被がまったくない花を無花被花、または裸花 [naked flower] といいます。ドクダミ(*Houttuynia cordata*)、ヒトリシズカ(*Chloranthus japonicus*)、ポインセチア(*Euphorbia pulcherrima*)などがあげられます。
　花被のうち、いずれか一方がある花を有花被花といい、さらに次のように分けられます。

１．単花被花 [monochlamydeous flower]
　花冠(108頁)と萼(112頁)のいずれか一方しかない花をいいます。萼のみしかない花のほうが多く見られます。

２．両花被花 [dichlamydeous flower]
　花冠と萼の両方ともある花をいい、さらに萼と花冠が区別できない同花被花と、萼と花冠が区別できる異花被花に分類されます(108頁)。

無花被花
ドクダミ
Houttuynia cordata
花弁のように見えるのは総苞片

● 単性花 [unisexual flower]　　両性花 [bisexual flower]　　中性花 [neutral flower]
　雌しべと雄しべ(105, 106頁)の有無によって花を次のように分類できます。

１．単性花
　一つの花に雌しべと雄しべのどちらか一方が欠けているか、あっても退化している花を単性花または雌雄異花 [diclinous flower] といいます。一つの花に雌しべだけがあって、雄しべがないか、あっても機能していない花を雌花 [female flower] といいます(写真115頁)。反対に、雄しべだけがあって、雌しべがないか、あっても機能していない花を雄花 [male flower] といいます。裸子植物(36頁)はすべて単性花です。
　さらに、雌花と雄花が同一株に生じるものを雌雄同株 [monoecism]、雌花と雄花が異なる株に生じるものを雌雄異株 [dioecism] といいます。前者にはアケビ属(*Akebia*)、シュウカイドウ(ベゴニア)属(*Begonia*)、キュウリ(*Cucumis sativus*)など、後者にはジンチョウゲ(*Daphne odora*)、アオキ属(*Aucuba*)、モクセイ属(*Osmanthus*)などがあります。
　雌雄異株の植物のうち、雌花をつける株を雌株 [female plant]、雄花をつける株を雄株 [male plant] といいます。

単性花（雌花）
ベゴニア'コラリーナ・ドゥ・ルッツェルナ'
Begonia 'Corallina de Lucerne'

単性花（雄花）
ベゴニア'コラリーナ・ドゥ・ルッツェルナ'
Begonia 'Corallina de Lucerne'

単性花
ミツバアケビ
Akebia trifoliata
花序の基部側に大きな雌花、先端側に小さな雄花をつける

2．両性花

一つの花に雌しべと雄しべの両方をそなえた花が両性花で、ふつう見られる花はこのタイプです。

3．中性花

雌しべも雄しべも退化して、**花被**（107頁）だけになった花を中性花といい、生殖とは無関係なので厳密には花とは呼べないものです。**無性花**ともいいます。アジサイ属（*Hydrangea*）、オオデマリ（*Viburnum plicatum*）などで見られ、このように大型で美しい色彩を持つものを、とくに**装飾花** [decorative floret, ornamental flower] と呼んでおり、花粉を媒介する昆虫を花序（122頁）に引きつける役目をしていると考えられます。アジサイ属では萼（112頁）が、オオデマリでは花冠（108頁）が大きく目立っています。

中性花
セイヨウアジサイの装飾花
Hydrangea macrophylla cv.

● **完全花** [perfect flower, complete flower]　**不完全花** [imperfect flower, incomplete flower]
　一つの花に、花冠（108頁）、萼（112頁）、雌しべ（105頁）、雄しべ（106頁）がすべて揃っているものを**完全花**、一つでも欠けているものを**不完全花**といいます。

● **二数花** [dimerous flower]　**三数花** [trimerous flower]　**四数花** [tetramerous flower]
　五数花 [pentamerous flower]

スイレン属（*Nymphaea*）やシキミ（*Illicium anisatum*）のような原始的な花では、**花葉**（花被片、雄しべ、心皮，105頁）の数は不特定多数ですが、多くの花ではそれぞれ少数で決まった数になっており、花を構成する花葉の数により、次のように分類できます。

1. 二数花
　花葉の数が2またはその倍数である花を**二数花**といい、真正双子葉植物(36頁)で見られます。

2. 三数花
　花葉の数が3またはその倍数である花を**三数花**といい、単子葉植物に一般に見られ、真正双子葉植物(36頁)にもまれに見られます。

3. 四数花
　花葉の数が4またはその倍数である花を**四数花**といい、単子葉植物、真正双子葉植物ともに見られます。

4. 五数花
　花葉の数が5またはその倍数である花を**五数花**といい、真正双子葉植物に多く見られます。

● **整形花** [regular flower]
　不整形花 [irregular flower]
　花全体から見て、構成する花葉(105頁)の相称性より、放射相称性の花を**整形花**または**整正花**といい、多くの花がこのタイプです。
　また、放射相称性でない花を**不整形花**または**不整正花**といい、多くの場合、左右相称性が見られ、ラン科、マメ科、スミレ属(*Viola*)などの花がこのタイプです。

● **異形花** [heteromorphic flower]
　ふつう同じ植物では、どの花も形態は同じですが、各花葉(105頁)の形や長さが異なる場合、それらの花を**異形花**といい、二通りの形がある場合は**二形花** [dimorphic flower]、三通りの形が

二数花
ヘリオフィラ・コロノピフォリア
Heliophila coronopifolia

三数花
カタクリ
Erythronium japonicum

四数花
サンタンカ
Ixora chinensis

五数花
ペラルゴニウム'ニュー・ジプシー'
Pelargonium domesticum
'New Gypsy'

整形花
ヒオウギ
Iris domestica

不整形花
サンシキスミレ
Viola tricolor

ある場合は**三形花**[trimorphic flower]といいます。雌花と雄花(114頁)がある場合は二形花、両性花(114頁)と雌花と雄花がある場合は三形花です。

サクラソウ属(Primula)などに見られる**長花柱花**と**短花柱花**(同頁)、ガクアジサイ(Hydrangea macrophylla var. normalis)などで見られる**装飾花**(115頁)と**普通花**、キク科の頭状花序(124頁)の**舌状花**と**筒状花**、スミレ属などで見られる**閉鎖花**と**開放花**(同頁)などがあげられます。

異形花
ガクアジサイの普通花と装飾花
Hydrangea macrophylla var. normalis cv.

● **長花柱花**[pin type]　**短花柱花**[thrum type]

同一種の植物において、花によって**雌しべ**や**雄しべ**(105, 106頁)の長さが異なることを**異花柱性**[heterostyly]と呼び、そのような花を**異形花柱花**[heterostylous flower]と呼びます。

雌しべの花柱が雄しべより高くなる花を**長花柱花**、その逆の場合を**短花柱花**といい、個体によりそれぞれ定まっています。

サクラソウ属(Primula)などで見られ、長花柱花と短花柱花の間での受精のほうが、同タイプの花の間での受精より効率がよいことが知られており、これにより自家受精を防いでいると考えられます。

● **閉鎖花**[cleistogamous flower]　**開放花**[chasmogamous flower]

蕾のまま開花せずに自家受精によって結実する花を**閉鎖花**といい、開花して受精する**開放花**に対していいます。

スミレ属(Viola)などで見られ、開放花を同株に合わせ持ちます。他家受精のように次代に遺伝子型の変更がおこりませんが、昆虫などの花粉媒介者をあてにしなくても確実に種子をつくる利点があります。開放花で種子ができない場合に備えたものといえます。

スミレ属では、開放花は春に咲きますが、ほとんど種子をつくらず、夏から秋に生じる小さくて目立たない閉鎖花がよく種子を結実します。

異形花
エキナセア'パウワウ・ワイルド・ベリー'の舌状花と筒状花
Echinacea purpurea 'PowWow Wild Berry'

● **風媒花**[anemophilous flower]　**水媒花**[hydrophilous flower]　**虫媒花**[entomophilous flower]
鳥媒花[ornithophilous flower]　**コウモリ媒花**[chiropterophilous flower]

受粉を媒介するものによって、花を分類することがあります。

大別すると、風や水など無生物に依存するものと、動物に依存するものがあります。動物により受粉する花は**動物媒花**[zoophilous flower]といい、受粉を媒介する動物を**ポリネーター**[pollinator]と呼んでいます。以下のように分類されます。

1. 風媒花

風により花粉が運ばれて雌しべにつき、受粉が行われる花をいいます。一般に、花被(107頁)が小さく目立たず、蜜腺(146頁)を欠き、多量の粘性のない花粉をまき散らします。裸子植物(36頁)の多くが風媒

花です。花粉症を引き起こすのはこのタイプの植物です。

2．水媒花

　水により花粉が運ばれて、受粉が行われる花をいい、水中植物で見られます。

3．虫媒花

　昆虫により花粉が運ばれ、受粉が行われる花をいいます。花を訪れる昆虫の習性によって、花が美しく目立ったり、蜜腺があったり、特殊な臭気を持っていたりします。
　ラン科植物では、とくに受粉を媒介する昆虫との関係が密接で、花粉を確実に訪花した昆虫につけ、効率よく受粉が行われるように巧妙な仕組みを持っていることで有名です。例えば、ヨーロッパ産のラン科植物のオフリス属（*Ophrys*）では、雌のハチとよく似た花をつけ、その花を雌バチと勘違いして交尾行動を取る雄バチによって受粉されます。花を観賞する園芸植物の多くは虫媒花です。

風媒花
トウモロコシ‘イエロー・ポップ’（雄花）
Zea mays ‘Yellow Pop’

虫媒花
オフリス・スペクルム
Ophrys speculum
唇弁がある種の雌バチに似ており、花粉を媒介させる雄バチを誘う

虫媒花
ヘレニウム‘マルディ・グラス’
Helenium autumnale
‘Mardi Gras’

虫媒花
ランタナ
Lantana camara cv.

4．鳥媒花

　鳥により花粉が運ばれ、受粉が行われる花をいいます。アメリカではハチドリの仲間によって行われることがよく知られています。ハチドリは赤色を好むので、赤い花によく訪れ、ヘリコニア属（*Heliconia*）やフクシア属（*Fuchsia*）などで受粉が媒介されています。
　また、ツバキ属（*Camellia*）は虫媒花でもあり、メジロなどで花粉が運ばれる鳥媒花でもあります。一般に、鳥媒花はつくりが丈夫で、花が枝先につき、遠方や上空から目立つものが多いです。

5．コウモリ媒花

　コウモリにより花粉が運ばれ、受粉が行われる花をいいます。一般に花は夜に咲き、下向きについて、

昆虫より大きなコウモリがつかまりやすいように花茎(114頁)や花軸(113頁)がしっかりしています。

● 子房上位花[hypogynous flower]　子房中位花[perigynous flower]　子房下位花[epigynous flower]

子房(105頁)と他の花葉との相対的な位置関係は、分類形質にもなる重要な形質です。子房の位置が、花被や雄しべなどの位置より高位にある状態を**子房上位** [hypogyny] といい、その花を**子房上位花**と呼びます。花托(113頁)上につく花被や雄しべが、子房の中ほどの高さにある状態を**子房中位** [perigyny] といい、その花を**子房中位花**と呼びます。子房の位置が、花被や雄しべの位置より下位にある状態を**子房下位** [epigyny] といい、その花を**子房下位花**と呼びます。

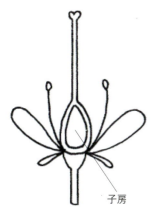

図 3.24　子房上位花

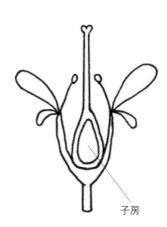

図 3.25　子房中位花

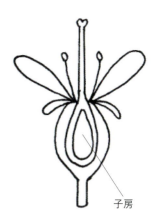

図 3.26　子房下位花

● 幹生花 [cauliflory]

パンノキ（*Artocarpus altilis*）やカカオ（*Theobroma cacao*）などのように、太い幹や枝につく花があり、このような花を**幹生花**と呼びます。熱帯多雨林原産の樹木に多い特性で、果実の状態になれば、**幹生果**(134頁)となり、読みは同じです。太い枝につく場合、とくに**枝生花**とも呼びます。

● 弁化 [petaloidy]

雌しべや雄しべ(105, 106頁)、萼片(108頁)などが変化して、花弁状になることを**弁化**といい、弁化した花は**八重咲き**(120頁)になります。雄しべが弁化した場合、縁や先端などに葯をつけて雄しべの機能を残していることもあります。

幹生花
パボニア・ストリクティフロラ
Pavonia strictiflora

弁花
ハイビスカス
Hibiscus cv.

● **一重咲き** [－の、single flowered]
八重咲き [－の、double flowered]

　花弁または花弁のように見えるもの（例えば苞など，102頁）の数は種によって一定していますが、それらの数が正常のものに比較して多くなっているものを**八重咲き**または**重弁咲き**と呼び、本来の数のものを**一重咲き**と呼びます。

　八重咲きの程度により、**半八重咲き**、**超八重咲き**と区別することがあります。八重咲きは植物学的には**奇形**[malformation]ですが、一般に観賞価値が高く、栽培品種によく見られ、野生種にはあまりありません。

　八重咲きは遺伝的に潜性（劣性）であることが多く、種子繁殖するものでは、採種や八重咲きの苗の鑑別に特別な技術が必要なものがあります。例えば、ストック（*Matthiola incana*）の八重咲きは、雌しべと雄しべ（105, 106頁）が弁化したもので、種子ができません。このため、一重咲きの株から種子を採り、このまま種子を播くと、八重咲きのものと一重咲きのものが生じるので、子葉（101頁）の形態（色、大きさ、形）で八重咲きの苗を選別したり、最近では種子の色で鑑別できる栽培品種が作出されたりしています。

　八重咲きの発生のタイプにより、次のように分類できます。

1． 雌しべ、雄しべ、萼片（108頁）が花弁状になる弁化によるもので、最もふつうに見られます。例えば、バラ（*Rosa* cvs.）、ツバキ（*Camellia* cvs.）ストック（*Matthiola incana*）、球根ベゴニア（*Begonia* Tuberhybrida Group）などが知られます。

2． 花弁と雄しべが数を増し、後に弁

一重咲き
イヌバラ　*Rosa canina*

八重咲き
バラ　グレース・ドゥ・モナコ
Rosa Grace de Monaco ('Meimit')

一重咲き
フクシア'トーリング・ベル'
Fuchsia hybrida 'Tolling Bell'

八重咲き
フクシア'スウィングタイム'
Fuchsia hybrida 'Swingtime'

一重咲き
ヒマワリ　サンリッチ・オレンジ
Helianthus annuus
Sunrich™ Orange

八重咲き
ヒマワリ'テディーベア'
Helianthus annuus 'Teddy Bear'

化するもので、雌しべと雄しべが正常に機能しているもの。例えば、カーネーション（*Dianthus* cvs.）、ペチュニア（*Petunia hybrida*）などが知られます。

3．花弁が縦に裂けて数を増し、それぞれの裂片が大きくなったもの。フクシア（*Fuchsia hybrida*）などで知られます。

4．花托（かたく）（113頁）に成長点ができて花になり、花の中に二次的に花ができるもの。カーネーション（*Dianthus* cvs.）の一部の栽培品種で見られます。

5．キク科の場合、頭状花序の中央部を占める**筒状花**（124頁）の大部分または全部が舌状花の形に変化して八重咲きになります。ヒマワリ（*Helianthus annuus*）などで知られます。

6．花の構成要素ではありませんが、花弁状に見える苞が正常のものより数を増したものも八重咲きと呼んでいます。ポインセチア（*Euphorbia pulcherrima*）の一部の栽培品種や、ドクダミ（*Houttuynia cordata*）などで見られます。

八重咲き
ポインセチアの八重咲き栽培品種
Euphorbia pulcherrima cv.

コラム ｜ ダーウィンが予言したラン

マダガスカル原産のアングレカム・セスキペダレ（*Angraecum sesquipedale*）の花は光沢のあるロウ質の象牙色で、直径15cmほどあり、夜になると芳香を放ちます。最も目を引く特徴は唇弁（しんべん）の基部から長さが30〜35cmに伸びている距（きょ）です。距の底には甘い蜜を蓄えています。進化論で有名なダーウィン（1809-1882）は、ロンドンのキュー王立植物園に導入されたこのランを見て、蜜を吸うための長い口吻（こうふん）を持つスズメガの1種が、夜になると香りに誘われて飛来し、花粉を媒介しているに違いないと、1862年に著書『蘭の授精』の中で予言しました。それから41年後の1903年、口吻が30cmもあるスズメガの一種であるキサントパンスズメガ（*Xanthopan morgani praedicta*）が発見され、受粉を助けていることも確認されました。こんなに長い口吻を持つ昆虫はこのキサントパンスズメガのみで、このランの唯一のポリネーター（117頁）なのです。

（左）
長い距を持つアングレカム・セスキペダレ
Angraecum sesquipedale

（右）
長い口吻を持つキサントパンスズメガ
Xanthopan morgani praedicta

● **偽花** [pseudanthium]

　植物学上は、花の集団である**花序**(同頁)ですが、小さな花が密集してできる花序はあたかも1個の花のように見えるため、**偽花**と呼ばれます。キク科の頭状花序(124頁)、トウダイグサ科の杯状花序(128頁)などが知られます。

3-5 花序

● **花序** [inflorescence]

　花の配列様式は植物の種類に応じて一定の様式があり、この配列様式を**花序**と呼んでいます。

　また、花をつける茎の部分全体を同様に花序と呼んでいます。学術用語において、一つの用語で、二つの意味があるのはあまり好ましいことではありませんが、現在のところ他に用語がありませんので仕方がありません。

　花序の中央の茎を**花序軸** [rachis] と呼びます。花序の花をつける枝を総称して**花梗** [peduncle] といいます。単生花の場合は花柄であるとともに花梗とも呼びます。枝分かれした花序の末端の花を直接つける枝を**小花柄** [pedicel] といいます。花の最も近くに位置する**苞**(102頁)を**小苞**といい、ふつう小花柄についています。

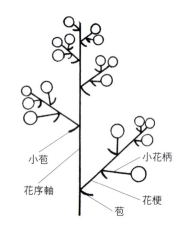

図 3.27
花序の構造（例：複総状花序）

● **無限花序** [indefinite inflorescence]　**有限花序** [definite inflorescence]

　開花の順序で**花序**(同頁)を大別すると、花序は**無限花序**と**有限花序**に分類することができます。しかし、開花の順番は必ずしも一致しないことがあります。

　無限花序は一つの茎の先端の分裂組織によって、腋芽(86頁)に花がつくり続けられるもので、**総穂花序** [botrys] とも呼びます。**求心性花序** [centripetal inflorescence] とも呼ばれます。花はふつう下から上に向かって咲き進み、最後に頂花が咲きます。無限花序といっても次第に成長が弱まるので、無限に咲き続けることはありません。

　一方、有限花序は茎の先端の分裂組織が花をつくると成長が終了し、腋芽から茎が成長して花がつくと成長が終わり、また腋芽から茎が成長するというように、次々と花が作られるもので、**集散花序** [cyme, cymose inflorescence] と総称されます。**遠心性花序** [centrifugal inflorescence] とも呼ばれます。

　花序は大きく分類すると、以下のように単一花序と複合花序に分けられます。また、特定の植物の仲間にのみ見られる特殊な花序や、外観により名付けられた花序もあります。

総状花序
シンビジウム・ラッキー・レインボー
Cymbidium Lucky Rainbow

穂状花序
ワレモコウ
Sanguisorba officinalis

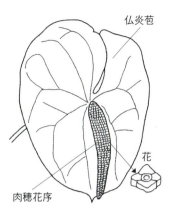
図 3.28 アンスリウム・アンドレアヌム（*Anthurium andraeanum*）の肉穂花序と仏炎苞

● **単一花序** [simple inflorescence]
後述するようないくつかの花序（122頁）が組み合わさったものでなく、単一の花序のみでなる花序を**単一花序**と呼びます。単一花序は、**無限花序**と**有限花序**に区別されます。

1. 無限花序

1.1 **総状花序** [raceme]　無限花序のうち、最も基本的なタイプで、長く伸びた花序軸に多数の花柄のある花をつける花序をいいます。身近な例では、フジ属（*Wisteria*）、シンビジウム属（*Cymbidium*）などが代表的です。

1.2 **穂状花序** [spike]　総状花序によく似ていますが、個々の花に花柄がないものをいいます。身近な例では、ワレモコウ（*Sanguisorba officinalis*）、オオバコ（*Plantago asiatica*）などが代表的です。

1.3 **肉穂花序** [spadix]　穂状花序が特殊化したもので、花序軸が多肉化して、花が表面に密生したものです。サトイモ科に多く、タコノキ科などでも見られます。サトイモ科では、花序を包む苞があり（少なくとも若い時は）、とくにこれを**仏炎苞**と呼んでいます（103頁）。

1.4 **散房花序** [corymb]　総状花序に似ていますが、各花柄の長さと、花序軸上の花柄の付着点の間の距離との関係で、すべての花がほぼ一平面上または半球面上に並ぶものをいいます。代表的な例としては、コデマリ（*Spiraea cantoniensis*）やペンタス属（*Pentas*）などがあります。

1.5 **散形花序** [umbel]　散房花序に似ていますが、節間がまったく伸長せず、花序軸の先端から花柄のある複数の花が放射状に出ているものをいいます。すべての花柄が同じ長さ

散房花序
ペンタス
Pentas lanceolata cv.

散形花序
アリウム・ギガンテウム
Allium giganteum

頭状花序
栽培ギク
Chrysanthemum morifolium cvs.
舌状花が大きく発達している

頭状花序
キンセンカ'コーヒー・クリーム'
Calendula officinalis
'Coffee Cream'

頭状花序
イソギク
Chrysanthemum pacificum
筒状花のみの頭状花序

であれば球状に、周辺の花の花柄が長ければ平面状または皿状になります。アリウム属（*Allium*）やセリ科、ヒガンバナ科などでよく見られます。

1.6 頭状花序 [capitulum]　花序軸の先端が短縮してやや円盤状になり、その上に花柄のない花が集まったものを頭状花序、または略して**頭花**といいます。キク科植物でよく知られ、あたかも1個の花のように見えます。キク科の頭状花序の場合、ふつう2種類の花からなり、花序の周辺部にある**舌状花** [ligulate flower] と、中心部にある**筒状花** [tubular flower] があって、それぞれ**舌状花冠**、**筒状花冠**（111頁）を持っています。また、1種類の花からなる場合もあり、例えばタンポポ属（*Taraxacum*）では舌状花のみで、反対にイソギク（*Chrysanthemum pacificum*）やミドリノスズ（*Senecio rowleyanus*）では筒状花のみです。一般に栽培されるイエギク（*Chrysanthemum morifolium*）では、とくに舌状花が大きく発達しています。

2. 有限花序

側枝が1節に何本生じるかで、**単出集散花序、二出集散花序、多出集散花序**に分けられます。また、花序軸（122頁）が分枝しないものは、**単頂花序**と呼びます。

2.1 単頂花序 [solitary inflorescence, uniflowered inflorescence]
枝分かれしない茎の先端にただ1個の花をつける場合、花序をつくらないことになりますが、これも花序の一種と考え、単頂花序と呼びます。花茎の先に単生する場合〈例えば、スミレ属（*Viola*）、シクラメン属（*Cyclamen*）、ハス（*Nelumbo nucifera*）など〉と、葉腋（87頁）や枝先に単生する場合〈例えば、ツバキ属（*Camellia*）など〉があります。

2.2 単出集散花序 [monochasium]　側枝が1節に1本生じるものをいいます。分枝の方向によって、さらに次のように分類されます。

・**巻散花序** [drepanium]：分枝の結果、一平面内で渦巻き状に

単頂花序
シクラメン・ペルシクム
Cyclamen persicum

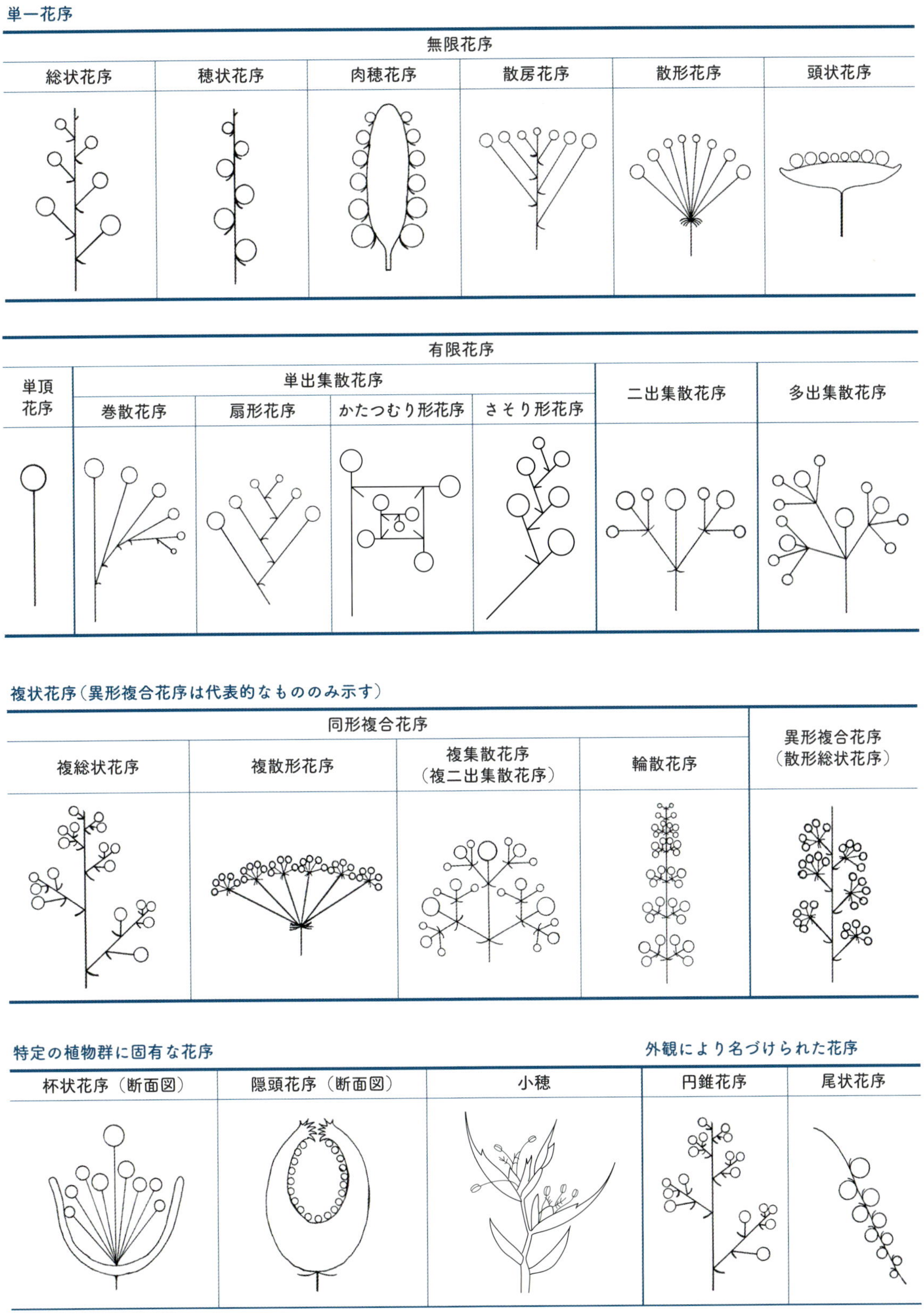

単一花序

無限花序					
総状花序	穂状花序	肉穂花序	散房花序	散形花序	頭状花序

有限花序						
単頂花序	単出集散花序				二出集散花序	多出集散花序
	巻散花序	扇形花序	かたつむり形花序	さそり形花序		

複状花序（異形複合花序は代表的なもののみ示す）

同形複合花序				異形複合花序
複総状花序	複散形花序	複集散花序（複二出集散花序）	輪散花序	（散形総状花序）

特定の植物群に固有な花序 / **外観により名づけられた花序**

杯状花序（断面図）	隠頭花序（断面図）	小穂	円錐花序	尾状花序

図3.29　代表的な花序の模式図

巻散花序
セリンセ'プライド・オブ・ジブラルタル'
Cerinthe major 'Pride of Gibraltar'

扇形花序
ゴクラクチョウカ
Strelitzia reginae

図 3.30　扇形花序
ゴクラクチョウカ

なる花序をいいます。例えば、ムラサキ科などが知られます。鎌形花序とも呼ばれます。

・**扇形花序** [rhipidium]：一平面内で左右交互に分枝する花序をいいます。例えば、ゴクラクチョウカ (*Strelitzia reginae*) などが知られます。

・**かたつむり形花序** [bostryx]：同一方向に直角な面に分枝し、立体的な渦巻き状になるものです。例えば、ワスレグサ属 (*Hemerocallis*) などが知られます。

・**さそり形花序** [cincinnus]：左右相互に直角な面で分枝し、立体的になる花序です。例えば、ムラサキツユクサ (*Tradescantia ohiensis*) などが知られます。**互散花序**とも呼びます。

2.3　**二出集散花序** [dichasium]　1節に2本生じるものをいいます。例えば、ナデシコ科や、ベゴニア属 (*Begonia*) の多くに見られます。

2.4　**多出集散花序** [pleiochasium]　1節に3本以上生じるものをいいます。例えば、ミズキ (*Cornus controversa*) などで見られます。杯状花序、隠頭花序 (128頁) も多出集散花序に含まれます。

二出集散花序
ベゴニア'コラリナ・ド・ルツェルナ'
Begonia 'Corallina de Lucerna'

● **複合花序** [compound inflorescence]

いくつかの花序が組み合わさった花序を**複合花序**または**複花序**と呼びます。組み合わせの違いで、次のように分類されます。

1.　**同形複合花序** [isomorphous compound inflorescence]

同じ種類の花序が組み合わさったものをいいます。この場合、ふつう総状花序が総状に集まっていれば、花序名の先頭に「複」をつけて、複総状花序というように表現します（輪散花序は例外）。代表的なも

のとして、次のようなタイプが知られます。

1.1 **複総状花序** [compound raceme] 総状花序（123頁）が総状に集まったもの。例えば、ナンテン（*Nandina domestica*）などで見られます。

1.2 **複散房花序** [compound corymb] 散房花序（123頁）が散房状に集まったもの。例えば、ナナカマド（*Sorbus commixta*）、シモツケ（*Spiraea japonica*）などで見られます。

1.3 **複散形花序** [compound umbel] 散形花序（123頁）が散形状に集まったもの。セリ科の大部分に見られます。

1.4 **複集散花序** [compound cyme] 集散花序が集散状に集まったもの。例えば、オミナエシ（*Patrinia scabiosifolia*）などで見られます。

1.5 **輪散花序** [verticillaster] 対生（97頁）する葉の腋に花柄の伸びない二出集散花序（126頁）がつく場合、節の周囲に花が取り巻いたように見えるので、2個の花序を合わせて、とくに輪散花序と呼んでいます。シソ科でしばしば見られます。

2. **異形複合花序** [heteromorphous compound inflorescence]

2種類以上の花序が組み合わさったものをいいます。この場合、頭状花序（124頁）が総状に集まっていれば、頭状総状花序というように、小部分の花序名の後に、全体の様式の名を付けて表現します。

代表的なものとして、次のようなタイプが知られます。

2.1 **散形総状花序** [umbel-raceme] 散形花序（123頁）が総状に集まったもの。例えば、ヤツデ（*Fatsia japonica*）、ドラセナ・フラグランス（*Dracaena fragrans*）などで見られます。

複総状花序
ナンテン
Nandina domestica

複散形花序
ホワイトレースフラワー
Ammi majus

複集散花序
オミナエシ
Patrinia scabiosifolia

輪散花序
カエンキセワタ
Leonotis leonurus

散形総状花序
ヤツデ
Fatsia japonica

2.2 巻散総状花序 [drepanium-raceme]
巻散花序（124頁）が総状に集まったもの。例えば、トチノキ属（*Aesculus*）などで見られます。

2.3 頭状総状花序 [capitulum-raceme]
頭状花序（124頁）が総状に集まったもの。例えば、オタカラコウ（*Ligularia fischeri*）などで見られます。

● **特定の植物群に固有な花序**
上記のような基本型から特殊化して、特定の植物群にのみ見られるものがあります。

杯状花序
ポインセチア'エッケスポイント・レッド'
Euphorbia pulcherrima 'Eskespoint Red'

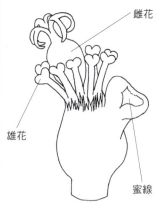

図3.31 杯状花序
ポインセチア

1．杯状花序 [cyathium]
トウダイグサ属（*Euphorbia*）に見られるもの。花序軸（122頁）と総苞（103頁）が変形して杯状または壺状となり、内側に雌しべ1本からなる雌花1個と、雄しべ1本からなる雄花数個が入っています。**椀状花序**、**壺状花序**とも呼ばれます。集散花序（122頁）の特殊化と考えられます。

2．隠頭花序 [hypanthium]
クワ科のフィカス（イチジク）属（*Ficus*）に見られるもの。花軸が多肉化し、中央がくぼんで壺形になった中に、微少な花が多数ついています。外見状はすでに果実のように見えます。集散花序の特殊化と考えられます。その受粉には、特定のハチが関与していることが多いです。**いちじく状花序**とも呼ばれます。

隠頭花序
イヌビワ
Ficus erecta

3．小穂 [spikelet]
イネ科、カヤツリグサ科に見られ、花は小さく、乾質鱗片状の重なり合った苞（102頁）に腋生するものをいいます。

● **外観により名付けられた花序**
1．円錐花序 [panicle]
複合花序（126頁）のうち、下方の枝が上方の枝より長く、花序全体が円錐形になるものの総称で、前述の同形複合花序（126頁）、異形複合花序（127頁）ともに見られます。例えば、カシワバアジサイ（*Hydrangea quercifolia*）のように複総状花

円錐花序
カシワバアジサイ
Hydrangea quercifolia 'Snowflake'

序であることが多いようです。

2. 尾状花序 [ament, catkin]

長い花軸に多数の目立たない花〈ふつうは花被のない単性花(114頁)、とくに雄花〉がつき、ふつう垂れ下がるものをいいます。総状花序であったり、複合花序であったり、その様式は一様でありません。ヤナギ科、クルミ科、ブナ科、カバノキ科などに見られます。

尾状花序
セイヨウハシバミ
Corylus avellana

3-6 | 果実

● **果実** [fruit]

種子植物(裸子植物と被子植物, 35頁)のうち、**子房**(105頁)を持っている被子植物の**花**(105頁)が受精をして、発達してできた器官を**果実**といい、一般には**胚珠**が発達してできた**種子**(135頁)を含んでいます。多くの場合、雌しべの基部の子房が発達したものですが、種類によっては花托(113頁)や花被(107頁)などの雌しべ以外の部分、または苞(102頁)や花柄(113頁)など花以外の部分が加わったものもあります。

子房の外側を構成する**子房壁** [ovarian locule] が発達した部分を**果皮** [pericarp] といい、ふつう**外果皮** [exocarp]、**中果皮** [mesocarp]、**内果皮** [endocarp] の3部分、または外果皮と内果皮の2部分からなっています。内花被が肉質または多汁質の場合、**果肉** [sarcocarp] と呼んでいます。モモ (*Prunus persica*) のように内花被が硬化する場合、**核** [stone] といいます。マンゴー (*Mangifera indica*) の内花被は厚く硬化しています。

子房の内側にある胚珠が発達したものが種子で、したがって果実の中には一般に種子があります。このように、受粉により子房などが肥大し、受精により胚珠が発達して種子が果実内に形成される過程を**結実** [setting, fruit set] といいます。

受精が行われなくても、果皮だけが発達する場合があり、この場合は種子のない果実が形成されます。このような現象を**単為結実** [parthenocarpy] または**単為結果**といいます。バナナ (*Musa* spp.) やパイナップル (*Ananas comosus*) は自然に単為結実が行われますが、種なしブドウなどでは人為的に誘発して種子のない果実をつくっています。

果実は子房を持つ被子植物だけにできるもので、裸子植物では果実によく似た器官をつくりますが、果実ではありません。例えば、針葉樹類のマツ科やスギ科などで見られる松かさ状の**球果** [strobile] や、イチョウ (*Ginkgo biloba*) の種子は、一見すると果実のようですが、果実ではありません。

反対に、後述するように、キク科の痩果や、シソ科の分果(132頁)などは、園芸上は種子として扱われます(136頁)。

前述のように、子房を含む雌しべだけでなく、他の器官も加わって果実を構成していますので、その分類法もいく通りもあります。主なものを以下に紹介します。

〈形態学的な分類法〉

- **真果** [true fruit]　**偽果** [false fruit]

　果実は発達する部位によって**真果**と**偽果**に分類できます。子房だけが発達してできたものを真果といい、果実の大部分がこれに属します。真果は子房上位花または子房中位花（119頁）に由来するものが多いです。これに対し、他の器官（花托、花被、苞、花柄など）も加わってできたものを偽果といいます。子房下位花（119頁）に由来する果実は、子房のみでなく、それを囲んでいる花托も発達して果実をつくりますので、すべて偽果になります。

　偽果には、後述するような単果のウリ状果、ナシ状果のほか、集合果と複合果（133～134頁）のすべてが含まれます。

〈果皮の性質による分類法〉

- **乾果** [dry fruit]　**液果** [sap fruit]

　熟した時に果皮が乾いて、膜質か薄い皮革質になる果実を**乾果**といいます。一方、多肉多汁になる果実を**液果**、または**多肉果** [succulent fruit] といいます。

〈果皮が裂けるかどうかに注目した分類法〉

- **裂開果** [dehiscent fruit]　**閉果** [indehiscent fruit]

　前述の乾果のうち、熟した時に裂けるものを**裂開果**、裂けないものを**閉果**といいます。

　液果はふつう裂けませんが、まれにイワタバコ科のコドナンテ属（*Codonanthe*）のように、熟した時に裂ける多肉質の蒴果（132頁）もあります。

〈一般的な形態による総合的分類法〉

- **単果** [monothalamic fruit]

　1個の花の1個の雌しべが、1個の果実になったもので、最も一般的な果実です。**単花果**とも呼びます。これらは以下のように細分されます。なお**心皮**（105頁）とは、雌しべを構成する花葉のことで、開花後に成長して果皮になります。

1．乾果で熟すと一定の場所から裂開する果実

1.1　**袋果** [follicle]　**一心皮子房**（1枚の心皮からなる子房）が成熟した果実で、成熟すると、心皮が癒合してできた**縫合線** [suture] から縦に裂けるものをいいます。キンポウゲ科、モクレン科によく見られます。アオギリ（*Firmiana simplex*）では、完熟前に5片に裂け、心皮の縁に種子を1～5個ほどつけます。

袋果
アオギリ
Firmiana simplex

豆果
ナタマメ
Canavalia gladiata

蒴果
ゴマ
Sesamum indicum

図 3.32　蓋果

長角果
クレソン
Nasturtium officinale

短角果
ゴウダソウ
Lunaria annua

痩果
シュンギク
Glebionis coronaria cv.

図 3.33
上部に冠毛がある痩果

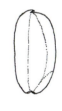
図 3.34　穎果

翼果
イロハカエデ
Acer palmatum

堅果
ウバメガシ
Quercus phillyraeoides

節果
ヌスビトハギ
Hylodesmum podocarpum
subsp. *oxyphyllum*

分離果
バジル
Ocimum basilicum
4分果からなる分離果

Chapter 3　植物の形態

1.2　豆果 [legume]　一心皮子房が成熟した果実で、成熟すると、2片に裂開するものをいいます（写真131頁）。莢果とも呼ばれます。マメ科によく見られます。

1.3　蒴果 [capsule]　二心皮以上の**多心皮性子房**が成熟した果実で、成熟すると、数室に裂開するものをいいます（写真131頁）。ユリ科、アヤメ科、ラン科、スミレ科などに見られます。

1.4　蓋果 [pyxis]　二心皮以上の多心皮性子房が成熟した果実で、成熟すると、果実を取り巻くように裂け、上部が蓋のように取れるものをいいます（131頁図3.32）。スベリヒユ属（*Portulaca*）などで見られます。

1.5　長角果 [silique]　細長い2枚の心皮からできた、長さが幅の3倍以上の果実で、熟すと下の方から裂け、中央に膜質の壁が残るものをいいます（写真131頁）。アブラナ科によく見られます。

1.6　短角果 [silicle]　長角果とほぼ同じですが、果実の長さが幅の3倍未満の偏平な果実をいいます（写真131頁）。アブラナ科のナズナ属（*Capsella*）、ゴウダソウ（*Lunaria annua*）などに見られます。

2．乾果で熟しても裂開しない果実

2.1　痩果 [achene, akene]　果皮が薄くて硬く、その中に包まれた種子1個があり、1カ所で果皮とつながっているものをいいます（写真131頁）。一見、種子のように見えます。キク科、オミナエシ科などに見られます。タンポポ属（*Taraxacum*）の痩果の上部には、毛状の冠毛 [pappus] があり、風による散布に役立っています（131頁図3.33）。

2.2　穎果 [caryopsis]　痩果に似ていますが、果皮と種子が合着して、分離できないものをいいます（131頁図3.34）。イネ科に見られます。イネ（*Oryza sativa*）の場合、いわゆる「玄米」の状態が穎果で、一見種子のように見えます。

2.3　翼果 [samara]　果皮の一部が翼状に張り出している果実をいいます（写真131頁）。カエデ属（*Acer*）では、2個（まれに3個）の翼果が種子側についた分離果（同頁）でもあります。

2.4　堅果 [nut]　硬い革質の果皮を持つ1室の果実で、中に1種子が入っています（写真131頁）。いわゆる「どんぐり」の仲間で、多くの場合、苞（102頁）が発達してできた殻斗 [cupule, cupula] によって果実の基部、時には全部が覆われています。ブナ科、カバノキ科などに見られます。

2.5　節果 [loment]　豆果のようにできますが、裂開せず、1室ごとに横に割れて落ちるものをいいます（写真131頁）。ヌスビトハギ属（*Hylodesmum*）などに見られます。

2.6　分離果 [schizocarp]　多数の子房からできていて、熟すと各心皮に離れるものをいいます（写真131頁）。分離した各部は**分果** [mericarp, coccus] と呼ばれ、種子のように見えます。カエデ科、シソ科、ムラサキ科などに見られます。

3．液果

3.1　漿果 [berry]　果皮のうちの、外果皮は薄く、中果皮と内果皮がとくに多肉多汁となります。多少、硬い種子を含んでいます。

・**ミカン状果 [hesperidium]**：外果皮は質が強く、中果皮は柔らかい海綿質で、内果皮は薄い皮で多くの袋になってそこに果汁を蓄えたもので、ミカン属（*Citrus*）などで見られます（図3.35）。

図3.35　ミカン状果

ウリ状果
キワノ
Cucumis metuliferus

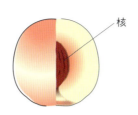
図3.36 核果

ナシ状果
リンゴ
Malus domestica cv.

- **ウリ状果** [pepo]：液果状で、外果皮が硬く、その内側に水分の多い液質の組織が詰まっているものをいいます。ウリ科の子房下位花（119頁）を持つものに見られ、キュウリ属（*Cucumis*）、スイカ（*Citrullus lanatus*）などがあります。

3.2 **核果** [drupe] 中果皮が多肉多汁となり、内果皮が硬い**核**（129頁）をつくるもので、その中に1種子を含みます。**石果**とも呼ばれます（図3.36）。ウメ（*Prunus mume*）、モモ（*Prunus persica*）などで見られます。

3.3 **ナシ状果** [pome] 多数の子房を含む花托が肥大して多肉化した偽果（130頁）で、リンゴ属（*Malus*）、ナシ属（*Pyrus*）などで見られます。

図3.37 イチゴ状果

● **集合果** [aggregate fruit]
1個の花の中の複数の雌しべからできた2個以上の果実が集まって、1個の果実のようになったものをいいます。次のように細分されます。

1．**イチゴ状果** [etaerio]
花托が肥大して多肉質の果実状となり、その表面に多数の真の果実が痩果（132頁）となって散在するものです（図3.37）。
オランダイチゴ（*Fragaria × ananassa*）やヘビイチゴ（*Potentilla hebiichigo*）などで見られます。

図3.38 キイチゴ状果

2．**キイチゴ状果** [etaerio]
やや肥大した花托に多数の核果（同頁）をつけるものです（図3.38）。ブラックベリー（*Rubus occidentalis*）など、キイチゴ属（*Rubus*）などに見られます。

3．**バラ状果** [cynarrhodium]
壺状の花托が肥大して、花托の内面に多数の痩果が入っているものです（図3.39）。バラ属（*Rosa*）などで見られます。

図3.39 バラ状果

4．ハス状果 [nelumboid]
花托が漏斗状になって、成熟すると、この上面に多数の孔ができ、堅果（132頁）が1個ずつ入っているものです。ハス（*Nelumbo nucifera*）などで見られます。

ハス状果
ハス　*Nelumbo nucifera*

● 複合果 [multiple fruit]
2個以上の花からできた果実が互いに癒合して、1個の果実のようになったものをいい、**多花果**とも呼びます。

1．イチジク状果 [syconium]
隠頭花序（128頁）の花托が多肉質の壺状となり、内部に多数の小さな果実が入っているものです。イチジク属（*Ficus*）で見られます。

2．クワ状果 [sorosis]
多肉質または液質の複合果で、一つひとつの果実は萼が肥厚して痩果（132頁）を包んだ偽果（130頁）です。クワ属（*Morus*）やパイナップル（*Ananas comosus*）などが知られます。

イチジク状果
イチジク　*Ficus carica* cv.

3．その他の複合果
また、とくに名称がありませんが、サトイモ科の肉穂花序（123頁）も花が発達して密に多数の果実がつき、一見すると1個の果実に見えるものも複合果とされます。

● 幹生果 [cauliflory]
太い幹や枝につく幹生花（119頁）が発達して果実になったもので、パパイア（*Carica papaya*）やジャボチカバ（*Plinia cauliflora*）、カカオ（*Theobroma cacao*）などに見られます。

クワ状果
パイナップル
Ananas comosus

● 果実序 [infructescence]
花序（122頁）の花が発達して果実になった状態をいい、**果序**ともいいます。前述の複合果は果実序でもあります。

幹生果
ジャボチカバ　*Plinia cauliflora*

幹生果
カカオ　*Theobroma cacao*

3-7 | 種子

● **種子** [seed]

　種子植物（裸子植物と被子植物，35頁）において、受粉後、**胚珠**（105頁）が発達してできるものを**種子**といいます。現生の植物では胚珠を持つ種子植物だけが種子をつくりますが、石炭紀の化石としてのみ知られる絶滅種のシダ植物、レピドカルポン属（*Lepidocarpon*）には種子があったとされます。種子の機能としては、胚（137頁）を親植物とは別の離れた場所に散布し、種の保存を図ることにあります。

　発芽（203頁）に適当な条件にあっても発芽しない種子がありますが、これを種子が**休眠** [dormancy] しているといいます。休眠は種子がいっせいに発芽するのを防ぐのに好都合で、野生植物では種子は成熟すると同時に休眠状態に入ることが一般的です。休眠のない種子は環境さえよければすぐに発芽しますが、環境が適していない時は二次休眠に入り、不適環境をやり過ごし、水分や温度、光などの条件が整うと休眠が破られ発芽します。

　種子は不適環境に耐えて長年生存することができます。特異的に長生きした種子としては、1951年、大賀一郎博士によって千葉県検見川の2000年以上前の泥炭層から発掘されたハスの種子が知られ、その種子を育成したものは**大賀蓮**（*Nelumbo nucifera* 'Ogahasu'）としてよく知られています。反対に、ヤナギ科の種子は、種皮が薄くて乾燥に弱いため、比較的寿命が短く、成熟後1週間ほどで発芽能力がなくなります。

　植物界で最大の種子は、セイシェル諸島原産のオオミヤシ（*Lodoicea maldivica*）です。果実も巨大で、長さ45cmほど、重さ20〜30kgで、成熟するのに5〜6年かかります。この中に種子がふつう1個入っており、最大20kgほどあります。

　反対に、ラン科植物の種子は微細で、例えばカトレヤ属では1果実中に約100万個の種子が入っているといわれており、貯蔵養分をほとんど持っていません。自然界では発芽時の栄養を土壌中の**ラン菌**と呼ばれる菌類に依存して発芽を助け、その後このラン菌は根に共生して、ランと相互に養分を供給し合い、助け合って生活していきます。ラン菌の助けを借りずに人工的に発芽させる場合、ランの種子をさらし粉などで殺菌した後、ショ糖および無機塩類などを含む寒天培地を用いて無菌的に発芽させる必要があります。

　また、ここまで小さくはありませんが、エキザカム（*Exacum affine*）、ストレプトカルプス属（*Streptocarpus*）、カランコエ（*Kalanchoe blossfeldiana*）などでは、1ml中約2万5000個もの種子があるといわれています。このような微細な種子を播種する場合、適当な紙と二つ折りにしたものに種子を取り、腕や紙の縁を軽くたたきながら、少しずつ播種床に落とすとよいでしょう（202頁）。その後は、鉢底から毛細管現象を利用した**腰水** [subirrigation] で給水します。微細な種子の場合、播種が面倒なので、扱いやすい

オオミヤシの果実
Lodoicea maldivica
長さ45cmほどの巨大な果実の中に、「植物界最大の種子」として知られる種子が含まれる

オオミヤシの種子
Lodoicea maldivica
「植物界最大の種子」で、最大のものは長さ35cm、重さ20kgほどになる

園芸上、「種子」として扱われる果実

ヒマワリ　サンリッチ・オレンジ
Helianthus annuus
Sunrich™ Orange
赤く着色してある

スイスチャード'ブライト・ライツ'
Beta vulgaris 'Bright Lights'

オシロイバナ
Mirabilis jalapa cv.
果実を割ると、おしろい状の種子の胚乳が現れる

ように、特殊な粘土などの物質で被覆してペレット状にしたものが開発されており、これらを**ペレット種子** [pelleted seed] または**コーティング種子** [coating seed] と呼んでいます。

　園芸上、**果実**(129頁)でありながら「種子」として扱っているものの中には、キク科の痩果、シソ科の分果、イネ科の穎果(132頁)などがあります。ホウレンソウ (*Spinacia oleracea*) も一般に果実が「種子」として流通していますが、果皮を取り除き、真の種子にしたものも出回っており、これらは**ネイキッド種子** [naked seed] または**ネーキッド種子**と呼ばれます。

　反対に、種子であるにもかかわらず、一見すると果実のように見えることがあります。裸子植物は果実をつくりませんが、ソテツ (*Cycas revoluta*) やイチョウ (*Ginkgo biloba*) の種子は、外種子が肥厚して肉質となって果実のようです。このような種子を**種子果**といいます。イチョウの場合、種子は一見すると**核果**(133頁)のようで、悪臭のある黄褐色の肉質の外種皮を取り除くと、白色の内種皮(いわゆる銀杏の殻)に包まれた銀杏が現れます。

　また、ヤブラン (*Liriope muscari*) では、果実の果皮が非常に薄いため、早期に破れて、種子が露出して成長するため、やはり種子が一見すると果実のように見えます。

　種子は、一般に**種皮**、**胚**、**胚乳**から成り立っています。

ペレット種子
レタス'ワインドレス'
Lactuca sativa var. *crispa*
'Wine Dress'

ホウレンソウのネイキッド種子
Spinacia oleracea
緑色に着色してある

ヤブランの種子
Liriope muscari

● **種皮** [seed coat]

　種子の周囲を覆う皮膜を**種皮**といい、被子植物のうち、原始的被子植物と単子葉植物（36頁）ではふつう2枚からなるため、**外種皮** [outer seed coat] と**内種皮** [inner seed coat] に区別されます。被子植物のうちの真正双子葉植物と裸子植物（36頁）ではふつう1枚です。

　種皮は後述する胚および胚乳の保護と、発芽時の吸水の役目があります。種皮の表面構造は植物の種類によって様々で、いぼ状、刺状あるいは網状の肥厚突起があったりして、中には毛や粘液を生じて散布に役立っているものもあります。

　種皮が不透水性で吸水しない種子を**硬実** [hard seed] または**硬実種子**といい、マメ科の小さい種子や、アサガオ（*Ipomoea nil*）などで見られます。硬実はこのままでは吸水しないので、種子に傷をつけて播種をする必要があります。この作業を**硬実処理** [scarification] といい、あらかじめ処理をして販売していることがあります。自然界では、硬実であっても、地中に長くあると微生物に種皮が犯されて透水性となり、やがて発芽します。硬実は一種の休眠現象と考えられます。

● **胚** [embryo]

　胚珠（105頁）の中で受精卵が、種子が熟するまでの間に種子内である程度まで発達して、そこで休眠（135頁）している幼体のことを**胚**といいます。一般には、**幼根**、**胚軸**、**子葉**、**上胚軸**、**幼芽**からなっています。

　ふつう1個の種子中には1個の胚がつくられますが、2個以上の胚がつくられる現象を**多胚現象** [polyembryony] といいます。例えば、マンゴー（*Mangifera indica*）やパキラ（*Pachira glabra*）、ミカン属（*Citrus*）などで見られ、発芽すると数個の幼植物になります。

1．幼根 [radicle]

　胚軸の下端にあり、種子の発芽とともに成長して**主根**（78頁）となります。

2．胚軸 [hypocotyl]

　胚の軸となる円柱形の部分で、上端に子葉、上胚軸、幼芽を、下端に幼根をつけます。

3．子葉 [cotyledon]

　胚の一部をなす幼い葉のことで、裸子植物では2ないしは多数あり、被子植物の原始的被子植物、真正双子葉植物ではふつう2枚、単子葉植物（36頁）では1枚あります。

　マメ科植物では、胚乳（138頁）がなく、代わりに2枚の子葉が肥大して種子の大部分を占め、タンパク質、脂質などを貯蔵しています。このように、発芽の時に必要な養分を貯蔵する場所が主として子葉である種子を、**子葉種子**といいます。種子が発芽した際、胚軸の伸長とともに地上に出てくる子葉を、**地上子葉** [epigeal cotyledon] といい、地上に出てくると葉緑体が増えて光合成（10頁）を行います。一般の子葉はこのタイプです。

　これに対し、種子の発芽後も地上に出ないで地中に残っている子葉を、**地下子葉** [hypogeal cotyledon] といいます（図3.40）。

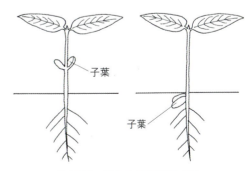

図3.40　地上子葉（左）と地下子葉（右）

4. 上胚軸 [epicotyl]
子葉より上にある幼芽をつける若い茎のことです。

5. 幼芽 [plumule]
胚の頂端にある芽のことで、種子が発芽すると成長して地上茎（89頁）となります。

● 胚乳 [albumen]
胚の発育や発芽時のための養分を貯蔵する組織を**胚乳**といいます。前述のようにマメ科のほか、バラ科、ブナ科などは種子形成の途中で胚乳が次第に崩壊消失して発達せず、これに代わって胚の中の子葉（101頁）に養分を蓄えます。

また、ラン科植物では、胚乳もなく、子葉も発達しないので、貯蔵養分をほとんど持たず、発芽時の養分を土壌中のラン菌に依存しています。このように、胚乳を持たない種子は**無胚乳種子** [exalbuminous seed] と総称され（図3.41）、それに対して胚乳がある種子を**有胚乳種子** [albuminous seed] といいます（図3.42）。

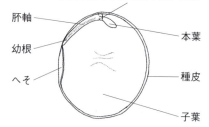

図 3.41　無胚乳種子（断面図）
ダイズ
Glycine max

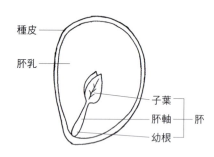

図 3.42　有胚乳種子（断面図）
カキ
Diospyros kaki
（上胚軸と幼芽は子葉に隠れて見えない）

● へそ [hilum]
胚珠が子房と付着していたところは、種子の表面に痕跡として残り、これを**へそ**と呼びます。豆類ではよく分かり、例えばソラマメ（*Vicia faba*）では大きく黒色となっています。

● 仮種皮 [aril, arillus]
胚珠の付け根のあたりがとくに発達して種子の一部または全部を包む場合があり、これを**仮種皮**といいます。**種衣**とも呼びます。

「果物の王」として知られるドリアン（*Durio zibethinus*）は、種子を包む白い肉質の生クリームにも似たものが仮種皮で、食用部となります。パッションフルーツ（*Passiflora edulis*）も、種子のまわりが橙黄色で半透明ゼリー状の仮種皮があります。また、スパイスとして重要なニクズク（*Myristica fragrans*）では、種子の部分をナツメグに、仮種皮の部分をメースとして利用しています。

仮種皮はふつう種皮よりも柔らかで、熱帯・亜熱帯原産の植物に多く、鳥やその他の大型の動物に食べられることで、種子の散布に役立っていると思われるものがあります。

仮種皮
ドリアン
Durio zibethinus
白い肉質の仮種皮

仮種皮
パッションフルーツ
Passiflora edulis
橙黄色のゼリー状の仮種皮

● エライオソーム [elaiosome]

　スミレ属（*Viola*）やカタクリ（*Erythronium japonicum*）などの種子に付着している柔らかい付属物で、アリの食餌となり、食べた後、種子のみ巣外に捨てることで種子の散布に役立っています。

エライオソーム
ビオラ
Viola × *wittrockiana* cv.

● 種髪 [coma]

　種子にある毛束のことで、キョウチクトウ科、ヤナギ科などで見られます。種子の風による散布に役立っています。

● 種翼 [seed wing]

　被子植物（36頁）の種子の中には、種皮（137頁）の一部が張り出して翼となり、**種翼**と呼ばれます。風による種子散布に役立ち、ユリ属（*Lilium*）やカエデ属（*Acer*）などに見られます。ウリ科のハネフクベ（*Alsomitra macrocarpa*）の種子は左右に薄く透明な種翼を持ち、グライダーのモデルになったことで有名です（同頁コラム参照）。

　裸子植物（36頁）にもマツ属（*Pinus*）や、奇想天外（*Welwitschia mirabilis*）のように、種子に翼がついているもの

種髪
トウワタ
Asclepias curassavica

コラム ｜ グライダーのモデルとなった種子

　ハネフクベの種子は、グライダーのモデルとなったことで有名です。種子には幅5cm、長さ7～8cmの2枚の透明な種翼があります。1903年、ライト兄弟が複葉機で飛行距離260m、滞空時間59秒の飛行に成功しています。ほぼ同時代、ボヘミアの織物製造業者エトリッヒ父子は、ハネフクベの種子の滑空についての論文からヒントを得て、種子を入手し、1904年から1905年にかけてグライダーを製造し、2機目では約900mの滑空に成功しています。ハネフクベはつる植物で、高い樹木につかまって長く伸びます。果実はほぼ球体で、直径20～24cmほどと大きく、熟すと大きな三角形の開口部ができます。中には種翼を持つ種子が数百個ほどぎっしりと詰まっており、開口部から風に乗って滑空していきます。果実は高いところに結実するので、種子は一度滑空すると100mほど飛翔します。

（上）ハネフクベの種子
Alsomitra macrocarpa
種子本体（中央楕円形）の重量は約30mg

（下）ハネフクベの果実

があيますが、これは種皮が変化したものではなく、**種鱗**[seed scale]と呼ばれる胚珠をつけている部分の表皮層が種子に付着したもので、やはり風による種子散布に役立っています。

● 胎生種子 [viviparous seed]

ふつう、種子は成熟すると母植物から離れて地上に落ち、発芽します。しかし、例外として**マングローブ**(42頁)の仲間のオヒルギ(*Bruguiera gymnorhiza*)やメヒルギ(*Kandelia obovata*)などでは、種子が母植物についたまま根や葉が伸び出し、幼植物となります。このような種子を**胎生種子**といいます。

マングローブは海水と淡水が入り混じる湿地に生え、このような場所ではふつう種子の発芽に適しません。そこで、種子を塩水から守るために、親植物上で幼植物となり、ある程度成長した後、親植物から落下して成長を続けていると考えられています。

胎生種子
メヒルギ
Kandelia obovata
母植物についた果実(褐色部)からすでに幼根が伸長している。さらに幼根が伸びると、果実の上にある萼とともに落下して、樹下の泥土に突き刺さり、成長を続けて新しい個体となる

3-8 その他

維管束の木部の発達程度によって、維管束植物(38頁)を次のように分けることができます。

● 草本植物 [herbaceous plant, herb]

維管束の**木部**(85頁)があまり発達しないで、多肉で柔らかい草質の茎がある植物を**草本植物**または**草本**と呼び、このような茎を**草本茎**(84頁)といいます。

その生育期間によって、次のように分類します。

1．一年生植物 [annual herb, annual, annual plant]

種子が発芽すると、その年に開花結実して、冬ごろには株全体が枯死し、種子だけが残る草本のこと。**一年生草本**ともいいます。このタイプの植物は、開花に低温を必要とせず、ある程度植物体が大きくなれば開花するものが多いです。園芸的には**一年草**と呼ばれていますが、これらの中には原産地では後述の多年生植物も、一年草として扱っていることがあります。

2．二年生植物 [biennial herb, biennial]

種子が発芽して、その年には開花せず、翌年になって開花結実し、その年の冬までに株全体が枯死し、種子だけが残る草本のこと。**二年生草本**ともいいます。また、秋に発芽して、冬を越して、春の開花結実し、実際は1年かからないのがふつうで、このため**越年草**ともいいます。このタイプの植物は、冬の低温に遭遇して開花するのが一般的です。

園芸的には**二年草**と呼び、一年草とあわせて**一・二年草**といわれます。

3．多年生植物 [perennial herb, perennial]

草本植物のうち、2年以上、多年にわたって生育し続ける植物のこと。冬季、地上部が枯死するものと、常緑のものがあります。後者のタイプでは、一年中生育可能な熱帯地方原産のものが多いです。株全体としては多年生植物であっても、部分で見ると数年で順次更新されていることがふつうで、いわゆる球根植物 (54頁) では、一般には毎年更新されています。

アフリカホウセンカ (*Impatiens walleriana*) や、ペチュニア (*Petunia hybrida*)、ニチニチソウ (*Catharanthus roseus*) などの熱帯原産の多年生植物でも、園芸的には一年草として扱うことが多く、この場合は春に種子を播いて、秋まで観賞し、冬には温度低下のため枯死します。

園芸的には、**多年草** [herbaceous perennial] といわれます。また球根植物や、ラン、サボテンと多肉植物など特殊なグループを除いた多年草を**宿根草** (54頁) といいますが、本来は、冬になると地上部が枯死し、地下にある芽と根で越冬し、それがもとになって翌春成長する草本植物を呼ぶ用語です。

● 木本植物 [woody plant, tree]

維管束の**木部** (85頁) がよく発達して硬い丈夫な茎を持つ植物を**木本植物**または**木本**と呼び、このような茎を**木本茎** (84頁) といいます。多年生の地上茎 (89頁) を持ちます。園芸上は、一般に茎の高さで便宜的に以下のように分類しますが、その基準には幅があり、厳密なものではありません。

1．高木 [arbor, tree]

成長すると高さ8m以上になり、主幹と枝の区別が比較的はっきりしている木本植物のことを**高木**といい、**喬木**とも呼びます。例えば、ケヤキ (*Zelkova serrata*)、スギ (*Cryptomeria japonica*) など。

このうち高さが3～8mくらいまでの比較的小型のものを、**亜高木** [subarbor] または**小高木**と呼んで区別することがあります。例えば、ウメ (*Prunus mume*) など。

また、およそ高さ20m以上のものを、**大高木**ということがあります。最も高い高木として有名なものとしては、エウカリプツス・レグナンス (*Eucalyptus regnans*) と、セコイアスギ (*Sequoia sempervirens*) が知られ、両種とも100m以上になる個体が知られています。

2．低木 [shrub, bush]

高木に対して、高さ0.3～3m以下の木本植物をいいます。ふつう、主幹と枝との区別がはっきりせず、根際から多くの枝が生じています。**灌木**ともいいます。例えば、アジサイ (*Hydrangea macrophylla*) など。茎の基部が木質化し、先の方が草質であるものは、便宜的に**亜低木** [undershrub, subshrub] または**小低木**といいます。例えば、ヤマブキ (*Kerria japonica*) など。

大高木
セコイアスギ
Sequoia sempervirens
カリフォルニア州、レッドウッド国立・州立公園にて

また、木本植物は葉の特徴により次のように分類されます。

● 針葉樹 [needle-leaved tree, conifer]　　広葉樹 [broad-leaved tree, broadleaf tree]

葉の形態から次のように分類できます。

葉がクロマツ（*Pinus thunbergii*）などのような針形の葉を**針葉** [needle leaf] といい、針葉のある木本植物（141頁）を針葉樹と呼びます。裸子植物の針葉樹類に見られます。これらのうち、とくに矮性の針葉樹は、園芸的に利用価値が高く、**ドワーフ・コニファー**（57頁）と呼ばれています。

針葉に対して、葉身が偏平でひろい葉を**広葉** [broad leaf] といい、広葉のある木本植物を広葉樹と呼びます。ふつう、被子植物の真正双子葉植物（36頁）に属する木本植物がこれに当たります。また、一年中葉があるものを、**常緑広葉樹** [evergreen broad-leaved tree]、落葉するものを**落葉広葉樹** [deciduous broad-leaved tree] と区別します。

● 落葉樹 [deciduous tree]　　常緑樹 [evergreen tree]

葉の存続期間から次のように分類できます。

冬期や乾期などの生育不適期に落葉し、1年のある時期には緑葉の葉をつけず、休眠状態になる木本植物（141頁）を**落葉樹**といいます。反対に、1年を通して常に緑色の葉をつける木本植物を**常緑樹**といいます。

● 葉や花冠、萼などの質を表す用語（コラム148頁参照）

1． 革質の [leather-like, coriaceous]

なめし皮のようにつやがあり、しなやかで、やや厚みがあり、弾力のある状態をいいます。例えば、アオキ（*Aucuba japonica*）、キョウチクトウ（*Nerium oleander*）、インドゴムノキ（*Ficus elastica*）の葉など。

革質の葉
インドゴムノキ'デシュリ'
Ficus elastica 'Doescheri'

乾膜質の総苞片
ムギワラギク
Helichrysum bracteatum cv.

膜質の苞
ニホンズイセン
Narcissus tazetta subsp. *chinensis*

紙質の葉
イロハモミジ
Acer palmatum

2. 乾膜質の [scarious]

ドライフラワーのように、薄くかさかさした状態をいいます（写真142頁）。例えば、ムギワラギク（*Helichrysum bracteatum*）、ローダンセ（*Rhodanthe manglesii*）の総苞片（102頁）など。

3. 膜質の [membranaceous, membranous]

薄くて裏がやや透けて見えるくらいの膜状の質感をいいます（写真142頁）。例えば、スイセン属（*Narcissus*）の苞（102頁）など。

4. 紙質の [chartaceous, papery, papyraceous]

質がやや薄く、西洋紙のような質感をいいます（写真142頁）。例えば、イロハモミジ（*Acer palmatum*）の葉など。

● 葉、花被片の芽の中でのたたまり方を表す用語

瓦重ね状の
[imbricate]

交互瓦重ね状の
[quincuncial]

回旋状の
（片巻き状の）
[contorted]

擦り合わせ状の
（敷石状の）
[valvate]

二つ折り状の
[conduplicate]

はかま状の
[equitant]

扇だたみ状の
[plicate]

わらび巻き状の
[circinate]

内巻き状の
[involute]

外巻き状の
[revolute]

図 3.43
葉、花被片などの芽の中でのたたまり方

● 毛 [hair]

植物体の表面に生じる毛状の突起物の総称を毛といいます。以下のように区別されますが、中間的なものも多く、区別はなかなか困難です。

1. 形態による名称

1.1 腺毛 [glandular hair]　ふつう先端が球状に膨らみ、その中に分泌物を含む毛のこと（写真144頁）。モウセンゴケ属（*Drosera*）など。

1.2 刺毛 [stinging hair]　内部に刺激性の液を蓄えている毛のこと（写真144頁）。イラクサ（*Urtica thunbergiana*）など。

1.3 星状毛 [stellate hair]　一カ所から多方向に枝分かれして放射状になった毛のこと。

腺毛
ドロセラ・アデラエ
Drosera adelae

刺毛
イラクサ
Urtica thunbergiana

感覚毛
ハエトリグサ
Dionaea muscipula

図3.44
ハエトリグサの
感覚毛

1.4 **クモ毛** [ーのある, cobwebby]　クモの巣のような、糸状で柔らかい毛のこと。

1.5 **乳頭状突起** [papilla, nipple]　乳頭状になった特殊な短い毛の一種のこと。ハス (*Nelumbo nucifera*)、サトイモ (*Colocasia esculenta*) などの葉に見られます。密生した乳頭状突起は水をはじき、はじかれた水が水玉になります。

1.6 **感覚毛** [sensitive hair]　接触を感じる毛のこと。食虫植物のハエトリグサ (*Dionaea muscipula*) の葉表面にある6本の感覚毛に、短時間のうちに2回以上触れると、葉が閉じて昆虫などの小動物を捕らえます (図3.44)。

2．性質や生え方による名称

2.1 **粗毛のある** [hirsute]　手触りがざらざらする毛のこと。

2.2 **剛毛のある** [hispid]　やや硬い毛のこと。

2.3 **軟毛のある** [pubescent, downy]　細くて柔らかい毛のこと。

2.4 **長軟毛のある** [villous, villose]　長い軟毛のこと (写真145頁)。

2.5 **綿毛のある** [woolly, lanate]　細く柔らかい湾曲した綿状の毛のこと (写真145頁)。

2.6 **密綿毛のある** [tomentose]　細く柔らかい湾曲した綿状の密生した毛のこと (写真145頁)。ビロード毛とも呼びます。

2.7 **絹毛のある** [sericeous]　光沢のある伏したまっすぐな細い長毛のこと。

2.8 **縁毛のある** [ciliate]　葉や花弁などの縁にはえている毛のこと。

3．つき方による名称

3.1 **圧毛** [adpressed hair, appressed hair]　茎葉の面に密着して寝ている毛のことで、**伏毛**とも呼びます。

3.2 **逆毛** [retrorse hair]　下を向く毛のことで、**下向毛**とも呼びます。

3.3 **開出毛** [patent hair]　軸にほぼ直角に近い角度ではえている毛のこと。

3.4 **束毛** [fasciculate hair]　多数が束のように生じる毛のこと。

長軟毛のある葉
トラデスカンティア・シラモンタナ
Tradescantia sillamontana

綿毛のある葉
ラムズイヤー
Stachys byzantina

密綿毛のある葉
月兎耳（つきとじ）
Kalanchoe tomentosa

茎針
サンショウ
Zanthoxylum piperitum

葉針
托葉が変化した刺
亜阿相界（ああそうかい）
Pachypodium geayi

刺状突起体
バラ
Rosa cv.

● **刺** [prickle, spine]

植物体の表面から突起して先端が尖った針状の硬い突起物の総称。多くは枝が変形したものですが、葉柄、托葉（94頁）やその他の部分から変化したものです。変形した器官の種類により、枝が変化したものを**茎針**（90頁）、葉が変化したものを**葉針**（103頁）、根が変化した**根針** [root thorn] などに区別されます。バラ属（*Rosa*）に見られる刺は表皮から生じたもので、**刺状突起体** [prickle] と呼びます。

● **巻きひげ** [tendril]

他物に巻きつくための器官のうち、葉や茎の一部などが変形して、細長いつる状になった器官を**巻きひげ**と呼びます。葉の一部の葉身（92頁）、羽状複葉の小葉（95頁）、葉柄（94頁）などが変形したものは、**葉巻きひげ** [leaf tendril] と呼びます。スイートピー（*Lathyrus odoratus*）は羽状複葉の先端の葉軸が巻きひげとなっています。クレマチス属（*Clematis*）では、複葉の小葉柄が巻きひげとなっています（写真146頁）。
一方、茎が変形したものは、**茎巻きひげ** [stem tendril] と呼び、トケイソウ（*Passiflora caerulea*）など

葉巻きひげ
スイート・ピー
Lathyrus odoratus cv.

葉巻きひげ
クレマチス
Clematis cv.

茎巻きひげ
トケイソウ
Passiflora caerulea

で見られます。
　巻きひげは、螺旋状にねじれて他物に絡みつき、その後、中間付近を起点に互いに逆方向に巻いてスプリング状になることがあります。

● 腺 [gland]
　蜜や粘液、油性の物質などを分泌するものを**腺**といいます。花や葉などにあります。このうち、毛のようになり先端が球状で中に分泌物を蓄えたものは**腺毛**（143頁）といいます。
　また、糖を含む甘い蜜を分泌する腺を**蜜腺** [nectary] と呼びます。このうち、花にあるものを**花内蜜腺** [floral nectary] といい、花以外にあるものを**花外蜜腺** [extra floral nectary] といいます。花外蜜腺は葉柄や托葉などにあることが多いようです。蜜腺は花粉を媒介する昆虫などを引き付ける役目があります。

スプリング状になった茎巻きひげ
ニガウリ
Momordica charantia

● 腺点 [punctate gland]
　ミカン科やオトギリソウ科などの葉に散在して見られる、精油成分を分泌する精油細胞が表面に生じた小点をいいます。**油点** [oil spot] とも呼びます。

● 乳液 [latex]
　トウダイグサ科、クワ科、キョウチクトウ科、キク科などの植物で、植物体に傷をつけると白色の乳状の液が出てくることがあり、これを**乳液**といいます。乳液を分泌する組織を**乳管** [lactiferous vessel] と呼びます。乳液の中には、主として弾性ゴムを含み、そのほかでんぷん、酵素、アルカロイドなどが含まれています。

葉柄にある花外蜜腺
オオミトケイソウ
Passiflora quadrangularis

乳液
ベンジャミンゴムノキ
'スターライト'
Ficus benjamina 'Starlight'

乳液の採取
パラゴムノキ
Hevea brasiliensis
タイにて

パラゴムノキの乳液による
天然ゴムの生産
タイにて

　天然ゴムの主要資源植物として重要なパラゴムノキ（Hevea brasiliensis）では、乳液中に重量比でゴム炭化水素が35.6％含まれています。

● **付属体** [appendage]

　様々な組織についた小片のことで、特別にそれを示す専門用語をつくる必要がない時、単に**付属体**と呼んでいます。したがって、付属体といっても個々によってその示すものが異なります。ふつう、付属しているもの名称と組み合わせて、○○○の付属体というように表現します。
　例えば、ウラシマソウ（Arisaema thunbergii subsp. urashima）では、肉穂花序（123頁）の先端にある付属体が糸状に長く伸び出ています。ユキモチソウ（Arisaema sikokianum）では、肉穂花序の先端にある

花序の付属体
ウラシマソウ
Arisaema thunbergii subsp. urashima
和名は付属体を浦島太郎の釣糸に見立てたもの

花序の付属体
ユキモチソウ
Arisaema sikokianum
和名は付属体をつきたての餅に見立てたもの

花弁状の花序の付属体
ユーフォルビア・フルゲンス
Euphorbia fulgens

付属体は白色で、根棒状に伸びて、先が頭状に膨れます。また、切り花として利用されるユーフォルビア・フルゲンス（*Euphorbia fulgens*）の花弁状の観賞部は、杯状花序（128頁）の先端についており、花序の付属体です。一方、よく似たハンキリン（*Euphorbia milii*）では、やはり花弁状のものがありますが、杯状花序の基部についているので、これは苞となります（102頁）。

● **組織** [tissue]　**器官** [organ]

　形態的にも機能的にもよく似た細胞の集まりを**組織**といいます（例えば、維管束、毛、腺など）。いくつかの組織が集まって、形態的にも機能的にもまとまった、植物体を構成する大きな単位を**器官**と呼びます。植物の基本的な器官としては、根、茎、葉があげられます。これに花を加えることもありますが、花は特殊化した葉と茎と考えるため、ふつうは基本的な器官には加えません。

コラム │ エナメル質の光沢を放つエナメル・オーキッド

エナメル加工をしたバッグや靴のように光を受けて輝く質感の花があります。オーストラリア・西オーストラリア州南西部に分布するラン科植物のエリスランテラ属（*Elythranthera*）で、2種が知られます。いずれもエナメル光沢を放つランとして有名で、ともにエナメル・オーキッドと呼ばれます。触れてみても質感はエナメルそのものです。パープル・エナメル・オーキッド（purple enamel orchid）と呼ばれるエリスランテラ・ブルノニス（*Elythranthera brunonis*）は花径が1〜3cmと小さいランです。ピンク・エナメル・オーキッド（pink enamel orchid）と呼ばれるエリスランテラ・エマルギナタ（*Elythranthera emarginata*）は花径が3〜5cmとやや大きく、花色以外でも両種を区別することができます。また、両種の雑種エリスランテラ・インテルメディア（*Elythranthera* × *intermedia*）が知られます。

（左）エリスランテラ・ブルノニス
（パープル・エナメル・オーキッド）
Elythranthera brunonis

（右）エリスランテラ・エマルギナタ
（ピンク・エナメル・オーキッド）
Elythranthera emarginata

Chapter 4

植物の名前

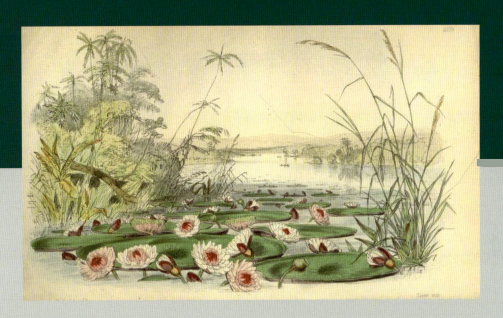

オオオニバス
Victoria amazonica
Curtis's Botanical Magazine
第4275図(1847)
出典／The Biodiversity Heritage Library

植物の正確な情報を得るためには、植物の名前がわかることが重要です。しかし、植物はいろいろな名前を持っており、様々な表記で流通しています。本章では、和名を含む普通名、流通名、園芸名とともに、世界共通の名前である学名について用いられる用語を解説します。特に、学名については、栽培植物にのみ適用される国際栽培植物命名規約について詳しく説明しました。また、学名を理解しやすくするために、属名、種形容語の由来を示しました。

4-1 植物名の表記

● **普通名** [common name]

後述する**学名**(151頁)が世界共通の名前であるのに対し、それぞれの国でその国の言語により、植物に名前がつけられ、これを**普通名**といいます。一つひとつの**種** [species 省略形：sp.] について与えられた名前のほか、ある一定のグループ（科、属単位など）につけられたものもあります。

日本では自国の植物に対しては、種ごとに名前をつけるのが一般的です。しかし、他国では生活に関係の深い植物には種ごとの普通名を与えますが、あまり関心のない植物には種ごとの名前をつけていないことがよくあります。普通名には後述の学名のように、一定の規則などはつくられていません。

日本での普通名を**和名** [Japanese name] といい、カタカナ表記を行います。とくに日本原産の植物の場合、自然発生的につけられたものが多く、植物学上の同じ種に別の名前がつけられたり、別種に同じ名前を与えたりする場合もあります。また、人間生活に密接に関係がある植物では、その地域ごとに多くの名前がつけられ、その地域の人でないと理解できないことがおこります。

例えば、秋のお彼岸頃の風物詩でもあるヒガンバナはマンジュシャゲなど、主な名前だけでも50種類以上あるとされ（表4.1）、細かい変化を含めると1000以上あるそうです。一つひとつを調べると、その植物と人間の関係が考察されて興味深いですが、多くの人と情報交換する場合は不便なものです。

そこで共通して使用することができる和名を一つ決め、それを**標準和名**といい、一般に、和名といえばこの標準和名をさしています。標準和名を定める規則は特にありません。標準和名以外の各地でそれぞれにつけられている和名を**別名**や**俗名**、**地方名** [local name] などと呼んでいます。

ヒガンバナ
Lycoris radiata

表4.1 ヒガンバナ (*Lycoris radiata*) に対する名前

学 名		*Lycoris radiata* (L'Hérit.) Herb.
異 名		*Amaryllis radiata* L'Hérit. *Nerine japonica* Miq.
普通名	和名（標準和名）	ヒガンバナ
	別名	アカオニ、アメフラシ、イカリバナ、イチジバナ、イッシキバナ、イッポンカッポン、ウシノニンニク、ウチヘモッテクルトカジニナル、オニカブト、オニユリ、オバケ、オミコシサン、カジバナ、カッタロ、カミナリ、キツネノイモ、キツネノカミソリ、キツネノカンザシ、キツネノタイマツ、クビカザリグサ、シイレイ、シタヌグイ、シタマガリ、ジュウゴヤ、ジュズバナ、シログワイ、ステゴバナ、タコイモ、タンボバナ、チカラコ、チンカラポン、チンチンドウロウ、ドクバナ、ネコグルマ、ノダイマツ、ハナシグサ、ハナチョウチン、ハナビバナ、ハミズハナミズ、ヒイヒリコッコ、ヒグルマ、フデバナ、ヘビバナ、マンジュシャゲ、ミチマヨイ
	英語名	red spider lily, spider lily
	ドイツ語名	Strahlige Lycoris
	フランス語名	Lycoris radiée, Amaryllide radiée
	中国名	石蒜

植物や動物の分類は、種を基本として、よく似た種を集めて**属**[genus]というグループ、よく似た属を集めて**科**[family]というグループというように低次から高次に階級をつくって分類されています。また、種はさらに細かく分類されることがあり、**亜種**[subspecies 省略形：subsp.]、**変種**[variety 省略形：var.]、**品種**[form 省略形：f.]などに区分されます。これらのグループを、それぞれ**分類群**(taxon, 複数形は taxa)といい、その階級を**分類階級**[rank, category]（表4.2）といっています。標準和名もそれぞれの分類群に対して与えられています。

属に対する標準和名は、一般にその属内の代表種の標準和名を語幹とし、それに属や科という分類群を示す語をつけて表します。例えば、アカネ科などです。しかし、その分類群のなかで代表する種が特定できない時は、「サクラ」などの一定の分類群を表す総称を語幹としてサクラ属と表します。ちなみに、サクラという種は存在せず、サクラ属（*Cerasus*）の植物の総称です。

表4.2　主な分類階級

分類階級		学名の語尾	省略形
高次 ↑ 分類階級 ↓ 低次	界		
	門	-phyta	
	綱	-phyta	
	目	-ales	
	科	-aceae	
	属		
	種		sp.
	亜種		subsp.
	変種		var.
	品種		f.

● **流通名**

海外から導入された植物については、すべてに和名をつけることは困難です。和名がない場合、学名（同頁）をカナ読みして流通させる場合がありますが、日本人が学名をカナ読みするには発音が難しいことがよくあります。このような場合、流通場面で通用する名前を与えることがあり、このような名前を**流通名**と呼んでいます。

例えば、トラディスカンティア・シラモンタナ（*Tradescantia sillamontana*）はシラユキヒメまたはホワイト・ベルベット、レケナウルティア・フォルモサ（*Lechenaultia formosa*）はハツコイソウの流通名で知られています。

流通名：シラユキヒメ
トラディスカンティア・シラモンタナ
Tradescantia sillamontana

● **園芸名**

金鯱、奇想天外などのように、主にサボテン科植物や多肉植物につけられている通称名が**園芸名**です。これは日本において、園芸的観点からそれらの植物の愛好家が命名したもので、一般に漢字で表記します。

ふつうは種やそれ以下の亜種、変種、品種などに対してつけられています。

流通名：ハツコイソウ
レケナウルティア・フォルモサ
Lechenaultia formosa

● **学名**[scientific name]

今まで解説してきた名前では、国が異なったり地域が違っ

たりすれば通じません。動植物に国境はありませんので、これらの名前で表現していたのでは不都合が生じます。Aという国でaという植物に薬効があるという論文が発表されても、Bという国ではaという名前は他の植物を示し、それが有毒植物であれば人命にかかわります。

このような不都合を解消するために考案されたものが**学名**で、世界共通の動植物の名前で、国際学会において国際的に決定された**命名規約** [nomenclature] に基づいて命名され、原則として**ラテン語で表記**されます（表記法は152〜165頁）。

植物の場合は、野生植物はもちろん、栽培される園芸植物にも適用される**国際藻類・菌類・植物命名規約** [International Code of Nomenclature for algae, fungi, and plants：ICN] と、栽培植物のみに適用される**国際栽培植物命名規約** [International Code of Nomenclature for Cultivated Plants：ICNCP] があります。

学名はすべての分類群に与えられ、それらはいずれも**分類群名** [taxon name] と呼ばれています。学名には原則として、その学名を命名した**著者名**（命名者名ともいう）をともなうのが正式ですが、省略してもかまいません。

最も基本となる分類階級である**種**に対する学名は、**属名** [genus name] と**種形容語** [specific epithet] の組み合わせで表され、この命名法を**二語名法** [binomial nomenclature]、**二命名法**または**二名法**と呼んでいます。したがって、この学名だけを見ただけで、その種がどの属に含まれるかすぐに判断できるわけです。

この二語名法を最初に提唱したのは、有名なスウェーデンの植物学者、**カール・フォン・リンネ**（34頁）で、彼は属名と、種の性質を示す代表的な形容詞とを組み合わせて種の名前を表記する二語名法により、当時ヨーロッパに知られていた生物の総覧を編集し、それ以後この方法が生物の種の名前を表す便利な方法として適用されるようになりました。1867年、パリで開かれた第1回国際植物学会議で、このリンネの二語名法が正式な種に対する学名として決定されました。その後も、6年ごとに開催される国際植物学会議の命名部会によって改正されています。

リンネの胸像
オーストラリア・アデレード植物園にて

4-2 ｜ 学名の表記法（野生植物）

● **学名表記の基本**

ここでは国際藻類・菌類・植物命名規約に基づいて、野生植物（45頁）の学名表記の要点を解説します。なお、栽培植物に関しては157頁、学名の発音法については165頁にまとめてありますので参照してください。

例えば、アオキの場合は次のように表現します。

Aucuba	*japonica*	Thunb.
属名	種形容語	著者名

Aucuba は、アオキが分類されるアオキ属の**属**に対する**学名**(151頁)です。属に対する学名は名詞の主格で、大文字で書き始めます。属名は原則としてラテン語ですが、ラテン語化した外来語でもよく、ギリシア語なども多く見られます。また、人名や、神話などに登場する神の名前、現地名などがあります。属名には文法上の性があり、男性、女性、中性の3つの性に区別されます。この *Aucuba* の場合は、女性とされています。

　次の *japonica* は、属名を形容して種を表すため、**種形容語**と呼ばれ、属名との組み合わせで種を表す学名となります。種形容語は原則としてその種の特徴をよく表現する形容詞ですが、名詞の所有格、または人名や地域名に基づく固有名詞が用いられます。**種小名**とも呼ばれます。

　種形容語は属名の性に従ってその語尾が変化します。この場合、属名が女性ですので、*japonica* となっており、「日本の」を意味する形容詞です。一般に、男性名詞では –us または –is で、女性名詞では –a または –is で、中性名詞では –um または –e で終わります。種形容語は小文字で書き始めます。

　最後の Thunb. は、この学名を発表した研究者(著者)の名前で、学名の正確さを期する意味で著者の名前を最後につけることになっていますが、前述したように省略してもよいことになっています。本書でも紙幅の関係で省略しています。

　例にあげた Thunb. は、スウェーデンの植物学者で、最初の日本植物誌を著したウプサラ大学の植物学教授、**ツンベルク** (C. P. Thunberg, 177頁) の名を簡略化したものです。もちろん簡略化せずにフルネームの Thunberg と表記してもかまいませんが、一冊の書物としてまとめる場合は、表記法は統一すべきです。簡略形には最後にピリオド(.)をつける必要があります。

　以上は、基本的なもので、印刷上は属名と種形容語はイタリック体、それ以外はローマン体で表します。

　次は、サギソウの場合です。

> *Pecteilis radiata* (Thunb.) Raf.

　Pecteilis は、サギソウが属するサギソウ属を示す学名で、性は女性です。種形容語の *radiate* は「放射状の」を意味する形容詞です。次の、(Thunb.) Raf. は、最初ツンベルクによって *Orchis radiate* という学名で発表されましたが、1836年に19世紀の博物学者のコンスタンティン・サミュエル・ラフィネスク (Constantine Samuel Rafinesque 省略形: Raf.) によってサギソウ属に移されたことを示しています。このように、学名を変更する場合、原著者名は( )内に示します。

　また、著者名で次のような表現がされることがあります。

> ○○○ et △△△

　この場合、et は「および」を意味し、○○○と△△△の共同命名であることを示しています。et は & とも書かれることがあります。

　例：*Columnea hirta* Klotzsch et Hanst.

サギソウ
Pecteilis radiata

コルムネア・ヒルタ
Columnea hirta

○○○ ex △△△

この場合は、ex は「……より」を意味し、○○○がこの植物に最初に名前をつけたが、発表していなかったり、記載をともなわなかったりした名前で、△△△が代わりに発表したことを表しています。

　　例：*Tillandsia cyanea* Linden ex K.Kochi

なお、命名時に植物の特徴を記載し、出版して公表していない名前を**裸名**[nomen nudum] と呼び、正式な学名として認められていません。

チランジア・キアネア
Tillandsia cyanea

● **亜種、変種、品種の場合**
　一つの**種**（省略形：sp.）が、**亜種**[subspecies　省略形：subsp.] や**変種**[variety　省略形：var.]、**品種**[forma　省略形：f.] に分けられる場合、種に対する学名の次に、それぞれの省略形をつけ、その次に種形容語（183頁）に準じた語をつけます。省略形はローマン体で表します。

　　例：*Philodendron hederaceum* (Jacq.) Schott var. *oxycardium* (Schott) Croat

種内に二つ以上の亜種や変種などがある場合、最初にその種を設立した時の種を、**タイプ種**[type species] と呼び、略称の後に同じ種形容語を繰り返し、著者名は書きません。

　　例：*Tradescantia zebrina* Bosse var. *zebrina*

ヒメカズラ
Philodendron hederaceum var. *oxycardium*

● **属名の省略**
　同じ項目内で同じ**属名**（166頁）が続く場合、直後の属名は省略形で表すことができます。ただし、他の属名が間に入れば省略はできません。また、省略できるのは属名だけで、他は省略できません。
　例えば、「*Begonia manicata* と *B. rex*」のように同じ属名が続く場合、直後は *B.* というふうに省略して表現します。この例の場合、著者名は省略しています。

● **属より高次の学名**
　属より高次の分類階級の分類群に対する学名は、特定の語尾をもっています（151頁表4.2）。例えば、**科**の場合は *−aceae* という語尾をもっています。また、すべて名詞として扱い、大文字で書き始めます。
　サトイモ科の場合は、*Araceae* となります。

トラデスカンチア・ゼブリナ
Tradescantia zebrina var. *zebrina*

ただし、表4.3で示した8つの科のみは、**保存名**(同頁)として語尾が *–ae* をもつ学名を使用してもよいことになっています。

また、科をさらに細かく**亜科** [subfamily] に分ける必要がある場合、亜科も特定の語尾 (*-oideae*) を持ちます。

表4.3 語尾に -ae をもつ科名

科名	語尾に -ae をもつ保存名	正名
アブラナ科	*Cruciferae*	*Brassicaceae*
イネ科	*Gramineae*	*Poaceae*
オトギリソウ科	*Guttiferae*	*Clusiaceae*
キク科	*Compositae*	*Asteraceae*
シソ科	*Labiatae*	*Lamiaceae*
セリ科	*Umbelliferae*	*Apiaceae*
マメ科	*Leguminosae*	*Fabaceae*
ヤシ科	*Palmae*	*Arecaceae*

● **正名** [correct name]　**異名** [synonym]

同じ分類群に対して唯一正しい学名(151頁)を**正名**といい、特別な場合を除いて、国際藻類・菌類・植物命名規約(152頁)に合致して最も早く発表された学名を示します。それ以外をすべて**異名**と呼びます。例えば、1つの種の分布域がひろい場合、数人の研究者が同一種と気づかずに別々の学名をつけることがよくおこり、その後の研究で同一種と判断された際は**優先権** [priority] または**先取権**といって、最も早く発表された学名が正名となり、他は異名となります。

また、分類群の位置づけに対する見解が異なる場合、研究者は異名を示すことで、その植物の分類学上の考えを伝えることができます。

● **保存名** [conserved name]

分類上の見解から、学名の変更が行われることがよくありますが、これまで慣れ親しんだ学名が使用できないことは、学名の安定を図る意味からはあまり好ましいことではありません。この観点から、とくに定着・普及した学名は**保存名**として指定し、使用することができます。保存名は国際藻類・菌類・植物命名規約(152頁)の付属リストによって公表されます。

科名には保存名が多く、前述の *–ae* の語尾をもつ学名も含まれます。属名は約1100が保存名です。身近な種名における保存名としては、次のトマトが保存名に指定されています(コラム157頁参照)。

　　[トマト]
　　正　名：*Solanum lycopersicum* L.
　　保存名：*Lycopersicon esculentum* Mill.

● **タイプ** [nomenclatural type]

科以下の分類階級の学名には**タイプ**を指定することが決められています。タイプは**タイプ標本** [type specimen] や**標準標本**とも呼ばれ、見かけの上では1個の植物標本ですが、植物の学名を決める上で大変重要なものです。

植物の学名は分類群に含まれる植物の総称として与えられるのではありません。種に対する学名の場合、ある1点のタイプにまず学名を与え、その標本が有する特徴と同じ特徴を持つ植物に対し、その標本につけられた学名で表現するという方法をとっています。

したがって、新しく発見された植物に対し学名を与えるというのは、いい換えれば1点の植物標本に学名をつけるということになります。

属(151頁)の場合は、その属のものであると考えられる種の1点の標本を指定して属を規定し、その標

本と同じ属であると見なされる種は同じ属として扱われます。属より高次の分類階級では、基準となる属が認定され、それに基づいて学名がつけられます。

このような学名のつけ方を、**基準法**[type method]または**タイプ法**と呼んでいます。

このように、著者が指定した唯一の基準標本はきわめて重要なもので、公開可能な大学や植物園などの**植物標本館**[herbarium]（**ハーバリウム**とも呼ばれる）で保管されることが望まれ、細心の注意の元に保管されるべきである旨が勧告されています。

● **合法名** [legitimate name]

今まで述べてきたように、学名(151頁)は国際的な規則によって成り立っているので、その規則に従っていない名前は正式な学名とは認められません。正式に認められた学名を**合法名**といいます。学名が合法的であると見なされる主な条件としては、次のようなものがあります。

① **タイプ**(155頁)を指定していること。
② 種や属などの**分類階級**(151頁)を示していること。また、示した分類階級に応じた形の学名がつけられていること。
③ 誰にでも入手できる植物学関係の印刷物に公表すること。これを学名の**有効発表**[effective publication]という。

この条件を満たしていないものは、学名らしい名前であっても命名規約通りでないので**裸名**(154頁)といいます。

また、裸名である場合は著者名を表記する位置に nomen nudum（裸名）の略である nom. nud. をつけます。

例：シマジリスミレ

Viola okinawensis K.Nakaj., nom. nud.

裸名の場合、時に Hortorum（庭園の）または Hortulanorum（園芸家の）の略である hort. を著者名を記する位置につけることがよくあります。hort. の後に続く言葉は、一般的にはその植物が発表されたカタログなどを刊行した種苗会社名が多く見られます。

例：*Dracaena thalioides* hort. Makoy ex E.Morr.

この場合、Jacob-Makoy & Cie という種苗会社のカタログで発表された名前を使って、後にベルギーの植物学者モーレン（C. J. É. Morren）によって正式に命名されたことを示しています。なお、上記の学名は、*Dracaena thalioides* Makoy ex E. Morris が正名として認められています。

> **コラム │ トマトの学名について**
>
> カール・フォン・リンネは、トマトをナス属（*Solanum*）に含めて *lycopersicum*（ギリシア語 lycos '狼' + persicos '桃'）という種形容語を与え、学名を *Solanum lycopersicum* としました。しかし、1768年にフィリップ・ミラー（Philip Miller, 1691-1771）がトマト属（*Lycopersicon*）を設立して命名した *Lycopersicon esculentum* がトマトの学名としてひろく用いられてきました。命名規約上、この学名は種形容語を変えずに *Lycopersicon lycopersicum* とすべきであり、不適切な学名ですが、ひろく普及していたため保存名とされています。1990年代ごろからの DNA 系統解析の結果、リンネの見解であったナス属（*Solanum*）に戻すことが適切であると考えられ、現在の正名は *Solanum lycopersicum* と考えられています。

4-3 　学名の表記法（栽培植物）

栽培植物（47頁）については**国際栽培植物命名規約**が用意されています。もちろん栽培植物も植物には変わりありませんので、やはり国際藻類・菌類・植物命名規約に従って学名がつけられますが、栽培植物には**野生植物**（45頁）には該当しない事柄が含まれていることから、とくに用意されたものです。

以下、その概要を解説します。ただし、種間雑種は野生植物にもよく見られ、国際藻類・菌類・植物命名規約において規定されています。

● **雑種** [hybrid]

遺伝的に異なる2個体の**交配** [mating] を**交雑** [hybridization, cross] といい、その結果生じる子孫を**雑種**または**交雑種**と呼びます。同じ属内の異なる種と種の間で生じた雑種を**種間雑種** [interspecific hybrid, interspecies hybrid] といいます。野生の植物でもこのような例が多く、この場合、**自然雑種** [natural hybrid] といいます。また、人工的に作出された場合、**人工雑種** [artificial hybrid] といいます。いずれの場合も、種形容語の前に乗法記号 × をつけて示します。しかし、雑種起源と信じられている分類群は必ずしも必要ありません。例えば、観賞用にひろく栽培されているハゴロモルコウは、ルコウソウ（*Ipomoea quamoclit*）とマルバルコウソウ（*Ipomoea rubriflora*）との交雑により作出された雑種です。学名は以下のように表記します。

Ipomoea	×	*multifidi*	(Raf.) Shinners
属名	記号	種形容語	著者名

また、正式に学名がつけられていない場合などでは、交雑親の両親の学名を使い、次のように雑種式として表記することができます。

Masdevallia aenigma × *M. angulata*

この場合、両親の学名はアルファベット順が望ましいとされています。

また、同じ科内の異なる属間で生じた雑種を**属間雑種** [intergeneric hybrid] といいます。この場合、自然界にない新しい**雑種属** [nothogenus] ができるので、新しい属名を命名し、その属名の前に × の記号をつけて示します。

ラン科植物は、属間雑種が多いことでよく知られています。例えば、リンコレリア属 (*Rhyncholaelia*) とカトレヤ属 (*Cattleya*) の2つの属が交雑にかかわって生じた雑種属は、次のように表現されます。

×	*Rhyncholaeliocattleya*	hort.
記号	雑種属名	裸名であることを示す

この雑種属のグレックス名は、例えば次のように示します。

×	*Rhyncholaeliocattleya*	Bryce Canyon
記号	雑種属名	グレックス形容語

なお、グレックス名は、栽培品種名とは異なるもので、161頁で詳しく解説します。

また、雑種属名は、

Rhyncholaelia × *Cattleya*

のように、雑種式として表すことも可能です。

● **接ぎ木雑種** [graft hybrid]

接ぎ木 (207頁) によって生じた雑種を**接ぎ木雑種**と呼びます。

同じ属内の異なる種と種の間で生じた雑種を**種間接ぎ木雑種** [interspecific graft hybrid] と呼び、種形容語の前に加法記号 + をつけて表現します。

例：*Syringa + correlate*

同じ科内の属間で生じた雑種を**属間接ぎ木雑種** [intergeneric graft hybrid] と呼び、自然界にない新しい雑種属ができるので、新しい属名を命名し、その属名の前に + の記号をつけて示します。

+	*Laburnocytisus*	C. K. Schneid.
記号	雑種属名	著者名

また、雑種式として示すことも可能です。

例：*Laburnum + Cytisus*

● **細胞融合雑種** [cell fusion hybrid]

細胞融合で生じた雑種を**細胞融合雑種**と呼びます。表現法は雑種、接ぎ木雑種と同様で、記号は (×) を使います。

例えば、アメリカニレ (*Ulmus americana*) とアキニレ (*Ulmus parviflora*) の細胞融合雑種の場合は、*Ulmus americana* (×) *U. parviflora* となります。

● 栽培品種 [cultivar]

　野生植物においては、例えば花の色変わりなどは、様々な色変わりが連続して自然界に現れる場合、一つひとつの個体に学名をつけることはありません。しかし、園芸においては、形態や特性に園芸上の価値がある場合、他のものと区別できる名前が必要です。

　このように、園芸上区別される個体群を**栽培品種**といい、**園芸品種**とも呼ばれます。農学および園芸学上の用語で、「農学および園芸上に意義のあるなんらかの形態や特性で、明らかに他の栽培品種と区別でき、同じ条件下で、通常の繁殖法により少なくとも数代（さし木繁殖などの栄養繁殖では数回）は、ある特定の遺伝子型として、その形態と特性を子孫に伝えることができる栽培植物の個体群」と定義することができます。これは野生植物には存在しないもので、英語で cultivar と表現されます。アメリカの植物学者ベイリー（L. H. Bailey）が編み出した用語で、cultivated variety から派生したものです。日本の園芸書籍などでは、省略して慣用的に「品種」と表記されることがありますが、植物学上の分類階級としての品種がありますので、混乱する可能性がある場合は使用しないほうがよいでしょう。

　栽培品種名（または**園芸品種名**）は、所属する属以下の分類群の正名（155頁）に**栽培品種形容語** [cultivar epithet] を組み合わせたものとされています。栽培品種は、野生植物で見られるような科、属、種、亜種、変種、品種のように、高次から低次にいたる階級がありません。したがって野生植物では、ある変種の亜種というものは存在しませんが、栽培品種の場合は、基本的にはどの分類階級の栽培品種としても、原則的には存在します。例えば、育種過程が複雑で、種間交雑により作成されたものや、枝変わりから育成されたものなどが、一つの栽培品種群として認識されている場合、種レベルの学名をつけることが不可能となり、後述するように属レベルの栽培品種として表現されることがよくあります。

　それでは、基本的な表記の仕方を示します。例えば、シクラメンの栽培品種の改良のもととなったシクラメン・ペルシクムの学名は、

　　　Cyclamen persicum

と表記しますが、その栽培品種'バッハ'の栽培品種名は、次のように表記します。

　　　Cyclamen persicum　　　'Bach'
　　　種に対する学名　　　　一重引用符（' '）で囲った栽培品種形容語

この場合、著者名は省略しています（以下同様）。

　ここで注意しないといけないのは、栽培品種名は、上記の例で示すと、下記の囲った

　　　Cyclamen persicum 'Bach'

全体を示し、一重引用符（' '）で囲った栽培品種形容語である'Bach'ではないということです。日本では栽培品種名を栽培品種形容語と誤認されていることが多いので、注意が必要です。

　これまで、属する分類階級の学名の後に栽培品種 [cultivar] の略号 cv. をつけ、栽培品種形容語を表記することが認められていましたが、国際栽培植物命名規約第7版（2004年）から認められなくなりました。

シクラメン'バッハ'
Cyclamen persicum 'Bach'

ヒメカズラ'ブラジル'
Philodendron hederaceum var. *oxycardium* 'Brasil'

クリスマスカクタス'リタ'
Schlumbergera × *buckleyi* 'Rita'

アキメネス'ハピネス'
Achimenes 'Happiness'

トルコギキョウ'あすかの粧'
Eustoma grandiflorum 'Asuka-no-yosooi'

亜種や変種、品種の栽培品種の場合も同様です。
 例：*Philodendron hederaceum* var. *oxycardium* 'Brasil'

雑種の場合も同様です。例えば、クリスマスカクタスの栽培品種'リタ'の場合、
 Schlumbergera × *buckleyi* 'Rita'
と表記します。
また、栽培品種名であることを満たす必要最低限の要素は、栽培品種形容語とラテン語形の属名、あるいは明確な当該属名と同等の意味を持つ普通名との組み合わせとされています。
前者の例としては、アキメネス属の栽培品種'ハピネス'の場合は、次のように表記します。
 Achimenes 'Happiness'
後者の例としては、リンゴの栽培品種'ふじ'の場合は、次のように表記できます。
 apple 'Fuji'
なお、国際栽培植物命名規約においては、ローマ字体に書き換えられた日本語名は栽培品種形容語として使用できます。
例えば、トルコギキョウの栽培品種'あすかの粧'の場合、
 Eustoma grandiflorum 'Asuka-no-yosooi'
となります。
しかし、属名に相当する日本語の部分は削除する必要があります。
例えば、オウゴンセトウチギボウシの場合、栽培品種形容語には「ギボウシ」は削除して、
 Hosta pycnophylla 'Ougon Setouchi'
となります。

● **グループ** [Group]
国際栽培植物命名規約第7版(2004年)から、**グループ**という概念が適用されるようになりました。グループとは、明確な類似性がある栽培品種群をまとめたものです。
グループ名は、所属する属以下の分類群の正名(155頁)に**グループ形容語**[Group epithet]を組み合わ

せたものです。

例えば、ベゴニア・センパフローレンスは、次のように表記されます。

 Begonia Semperflorens-cultorum Group

この例で示される Semperflorens-cultorum Group を、グループ形容語といいます。
栽培品種名(159頁)の一部として用いる時は、グループ形容語を丸括弧で囲み、栽培品種形容語の直前に置きます。例えば、

 Begonia (Semperflorens-cultorum Group) 'Bicolor'

● **グレックス** [grex]

グレックスとは、**ラン科植物**の命名法で使用されるグループ(160頁)の特殊なタイプで、同じ交雑親を起源とするすべての個体をグレックス(grex, 群という意味)として扱い、ラテン語でなく現代語を使ったアルファベットで名前をつけています。

グレックス名は、所属する属以下の分類群の正名(155頁)に**グレックス形容語**[grex epithet]を組み合わせたものです。

例えば、カトレヤ・ダウィアナ(*Cattleya dowiana*)とカトレヤ・ラビアタ(*Cattleya labiata*)とを交雑して作出された個体は、どれほど個体間で変異があっても、作出された個体群は同じグレックスとして扱い、カトレヤ・フェイビア(*Cattleya* Fabia)というグレックス名が与えられます(図4.1)。また、親の亜種や変種、個体が異なることは区別せず、同じグレックスとして扱います。グレックス形容語や個体名も、ローマン体で表記します。

同じグレックス内で、特定の個体を区別する必要がある場合、ふつうは一重引用符('　')に囲んで表記します。これは**個体名**と呼ばれ、例えば株分けや組織培養などのような栄養繁殖(210頁)でふやされる限り、同じ個体として扱われます。

この個体名は栽培品種形容語(159頁)とほぼ同じ概念で、とくに栄養繁殖系の栽培品種と同じものです。

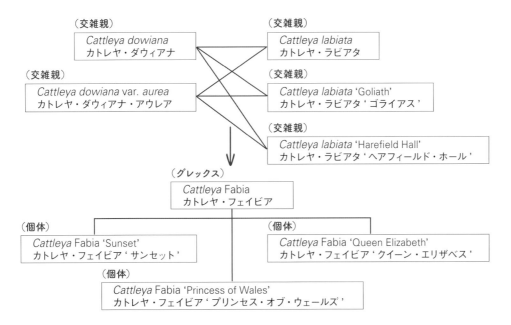

図 4.1　グレックスと個体の関係図

このようなグレックスという概念は雑種の系統を調べる意味で大変重宝なものですが、古くから交雑が行われた栽培植物の場合、初期の交雑記録がすでになく、このような概念が定着していません。幸い、ラン科植物の場合、交雑の歴史が比較的新しく、1895年にはイギリスのサンダー社が交雑種の登録制度を行い、1961年からはイギリスの**英国王立園芸協会**がこの制度を引き継ぎ、『Sander's List of Orchid Hybrids』として順次出版されています。

（上）リンコレリオカトレヤ・ジョージ・キング 'セレンディピティ'
× *Rhyncholaeliocattleya* George King 'Serendipity'

（左）カランテ・ドミニー
Calanthe Dominii
(Curtis's Botanical Magazine, Tab.5042, 1858　出典／Wikimedia Commons)

ちなみに、ラン科植物の最初の人工交雑による雑種の作出は、イギリスにおいて行われ、ビーチ商会の栽培主任である**ドミニー**（J. Dominy, 1816-1891）は、エビネ属のカランテ・マスカ（*Calanthe masuca*）とツルラン（*Calanthe triplicata*）とを交雑しています。この交雑により作出された雑種は、1856年に初めて開花し、ドミニー氏の偉業を称え、カランテ・ドミニー（*Calanthe* Dominii）という名前がつけられています。この場合の *Calanthe* Dominii がグレックス名で、他の人が他の個体の交雑親を使って雑種をつくっても、同じグレックス名で扱われることになります。

グレックス名は次のように表記します。

　　　× *Rhyncholaeliocattleya*　　　George King
　　　　　属名　　　　　　　　　　グレックス形容語

個体名を示す場合は、以下のように表記します。

　　　× *Rhyncholaeliocattleya* George King 'Serendipity'

● **販売名** [trade designation]

園芸的に改良された植物が流通する場合、栽培品種形容語（159頁）がありながら販売上の都合で別の呼称を付与される場合があります。正名（155頁）が消費者に魅力的でないなど、販売などの商業取引に適さないとみなされる時、商業取引に用いられる名前を、現規約では**販売名**と位置づけています。販売名は常に正名とともに、または並列して表示する必要があります。

栽培品種形容語であるかのように一重引用符（' '）で括って表記してはならないと定められています。また、栽培品種形容語またはグループ形容語（160頁）から印刷上、区別するために異なる字体（例えば、小型英大文字など）で表示できるとなっています。

バラには販売名で流通しているものが多く、例えば1956年に栽培

販売名：グレイス・ドゥ・モナコ
バラ
Rosa Grace de Monaco ('Meimit')

品種形容語 'Meimit' を持つバラが発表されましたが、モナコ公国の故グレイス大公妃の結婚式用に準備されたことから、Grace de Monaco の名で流通されています。この場合、以下のように表記されます。

　　例：*Rosa* Grace de Monaco ('Meimit')

● 商標[trademark]　登録商標[registered trademark]

　商標とは、特定の企業の製品（植物の場合は栽培植物）を特殊化し、かつ競合企業の製品から識別されるもので、その商標が登録されているか否かは関係ありません。TMをつけて表記されます。

　　例：ペチュニア　ドルチェ・フランベ
　　　Petunia Dolce™ Flambe

　登録商標とは、商標を扱う行政機関（日本では特許庁）によって公式に許可された商標で、国際的なシンボル記号 ® によって識別されます。

　　例：ペチュニア　ウェーブ・ラベンダー
　　　Petunia Wave® Lavender

　なお、国際栽培植物命名規約では、登録商標を含む商標は特定の人や法人の知的財産で、誰もが普遍的かつ自由に使用できないことから、名前とは認めておらず、本規約は適用されないとしています。したがって、商標、登録商標は栽培品種形容語のように一重引用符（' '）で囲まないようにします。

登録商標
ペチュニア　ウェーブ・ラベンダー
Petunia Wave® Lavender

● ラン科植物の属名省略

　ラン科植物の場合、野生種だけでも2万〜2万5000種もあるといわれ、個体間の変異の幅もひろく、また多くの雑種が作出され、さらに近縁の属間で多くの属間交雑が行われています。このため種類がきわめて多く、個体ごとに正確な学名を記入したラベルをつけて流通しないと、名前が混乱して大変なことになります。とくに雑種の場合、同じグレックス（161頁）の個体差を区別するのは、よほど特徴的な形質がない限り不可能です。

　このため、販売などを行う時もラベルつきが一般的で、ラベルのない株は価値がほとんどなくなるとさえいわれています。ラベルのスペースには限りがあるので、ランの園芸界では、学名の属名に限り、独自の略号を決めて使用することが一般的で、イタリック体で表記します。この略号はすべての属名に対して指定されているものではなく、また属間交雑により作出された雑種属は乗法記号の × も省略されます（164頁表4.4）。

略号を使い、個体名も付記した表記としては、次のようになります。

　　　Rlc.　　　　George King　　　'Serendipity'
　　　属名の略号　　グレックス形容語　個体名

また、ラン科植物では、入賞記録として、賞名の略号と授賞審査会の略号を付記することがあります。例えば、

Rlc. George King 'Serendipity'- <u>AM/AOS</u>
　　　　　　　　　　　　入賞記録

のように、賞名／授賞審査会として表記します。

表4.4　ラン科植物の主な属と略号

学　名	カナ読み	略号	雑種式
Aerides	エリデス	Aer.	
× *Ascocenda*	アスコケンダ	Ascda.	*Ascocentrum* × *Vanda*
Ascocentrum	アスコケントルム	Asctm.	
× *Ascofinetia*	アスコフィネテイア	Ascf.	*Ascocentrum* × *Neofinetia*
Brassavola	ブラッサヴォラ	B.	
× *Brassocattleya*	ブラッソカトレヤ	Bc.	*Brassavola* × *Cattleya*
× *Brassolaeliocattleya*	ブラッソレリオカトレヤ	Blc.	*Brassavola* × *Cattleya* × *Laelia*
Bulbophyllum	ブルボフィルム	Bulb.	
Calanthe	カランテ	Cal.	
Catasetum	カタセツム	Ctsm.	
Cattleya	カトレヤ	C.	
× *Cattlianthe*	カトリアンセ	Ctt.	*Cattleya* × *Guarianthe*
Coelogyne	セロジネ	Coel.	
Cymbidium	シンビディウム	Cym.	
Dendrobium	デンドロビウム	Den.	
Epidendrum	エピデンドルム	Epi.	
Guarianthe	グアリアンセ	Gur.	
Habenaria	ハベナリア	Hab.	
Laelia	レリア	L.	
× *Laelianthe*	レリアンセ	Lnt.	*Guarianthe* × *Laelia*
× *Laeliocattleya*	レリオカトレヤ	Lc.	*Cattleya* × *Laelia*
Lycaste	リカステ	Lyc.	
Masdevallia	マスデバリア	Masd.	
Miltonia	ミルトニア	Milt.	
Oncidium	オンシディウム	Onc.	
Paphiopedilum	パフィオペディルム	Paph.	
Phalaenopsis	ファレノプシス	Phal.	
Phragmipedium	フラグミペディウム	Phrag.	
Renanthera	レナンテラ	Ren.	
Rhynchostylis	リンコスティリス	Rhy.	
Rodriguezia	ロドリゲシア	Rdza.	
Rhyncholaelia	リンコレリア	Rl.	
× *Rhyncholaeliocattleya*	リンコレリオカトレヤ	Rlc.	*Cattleya* × *Rhyncholaelia*
Vanda	バンダ	V.	
Zygopetalum	ジゴペタルム	Z.	

それぞれの略号の意味はランの専門書などを参照してください。上記の場合、**アメリカ蘭協会**（略号 AOS）で第2席（略号 AM, 通常80〜89点で銀賞に相当する）に入賞したことを示しています。

● 特殊な学名表記

次に特殊な学名表記の例について紹介しておきます。

野生植物（45頁）が属まで特定または推定できて、種の階級まではまだわからない場合、種 [species] の略称である sp. を属名の後につけます。

例えば、イチジク（*Ficus carica*）やインドゴムノキ（*Ficus elastica*）などを含むイチジク属であることがわかっている種の場合は、*Ficus* sp. と表記できます。

また、その属の複数の種を示す場合、種の複数形（species, この場合スペルは同じ）の略称である spp. を属名の後につけて表すことができます。

　　例：*Ficus* spp.

栽培品種であることはわかっても、栽培品種形容語がわからない場合は、栽培品種 [cultivar] の略称である cv. のみを表記します。

例えば、コリウスの栽培品種であることのみがわかっている場合、*Plectranthus scutellarioides* cv. となります。

また、複数の栽培品種を示したい場合は、栽培品種の複数形 [cultivars] の略称 cvs. で表記します。

　　例：*Plectranthus scutellarioides* cvs.

コリウスの栽培品種群
Plectranthus scutellarioides cvs.

● 学名の発音

今まで、学名について解説してきましたが、読者の皆さんの最も気になるのが、発音のことだと思います。学名は、栽培品種形容語（159頁）、グレックス形容語（161頁）などを除いて、原則として**ラテン語**で表記されています。

現在ではラテン語を国語として日常生活で使用している国はありません。言語というのは日常言語として使用されていると、時代によって意味が変わっていくことがよくありますが、ラテン語にはその心配はありません。しかし反対に、現実にこのように発音されているというお手本がないため、混乱が生じることがあります。

例えば、イチジク属の属名である *Ficus* の場合、人によってフィカスやファイカス、フィクスなどと発音されます。学名は基本的に書き言葉で、そのスペルが最も大切ですから、発音について国際的な取り決めはありません。しかし、現実的には発音せずに情報交換することは不可能なことも多く、できれば統一したいものです。

本書では、国際的に標準的とされる発音法を基本的に採用している『園芸植物大事典』（小学館）に準拠しています。この方法は、日本人がローマ字を発音する場合とよく似ていますが、以下の点が少し異なるので注意するとよいでしょう。このラテン語の発音法が適用されるのは、イタリック体で表記されている部分です。

①基本的な発音
　　ae　アエ、時にエ
　　c　カ キ ク ケ コ、時にサ シ ス セ ソ
　　ch　カ キ ク ケ コ
　　eu　エウ、時にユー
　　ium　イウム
　　j　ヤ ユ イェ ヨ
　　oe　オエ、時にエ
　　ph　ファ フィ フ フェ フォ
　　qu　クア クイ ク クエ クオ
　　th　タ ティ ツ テ ト
　　v　ウァ ウィ ウ ウェ ウォ、時にバ ビ ブ ベ ボ
　　x　クサ クシ クス クセ クソ
　　y　イ
②子音の後に母音がない場合、子音の次に *u* を入れたように発音する。
　　例：*pto*　プト
　　また、*tr*、*dr* では *o* を入れたように発音する。
　　例：*dendro*　デンドロ
③ *mb* や *mp* では、*m* はンと発音する。
④同じ子音が2回続く場合は促音となる。
　　例：*Passiflora coccinea*　パッシフロラ・コッキネア
　　ただし、*ll* や *rr* は、*l* や *r* として発音する。
　　例：*pulcherrima*　プルケリマ
⑤人名や地名など固有名詞に由来するものは、できるだけその国の発音に近づける。これが最も難しく、とくにあまり馴染みのない言語では苦労します。
⑥ラテン語の母音には長音と短音の区別があるが、ローマ帝国の末期にはその区別が失われていたこともあり、長音符号（ー）は原則として用いません。
　　例：*flora*　フローラではなくフロラとする。

パッシフロラ・コッキネア
Passiflora coccinea

ローマン体で表記した、栽培品種形容語やグレックス形容語、個体名などは、その国の発音に近づけます。一般に、英語による表記が多く、その場合は英語読みによるカナ表記とします。

4-4　属名

属という分類階級は、私たちにとって比較的身近なグループだと思います。園芸植物においては、属に対する学名のカタカナ読みだけで表現することがよくあります。例えば、プリムラはサクラソウ属

(*Primula*) のうちでも、園芸的によく利用されるものを総称して呼んでいます。

　また、種に対する**学名**（151頁）も、**属名**と**種形容語**の組み合わせによる**二語名法**（152頁）で表されるため、属名を理解できると、学名にずいぶん親しみがもてます。

　少しでも属名に対して親しめるように、園芸植物の中でも種類の多い観賞植物を中心に、主な属名の由来別に分類して解説します。また、このように発音すれば標準的だと考えられるカナ読みも参考に記しました。この読みは、原則的に『園芸植物大事典』（小学館）に準拠しました。また、属に対する和名があるものは表内に記しました。属に対する和名がないものは、学名のカナ読みに「属」をつけて表現するのが一般的です。

　　　例：エクメア属（*Aechmea*）など。

　また、表にはその属の主な種類を示しました。この場合の学名は、属名を略して表しています。園芸的によく使用される呼び方がある場合、学名のカナ読みよりも慣行のカナ読みを優先しました。

　例えば、園芸的によく利用されるシクラメン（*Cyclamen persicum*）は、キクラメンとは表現していません。したがって、学名のカナ読みの項目と一致していませんが、ご了承ください。

　また、主な種類の項目中、「園：」とあるのは、**園芸名**（151頁）を示しています。

　属名の前につけた記号（★ ☆ ◎）は性別を表しています。ラテン語では、すべての名詞が男性、女性、中性に分けられています。属名も名詞であるため、われわれにはちょっと理解しにくい性の区別がされます。この性の区別により、種形容語の語尾変化が異なるので、あえてここで記すことにしました。

　属の学名に対するカナ読みは、人名、地名、現地名など固有名詞に由来するものは、できるだけその国の発音に近づけるように推奨されています。しかし、これがなかなか難しく、とくに園芸上、属名はよく使われるため、その国の発音とは異なっていても、一度定着したカナ読みを修正するのは困難です。

　例えば、*Abelia* をアベリアではなく、エイベリアと発音するようにといっても、すでに園芸上よく使われている場合は、実際には修正は困難でしょう。

　このような理由から、本来のカナ読みのあとに、実際に園芸上、発音されているカナ読みをカッコ内に表記しました。日常使われる時は、こちらのほうがよく通じるでしょう。

　ただし、園芸上、頻繁に使われる属名でなければ、徐々にでも本来の発音に近づける努力はしていったほうがよいと思います。

●形態などに由来する属名　　　　属名欄の記号は性別（★＝男性、☆＝女性、◎＝中性）、主な種類の園は園芸名を表す。

属名（学名） カナ読み	属名（和名） 科名	由来	主な種類
☆ *Aechmea* エクメア	サンゴアナナス属 パイナップル科	ギリシア語の aichme（尖った先端）により、萼の先端が尖っていることに由来する。	エクメア・ファスキアタ （*A. fasciata*）
◎ *Antirrhinum* アンティリヌム	キンギョソウ属 オオバコ科	ギリシア語の anti（〜のような）と rhinos（鼻）の2語により花の形態に由来する。	キンギョソウ （*A. majus*）
◎ *Anthurium* アンスリウム	ベニウチワ属 サトイモ科	ギリシア語の anthos（花）と oura（尾）の2語により尾状の肉穂花序に由来する。	アンスリウム・アンドレアヌム （*A. andreanum*）
☆ *Aquilegia* アクイレギア	オダマキ属 キンポウゲ科	属名の由来には諸説あり、ラテン語の aquila（ワシ）により、花形に由来するとも、ラテン語の aqua（水）と lego（集める）の2語により、中空の距に集まる分泌物に由来するともいわれる。	セイヨウオダマキ （*A. vulgaris*）
☆ *Ardisia* アルディシア	ヤブコウジ属 サクラソウ科	ギリシア語の ardis（矢または槍の先端）により、鋭く尖った葯に由来する。	マンリョウ （*A. crenata*）
★ *Asparagus* アスパラガス	キジカクシ属 キジカクシ科	由来には諸説があるが、一説にはギリシア語の強勢語 a と sparasso（引き裂く）の2語からなり、本属のある種に真の葉が変形した鋭い刺があることに由来するといわれる。	アスパラガス・デンシフロルス （*A. densiflorus*）

●形態などに由来する属名　　　属名欄の記号は性別（★＝男性、☆＝女性、◎＝中性）、主な種類の園は園芸名を表す。

属名（学名）カナ読み	属名（和名）科名	由来	主な種類
☆ Calathea カラテア	ヤバネバショウ属 クズウコン科	ギリシア語の kalathos（かご）により、その由来には諸説あるが、一説には、ある種の花序の形態に由来するとされる。	カラテア・クロカタ（C. crocata）
☆ Calceolaria カルセオラリア	キンチャクソウ属 キンチャクソウ科	ラテン語の calceolus（スリッパ）により、花の形態に由来する。	カルセオラリア（C. Herbeohybrida Group）
☆ Campanula カンパヌラ	ホタルブクロ属 キキョウ科	ラテン語の campana（鐘）により、花冠の形態に由来する。	フウリンソウ（C. medium）
☆ Canna カンナ	カンナ属 カンナ科	ケルト語の cana（杖）またはギリシア語の Kanna（アシ）により、草姿に由来すると思われる。	カンナ（C. × generalis）
◎ Cardiospermum カルディオスペルムム	フウセンカズラ属 ムクロジ科	ギリシア語の cardia（心臓）と sperma（種子）の2語により、種子にハート形の白い紋様があることに由来する（写真170頁）。	フウセンカズラ（C. halicacabum）
☆ Clematis クレマティス	センニンソウ属 キンポウゲ科	ギリシア語の klema（巻きひげ、つる）により、草姿に由来する（写真170頁）。	テッセン（C. florida）
☆ Clitoria クリトリア	チョウマメ属 マメ科	ラテン語の clitoris（陰核）により花弁のうちの2枚（龍骨弁）の形態に由来する。	チョウマメ（C. ternatea）
☆ Cordyline コルディリネ	センネンボク属 キジカクシ科	ギリシア語の kordyle（棍棒）により、多肉質の根茎を持つことに由来する（写真170頁）。	コルディリネ・テルミナリス（C. fruticosa）
☆ Crassula クラッスラ	クラッスラ属 ベンケイソウ科	ラテン語の crassus（厚い）の指小語で、ほとんどの種が多肉植物であることに由来する。	園：花月（C. portulacea）
◎ Cyclamen キクラメン	シクラメン属 サクラソウ科	ギリシア語の kyklos（円）により、塊茎の形態、または受精すると花柄がらせん状に巻くことに由来する（写真170頁）。	シクラメン（C. persicum）
◎ Cymbidium シンビジウム	シュンラン属 ラン科	ギリシア語の kymbe（舟）と eidos（形）の2語により、唇弁の形態に由来する。	シュンラン（C. goeringii）
◎ Delphinium デルフィニウム	オオヒエンソウ属 キンポウゲ科	ギリシア語の delphis（イルカ）を語源とするギリシア語 delphinion により、現在は別属のヒエンソウ属（Consolida）に移された種の花、あるいは蕾の形態に由来する。	オオバナヒエンソウ（D. grandiflorum）
☆ Digitalis ディギタリス	キツネノテブクロ属 オオバコ科	ラテン語の digitus（指）により、花形に由来する（写真170頁）。	ジギタリス（D. purpurea）
★ Enkianthus エンキアンツス	ドウダンツツジ属 ツツジ科	ギリシア語の enkyos（はらんだ）と anthos（花）の2語により、花の形態に由来する。	ドウダンツツジ（E. perulatus）
◎ Epiphyllum エピフィルム	ゲッカビジン属 サボテン科	ギリシア語の epi（〜上の）と phyllon（葉）の2語により、一見すると花が葉（実際には葉状茎）の上につくように見えることに由来する。	園：月下美人（E. oxypetalum）
☆ Eucalyptus エウカリプツス	ユーカリノキ属 フトモモ科	ギリシア語の eu（よい）と kalyptos（覆う）の2語により、花弁と萼片が合着して帽子状になったふたに花芽が覆われていることに由来する。	ギンマルバユーカリ（E. cinerea）
◎ Eustoma エウストマ	トルコギキョウ属 リンドウ科	ギリシア語の eu（よい）と stoma（口）の2語により、花の形態に由来する。	トルコギキョウ（E. grandiflorum）
☆ Fritillaria フリティラリア	バイモ属 ユリ科	ラテン語の fritillus（チェッカー盤、さいころ箱）により本属のフリティラリア・メレアグリス（F. meleagris）の花の模様に由来する。	フリティラリア・インペリアリス（F. imperialis）
◎ Geranium ゲラニウム	フウロソウ属 フウロソウ科	ギリシア語の geranos（ツル）により、くちばし状の分果に由来する。	アケボノフウロ（G. sanguineum）
★ Gladiolus グラジオルス	トウショウブ属 アヤメ科	ラテン語の gladius（小さな剣）により、葉の形態、または葉の間から出現した直後の花序の形態に由来する。	グラジオラス（G. cvs.）
☆ Habenaria ハベナリア	ミズトンボ属 ラン科	ラテン語の habena（皮紐、手綱）により、葯の形に由来するとも、細長く切れ込んだ側花弁と唇弁の形態に由来するともいわれる。	ダイサギソウ（H. dentata）
☆ Hepatica ヘパティカ	スハマソウ属 キンポウゲ科	ラテン語の hepar（肝臓）により、葉の形態や色彩に由来する。	ミスミソウ（H. nobilis）

●形態などに由来する属名　　　属名欄の記号は性別（★＝男性、☆＝女性、◎＝中性）、主な種類の園は園芸名を表す。

属名（学名）カナ読み	属名（和名）科名	由来	主な種類
☆ *Hydrangea* ヒドランゲア	アジサイ属 ユキノシタ科	ギリシア語の hydor（水）と angos（容器）の 2 語により、果実の形態に由来する。	アジサイ (*H. macrophylla*)
☆ *Monstera* モンステラ	ホウライショウ属 サトイモ科	属名の由来は定かではないが、一説にはラテン語の monstrum（怪物）により、葉形に由来するといわれる。	モンステラ (*M. deliciosa*)
☆ *Nephrolepis* ネフロレピス	タマシダ属 タマシダ科	ギリシア語の nephros（肝臓）と lepis（鱗片）の 2 語により、包膜が腎臓形であることに由来する。	セイヨウタマシダ (*N. exaltata*)
◎ *Oncidium* オンシジウム	スズメラン属 ラン科	ギリシア語の ogkos（こぶ）により、唇弁基部にこぶ状の隆起を持つことに由来する。	オンシジウム・ケイロホルム (*O. cheirophorum*)
☆ *Pachystachys* パキスタキス	パキスタキス属 キツネノマゴ科	ギリシア語の pachys（厚い）と stachys（穂）の 2 語により、密生した穂状花序に由来する。	パキスタス・ルテア (*P. lutea*)
☆ *Pecteilis* ペクテイリス	サギソウ属 ラン科	ラテン語の pecten（櫛）に由来し、唇弁の側裂片に由来する。	サギソウ (*P. radiata*)
◎ *Pelargonium* ペラルゴニウム	テンジクアオイ属 フウロソウ科	ギリシア語の pelargos（コウノトリ）により、果実がコウノトリのくちばしに似ていることに由来する。	ペラルゴニウム (*P. domesticum*)
☆ *Pentas* ペンタス	クササンタンカ属 アカネ科	ギリシア語の pente（5）により、花の各部が通常 5 個からなる 5 数性であることに由来する。	ペンタス (*P. lanceolata*)
☆ *Physalis* フィサリス	センナリホオズキ属 ナス科	ギリシア語の physa（ふくれたもの）により、ふくらんで袋状になった宿存性の萼に由来する（写真 170 頁）。	ホオズキ (*P. alkekengi* var. *franchetii*)
◎ *Pittosporum* ピットスポルム	トベラ属 トベラ科	ギリシア語の pitta（原油・コールタールなどを蒸留した後に生成される黒色粘着性の物質、ピッチ）と spora（種子）の 2 語により、種子が粘液物に包まれていることに由来する。	トベラ (*P. tobira*)
★ *Platycodon* プラティコドン	キキョウ属 キキョウ科	ギリシア語の platys（広い）と kodon（鐘）の 2 語により、花冠の形態に由来する。	キキョウ (*P. grandiflorus*)
★ *Plectranthus* プレクトランツス	サヤバナ属 シソ科	ギリシア語の plectron（距）と anthos（花）の 2 語により、花に距があることに由来する。	コリウス (*P. scutellarioides*)
☆ *Pyracantha* ピラカンタ	タチバナモドキ属 バラ科	ギリシア語の pyr（火）と akantha（刺）の 2 語により、果実の色と枝にある刺に由来する。	トキワサンザシ (*P. coccinea*)
☆ *Rhapis* ラピス	シュロチク属 ヤシ科	ギリシア語の rhapis（針）により、葉先が尖って針状であることに由来する。	カンノンチク (*R. excelsa*)
★ *Schizanthus* スキザンツス	コチョウソウ属 ナス科	ギリシア語の schizo（裂ける）と anthos（花）の 2 語により、花冠が深く切れ込んでいることに由来する。	シザンサス (*S. wisetonensis*)
◎ *Spathiphyllum* スパティフィルム	ササウチワ属 サトイモ科	ギリシア語の spathe（仏炎苞）と phyllon（葉）の 2 語により、葉状の仏炎苞に由来する。	スパティフィラム 'メリー' (*S.* 'Merry')
★ *Streptocarpus* ストレプトカルプス	ヒメギリソウ属 イワタバコ科	ギリシア語の streptos（ねじれた）と karpos（果実）の 2 語により、長い蒴果（さくか）がらせん状にねじれていることに由来する。	ストレプトカーパス (*S.* × *hybridus*)
◎ *Syngonium* シンゴニウム	シンゴニウム属 サトイモ科	ギリシア語の syn（ともに、結合した）と gone（子宮）の 2 語により、子房が合着していることに由来する。	シンゴニウム・ポドフィルム (*S. podophyllum*)
◎ *Tropaeolum* トロパエオルム	ノウゼンハレン属 ノウゼンハレン科	ギリシア語の tropaion またはラテン語の tropaenum（トロフィー、戦勝記念品）により、戦場で木の幹に相手の槍を突き刺し、血痕のついたかぶとと盾をかけた様子を、ナスタチウム（*T. majus*）の葉を盾に、花をかぶとに見立てたことに由来する（写真 170 頁）。	ナスタチウム (*T. majus*)
☆ *Tricyrtis* トリキルティス	ホトトギス属 ユリ科	ギリシア語の treis（3）と kyrtos（突出した）の 2 語により、3 個の外花被片の基部が袋状に曲がって小さな距をつくることに由来する。	ホトトギス (*T. hirta*)
☆ *Tulipa* ツリパ	チューリップ属 ユリ科	いずれもターバンを意味するアラビア語 dulban のラテン語訳、またはトルコ語の tulbend、ペルシア語の thoulyban により、その花形に由来する（写真 170 頁）。	チューリップ (*T. gesneriana*)

フウセンカズラ
Cardiospermum halicacabum
属名は種子の模様に由来する

テッセン
Clematis florida
属名は草姿に由来する

コルディリネ '愛知赤'
Cordyline fruticosa 'Aichi-aka'
属名は多肉質の根茎に由来する

シクラメン・ヘデリフォリウム
Cyclamen hederifolium
属名の由来の一説として、受精すると花柄がらせん状に巻くことが知られる

ジギタリス
Digitalis purpurea
属名は指のような花形に由来する

ホオズキ
Physalis alkekengi var. *franchetii*
属名は袋状になった宿在性の萼に由来する

ナスタチウム
Tropaeolum majus cv.
属名は葉を盾に、花をかぶとに見立てたことに由来する

チューリップ 'ダイナスティ'
Tulipa gesneriana 'Dynasty'
属名はターバンのような花形に由来する

● 他の植物や動物との類似性に由来する属名　　属名欄の記号は性別（★＝男性、☆＝女性、◎＝中性）、主な種類の園は園芸名を表す。

属名（学名）カナ読み	属名（和名）科名	由来	主な種類
◎ Crinum クリヌム	ハマオモト属 ヒガンバナ科	ギリシア語の krinon（ユリ）により、花の外形がユリに似ていることに由来する。	ハマオモト (C. asiaticum var. japonicum)
★ Cytisus キティスス	エニシダ属 マメ科	マメ科植物のある種につけられた古いギリシア名 kytisos により、花形が似ることに由来する。	エニシダ (C. scoparius)
◎ Leontopodium レオントポディウム	ウスユキソウ属 キク科	ギリシア語の leon（ライオン）と pous（足）の2語により、白毛で覆われた頭状花序をライオンの足に見立てたことに由来し、ローマの本草学者ディオスコリデスが用いた名であるという（写真参照）。	セイヨウウスユキソウ（エーデルワイス） (L. nivale subsp. alpinum)
☆ Meconopsis メコノプシス	メコノプシス属 ケシ科	ギリシア語の mekon（ケシ）と opsis（似る）の2語により、ケシ属に似ていることに由来する（写真参照）。	メコノプシス・ベトニキフォリア (M. betonicifolia)
☆ Peperomia ペペロミア	サダソウ属 コショウ科	ギリシア語の peperi（コショウ）と homoios（似た）の2語により、コショウ属（Piper）に近縁で似ていることに由来する。	ペペロミア・カペラタ (P. caperata)
☆ Peristeria ペリステリア	ペリステリア属 ラン科	ギリシア語の peristeria（ハト）により、ずい柱の形態に由来する（写真参照）。	ペリステリア・エラタ (P. elata)
☆ Phalaenopsis ファレノプシス	コチョウラン属 ラン科	ギリシア語の phalaina（蛾）により、基準種ファレノプシス・アマビリス（P. amabilis）の花が、ある種の熱帯産の蛾に似ていることに由来する（写真参照）。	ファレノプシス・アマビリス (P. amabilis)
◎ Platycerium プラティケリウム	ビカクシダ属 ウラボシ科	ギリシア語の platys（広い）と keras（角）の2語により、普通葉がオオシカの角に似ていることに由来する。	ビカクシダ (P. bifurcatum)
★ Tigridia ティグリディア	トラユリ属 アヤメ科	ラテン語の tigris（トラ）により、花に虎斑が入ることに由来する。	ティグリディア・パウォニア (T. pavonia)

セイヨウウスユキソウ
Leontopodium nivale subsp. *alpinum*
属名は白毛で覆われた頭状花序をライオンの足に見立てたことに由来する。エーデルワイスの名で親しまれる

メコノプシス・ベトニキフォリア
Meconopsis betonicifolia
属名はケシ属（*Papaver*）に似ていることに由来する

ペリステリア・エラタ
Peristeria elata
属名はずい柱がハトに似ていることに由来する

ファレノプシス・アマビリス
Phalaenopsis amabilis
属名は花がある種の蛾に似ていることに由来する

●色彩に由来する属名　　　　属名欄の記号は性別（★＝男性、☆＝女性、◎＝中性）、主な種類の園は園芸名を表す。

属名（学名） カナ読み	属名（和名） 科名	由来	主な種類
★ *Aeschynanthus* エスキナンツス	ナガミカズラ属 イワタバコ科	ギリシア語の aischune（恥じる）と anthos（花）の2語からなり、花が赤いことに由来する（写真参照）。	エスキナンサス・フルゲンス （*A. fulgens*）
★ *Chloranthus* クロランツス	チャラン属 センリョウ科	ギリシア語の chloros（緑色の）と anthos（花）の2語により、本属のある種の花の色に由来する。	ヒトリシズカ （*C. japonicus*）
◎ *Chlorophytum* クロロフィツム	オリヅルラン属 キジカクシ科	ギリシア語の chloros（緑色の）と phyton（植物）の2語からなり、緑色の葉が多数群生することに由来する。	オリヅルラン （*C. comosum*）
◎ *Helichrysum* ヘリクリサム	ヘリクリサム属 キク科	ギリシア語の helios（太陽）と chrysos（金）の2語により、本属のある種の花の色に由来する（写真参照）。	ムギワラギク （*H. bracteatum*）
◎ *Rhododendron* ロドデンドロン	ツツジ属 ツツジ科	ギリシア語の rhodon（バラ色）と dendron（樹木）の2語により、本属のある種の花の色に由来する（写真参照）。	トウヤマツツジ （*R. simsii*）
☆ *Rosa* ロサ	バラ属 バラ科	バラの古代ラテン名によるが、その語源はケルト語の rhod または rhodd（赤色）に由来するといわれる（写真参照）。	ロサ・キネンシス・スポンタネア （*R. chinensis* var. *spontanea*）
★ *Senecio* セネキオ	ノボロギク属 キク科	ラテン語の senex（老人）により、果実に白色または灰色の冠毛があることに由来する。	ミドリノスズ （*S. rowleyanus*）

ロサ・キネンシス・スポンタネア
Rosa chinensis var. *spontanea*
属名は花色に由来する。本種は四季咲き性の現代バラの基になったとされる中国産の野生バラ

エスキナンサス・フルゲンス
Aeschynanthus fulgens
属名は花が赤いことに由来する

ムギワラギク
Helichrysum bracteatum cv.
属名は花色に由来する

トウヤマツツジ
Rhododendron simsii
属名は花がバラ色であることに由来する

● 生育地などに由来する属名　　属名欄の記号は性別（★＝男性、☆＝女性、◎＝中性）、主な種類の園は園芸名を表す。

属名（学名） カナ読み	属名（和名） 科名	由来	主な種類
☆ *Convallaria* コンヴァラリア	スズラン属 キジカクシ科	ラテン語の convallis（谷間の）により、生育地に由来する。	ドイツスズラン （*C. majalis*）
◎ *Dendrobium* デンドロビウム	セッコク属 ラン科	ギリシア語の dendron（樹木）と bios（生命、生活）の2語により、樹木などに着生する性質に由来する（写真参照）。	デンドロビウム・インフンディブルム （*D. infundibulum*）
◎ *Epipremnum* エピプレムヌム	ハブカズラ属 サトイモ科	ギリシア語の epi（〜上の）と premon（幹）の2語により、本属の植物が他の植物の幹に付着してよじ登っていくことに由来する（写真参照）。	ポトス （*E. aureum*）
☆ *Gypsophila* ギプソフィラ	カスミソウ属 ナデシコ科	ギリシア語の gypsos（石灰、石膏）と philos（愛する）の2語により、本属の一部の種が石灰質の岩上に生えることに由来する。	シュッコンカスミソウ （*G. paniculata*）
◎ *Limonium* リモニウム	イソマツ属 イソマツ科	ギリシア語の leimon（草原）により、本属のいくつかの種が潮のさす沼地や海岸に自生することに由来する。	スターチス （*L. sinuatum*）
◎ *Philodendron* フィロデンドロン	ビロードカズラ属 サトイモ科	ギリシア語の phileo（愛する）と dendron（樹木）の2語により、本属の多くの種が他樹によじ登ることに由来する。	フィロデンドロン・ビペンニフォリウム （*P. bipennifolium*）
★ *Ranunculus* ラヌンクルス	キンポウゲ属 キンポウゲ科	ラテン語の rana（カエル）の指小辞により、本属の多くの種が湿った場所を好むことに由来する（写真参照）。	ラナンキュラス （*R. asiaticus* cvs.）
★ *Rosmarinus* ロスマリヌス	マンネンソウ属 シソ科	ラテン語の ros（露）と marinus（＝ maritimus、海の、海岸の）の2語により、南ヨーロッパの海岸近くに自生していることに由来する（写真参照）。	ローズマリー （*R. officinalis*）

デンドロビウム・インフンディブルム
Dendrobium infundibulum
属名は樹木などに着生することに由来する

ハブカズラ
Epipremnum pinnatum
属名は他の植物の幹に付着してよじ登っていくことに由来する

ラナンキュラス
Ranunculus asiaticus cv.
属名は本属の多くの種が湿った場所を好むことに由来する

ローズマリー
Rosmarinus officinalis
属名は南ヨーロッパの海岸近くに自生していることに由来する

●人名に由来する属名　　　属名欄の記号は性別（★＝男性、☆＝女性、◎＝中性）、主な種類の園は園芸名を表す。

属名（学名） カナ読み	属名（和名） 科名	由来	主な種類
☆ *Abelia* エイベリア（アベリア）	ツクバネウツギ属 スイカズラ科	イギリスの植物学者エイベル（Clarke Abel, 1780-1826）を記念したもの。	ハナツクバネウツギ (*A. grandiflora*)
☆ *Banksia* バンクシア	バンクシア属 ヤマモガシ科	イギリスの王立協会会長でキャプテン・クック（Captain Cook）の航海に同行したバンクス卿（Sir Joseph Banks, 1743-1820）を記念したもの（写真176頁）。	バンクシア・エリキフォリア (*B. ericifolia*)
☆ *Begonia* ベゴニア	シュウカイドウ属 シュウカイドウ科	仏領カナダ総督だったベゴン（Michel Bégon, 1638-1710）を記念したもの。	ベゴニア・レクス (*B. rex*)
☆ *Bougainvillea* ブーゲンビリア （ブーゲンヴィレア）	イカダカズラ属 オシロイバナ科	フランスの探検家で科学者のブーゲンヴィユ（Lois Antoine de Bougainville, 1729-1811）を記念したもの。	ブーゲンビレア・バッティアナ (*B.* × *buttiana*)
☆ *Camellia* カメリア	ツバキ属 ツバキ科	チェコスロバキア、モラヴィアのイエズス会宣教師で、フィリピン諸島に渡り、動植物の研究を行ったカメル（Georg Josef Kamel, 1661-1706）を記念したもの。	ツバキ (*C. japonica*)
☆ *Cattleya* キャトレヤ（カトレヤ）	ヒノデラン属 ラン科	イギリスで最初に本属の開花に成功したキャトレイ（William Cattley, ?-1832）を記念したもの。	カトレヤ・ラビアタ (*C. labiata*)
☆ *Clivia* クライヴィア（クリヴィア）	クンシラン属 ヒガンバナ科	イギリスのクライヴ家出身、ノーサンバーランド公爵夫人（Lady Charlotte Florentina Clive, Duces of Northumberland, ?-1868）を記念したもの。	クンシラン (*C. miniata*)
☆ *Columnea* コルムネア	コルムネア属 イワタバコ科	1592年に初めて銅版による挿絵入りの植物書を刊行したイタリアの植物学者コロンナ（Fabio Colonna, ラテン名 Fabius Columna, 1567-1640）を記念したもの。	コルムネア・ミクロカリックス (*C. microcalyx*)
☆ *Dahlia* ダーリア	ダリア属 キク科	スウェーデンの植物分類学者で、リンネに師事したダール（Anders Dahl, 1751-89）を記念したもの。	ダリア (*D.* cvs.)
☆ *Dieffenbachia* ディーフェンバキア	シロガスリソウ属 サトイモ科	ドイツの植物学者ディーフェンバハ（J.F.Dieffenbach, 1790-1863）を記念したもの。	ディフェンバキア・セグイネ (*D. seguine*)
☆ *Euphorbia* ユウポルビア （ユーフォルビア）	トウダイグサ属 トウダイグサ科	アフリカ北西部のローマ時代の古王国マウレタニア（Mauretania）の王ユバ（Juba）の侍医エウポルブス（Euphorbus）を記念したもの。	ポインセチア (*E. pulcherrima*)
☆ *Forsythia* フォーサイシア	レンギョウ属 モクセイ科	イギリスの園芸家フォーサイス（William Forsyth, 1737-1804）を記念したもの。	ヤマトレンギョウ (*F. japonica*)
☆ *Freesia* フレージア（フリージア）	フリージア属 アヤメ科	本属を命名したエクロン（Christian Friedrich Ecklon, 1795-1868）の友人であったドイツの医師フレーゼ（Friedrich Heinrich Theodor Freese, ?-1876）を記念したもの。	フリージア (*F.* cvs.)
☆ *Fuchsia* フクシア	フクシア属 アカバナ科	「ドイツ植物学者3人の父」の一人、医者で本草学者のフックス（Leonhart Fuchs, 1501-66）を記念したもの（写真177頁）。	フクシア (*F. hybrida*)
☆ *Gardenia* ガーデニア	クチナシ属 アカネ科	アメリカ合衆国の医師で植物学者のガーデン（Alexander Garden, 1730-91）を記念したもの。	クシナシ (*G. jasminoides*)
☆ *Gazania* ガザニア	クンショウギク属 キク科	ギリシアのテオフラストスやアリストテレスの著作をラテン語訳したガザのテオドール（Theodor of Gaza, 1398-1478）を記念したもの。	ガザニア (*G.*cvs.)
☆ *Gentiana* ゲンティアナ	リンドウ属 リンドウ科	ゲンティアナ・ルテア（*G.lutea*）の薬効を発見したと伝えられる、アドリア海沿岸にあったイリリア（Illyria）の国王ゲンティウス（Gentius, 前2世紀）を記念したもの。	ハルリンドウ (*G. thunbergii*)
☆ *Gerbera* ゲルベア（ガーベラ）	ガーベラ属 キク科	ドイツの自然科学者で、ロシアに旅行したゲルバー（Traugott Gerber, ?-1743）を記念したもの。	ガーベラ (*G.* cvs.)
☆ *Guzmania* グスマニア	グズマニア属 パイナップル科	18世紀のスペインの自然科学者グスマン（Anastasio Guzman）を記念したもの。	グスマニア・ムサイカ (*G. musaica*)
☆ *Hosta* ホスタ	ギボウシ属 キジカクシ科	オーストリアの医師で自然科学者のホスト（Nicholaus Tomas Host, 1761-1834）を記念したもの。	オオバギボウシ (*H. sieboldiana*)
☆ *Hoya* ホヤ	サクララン属 キョウチクトウ科	18世紀のイギリスのノーサンバーランド公爵の園丁ホイ（Thomas Hoy, 1750頃-1809）を記念したもの。	サクララン (*H. carnosa*)

● 人名に由来する属名　　　　属名欄の記号は性別（★＝男性、☆＝女性、◎＝中性）、主な種類の園は園芸名を表す。

属名（学名） カナ読み	属名（和名） 科名	由来	主な種類
☆ *Kalmia* カルミア	カルミア属 ツツジ科	スウェーデンの植物学者で、北アメリカの植物を採集したカルム（Pehr Kalm, 1715-79）を記念したもの。	カルミア・ラティフォリア （*K. latifolia*）
☆ *Lagerstroemia* ラジェルストレーミア	サルスベリ属 ミソハギ科	本属を命名したリンネの友人で、スウェーデンの生物学者のラジェルストレーム（Magnus von Lagerstroem, 1691-1759）を記念したもの。	サルスベリ （*L. indica*）
☆ *Lobelia* ローベリア	ミゾカクシ属 キキョウ科	フランドルの植物学者で、イギリスのジェームズ1世の侍医のローベル（Mathias de l'Obel, 1538-1616）を記念したもの。	ロベリア・エリヌス （*L. erinus*）
☆ *Lonicera* ロニツェラ（ロニケラ）	スイカズラ属 スイカズラ科	ドイツの博物学者アダム・ロニツァー（Adam Lonizer または Lonicer, 1528-86）を記念したもの。	スイカズラ （*L. japonica*）
☆ *Lycoris* リコリス	ヒガンバナ属 ヒガンバナ科	属名の由来には諸説あり、一説には古代ローマの政治学者マルクス・アントニウス（Mark Antony）の妻の名を記念したものといわれる。	ヒガンバナ （*L. radiata*）
☆ *Magnolia* マニョーリア （マグノリア）	モクレン属 モクレン科	フランスの植物学者で、モンペリエ植物園の園長であったマニョール（Pierre Magnol, 1638-1715）を記念したもの。	ハクモクレン （*M. denudata*）
☆ *Maranta* マランタ	クズウコン属 クズウコン科	1559年頃に活躍したベネチアの植物学者マランティ（Bartolommeo Maranti）を記念したもの。	マランタ・レウコネウラ （*M. leuconeura*）
☆ *Matthiola* マッティオーラ	アラセイトウ属 アブラナ科	イタリアの医師で植物学者のマッティオーリ（Pierandrea Mattioli, 1500-77）を記念したもの。	ストック （*M. incana*）
☆ *Miltonia* ミルトニア	ミルトニア属 ラン科	イギリスの園芸の後援者でラン栽培家であったミルトン子爵、後のフィッツウィリアム（Viscount Milton, C.Fitzwilliam, 1786-1857）を記念したもの。	ミルトニア・スペクタビリス （*M. spectabilis*）
☆ *Musa* ムサ	バショウ属 バショウ科	初代ローマ皇帝アウグツスス（Octavius Augustus）の侍医ムサ（Antonius Musa, 前64-前14）を記念したもの。	バショウ （*M. basjoo*）
☆ *Nicotiana* ニコティアナ	タバコ属 ナス科	フランスにタバコを導入したポルトガル駐在の領事ニコ（Jean Nicot, 1530頃-1600）を記念したもの。	ハナタバコ （*N. alata*）
☆ *Plumeria* プリュメリア （プルメリア）	インドソケイ属 キョウチクトウ科	フランス人修道士で植物学者のプリュミエ（Charles Plumier, 1646-1704）を記念したもの。彼は1689〜1690年に西インド諸島のハイチなどを訪れ、多くの植物を詳しく記載した。	プルメリア・オブツサ （*P. obtusa*）
☆ *Saintpaulia* セントポーリア	アフリカスミレ属 イワタバコ科	本属の最初の発見者のドイツ人セント・ポーリレール男爵（Baron Walter von Saint Paul-Illaire, 1860-1910）を記念したもの（写真177頁）。	セントポーリア・イオナンタ （*S. ionantha*）
☆ *Schefflera* シェフレラ	フカノキ属 ウコギ科	19世紀のドイツの植物学者シェフラー（J.C.Scheffler）を記念したもの。	シェフレラ・アルボリコラ （*S. arboricola*）
☆ *Schlumbergera* シュルンベルゲラ	サボテン科	ベルギーの園芸家であり、植物採集家のシュルンベルガー（F.Schlumberger, 1804-65）を記念したもの。	クリスマスカクタス （*S.* × *buckleyi*）
☆ *Strelitzia* シュトレリッチア （ストレリチア）	ゴクラクチョウ属 ゴクラクチョウ科	イギリスのジョージ3世の妃になったメクレンブルク・シュトレリッツ家のシャルロッテ（Charlotte of Mecklenburg-Strelitz, 1744-1818）を記念したもの。	ゴクラクチョウカ （*S. reginae*）
☆ *Thunbergia* ツンベルギア	ヤハズカズラ属 キツネノマゴ科	スウェーデンのウプサラ大学の植物学教授で、日本にも滞在し、『Flora Japonica』（1784）を著したカール・ペーテル・ツンベルク（C.P.Thunberg, 1743-1828）を記念したもの（写真177頁）。	ヤハズカズラ （*T. alata*）
☆ *Tillandsia* ティランジア	サルオガセモドキ属 パイナップル科	スウェーデンの植物学者で医学教授のティルランツ（Elias Tillandz, 1640-93）を記念したもの。	ハナアナナス （*T. cyanea*）
☆ *Tradescantia* トラデスカンティア	ムラサキツユクサ属 ツユクサ科	イギリスのチャールズ1世の園丁トラデスカント（John Tradescant, 1638没）を記念したもの。	トラデスカンティア・フルミネンシス （*T. fluminensis*）

Chapter 4　植物の名前

●人名に由来する属名

属名欄の記号は性別（★＝男性、☆＝女性、◎＝中性）、主な種類の園は園芸名を表す。

属名（学名） カナ読み	属名（和名） 科名	由来	主な種類
☆ *Victoria* ヴィクトリア	オオオニバス属 スイレン科	イギリスのヴィクトリア女王（Queen Victoria, 1819-1901）を記念したもの（写真177頁）。	オオオニバス (*V. amazonia*)
☆ *Vriesea* フリーセア	インコアナナス属 パイナップル科	オランダのアムステルダムの植物学者ド・フリース（W.H.de Vriese, 1807-62）を記念したもの。	トラフアナナス (*V. splendens*)
☆ *Washingtonia* ワシントニア	ワシントヤシ属 ヤシ科	アメリカ合衆国初代大統領ワシントン（George Washington, 1732-99）を記念したもの。	オキナヤシモドキ (*W. robusta*)
☆ *Wisteria* ウィステリア	フジ属 マメ科	ペンシルバニア大学の解剖学教授ウィスター（C.Wister, 1761-1818）を記念したもの。	フジ (*W. floribunda*)
☆ *Zinnia* ツィニア（ジニア）	ヒャクニチソウ属 キク科	ドイツの医師で植物学者のツィン（J.G.Zinn, 1727-59）を記念したもの。	ヒャクニチソウ (*Z. elegans*)

●地名に由来する属名

属名欄の記号は性別（★＝男性、☆＝女性、◎＝中性）、主な種類の園は園芸名を表す。

属名（学名） カナ読み	属名（和名） 科名	由来	主な種類
◎ *Adenium* アデニウム	アデニウム属 キョウチクトウ科	本属の自生地の一つであるアデン（Aden）に由来する。	アデニウム・オベスム (*A. obesum*)
◎ *Colchicum* コルキクム	イヌサフラン属 イヌサフラン科	黒海に隣接したアルメニアの古い都市コルキス（Colchis）に由来する。	コルキクム・アウツムナレ (*C. autumnale*)
☆ *Howea* ハウエア	ケンチャヤシ属 ヤシ科	本属の原産地オーストラリア東岸のロード・ハウ島（Lord Howe Island）に由来する。	ケンチャヤシ (*H. belmoreana*)
☆ *Sansevieria* サンセヴィエリア	チトセラン属 キジカクシ科	18世紀のイタリア、サンセヴィエロ（Sanseviero）の王子デ・サングロ（R.de Sangro, 1710-71）を記念したもの。	サンセベリア・トリファスキアタ (*S. trifasciata*)

バンクシア・エリキフォリア
Banksia ericifolia

バンクス卿
（1743-1820）

イギリスのプラント・ハンター（植物採集家）、植物学者で、後にイギリスの王立キュー植物園の園長を務めた。クック船長の第1回の航海（1768-1771）に同行し、オーストラリア東部に到着した。バンクシア属（*Banksia*）は、彼の名を記念したもので、彼がオーストラリアで採集したバンクシア・エリキフォリア（*Banksia ericifolia*）を基準種として新設された属である。
出典／Wikimedia Commons

フクシア・マゲラニカ
Fuchsia magellanica

レオンハルト・フックス
（1501-66）

ドイツの医師、植物学者で、「ドイツ植物学の父」の1人とされる。フクシア属は彼の名を記念したもの
出典／Wikimedia Commons

セントポーリア・イオナンタ
Saintpaulia ionantha

セント・ポーリレール男爵
（1860-1910）

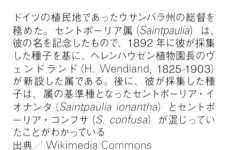
ドイツの植民地であったウサンバラ州の総督を務めた。セントポーリア属（*Saintpaulia*）は、彼の名を記念したもので、1892年に彼が採集した種子を基に、ヘレンハウゼン植物園長のヴェンドランド（H. Wendland, 1825-1903）が新設した属である。後に、彼が採集した種子は、属の基準種となったセントポーリア・イオナンタ（*Saintpaulia ionantha*）とセントポーリア・コンフサ（*S. confusa*）が混じっていたことがわかっている
出典／Wikimedia Commons

ヤハズカズラ
Thunbergia alata

カール・ペーテル・ツンベルク
（1743-1828）

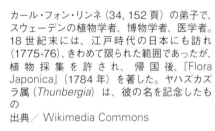
カール・フォン・リンネ（34, 152頁）の弟子で、スウェーデンの植物学者、博物学者、医学者。18世紀末には、江戸時代の日本にも訪れ（1775-76）、きわめて限られた範囲であったが、植物採集を許され、帰国後、『Flora Japonica』（1784年）を著した。ヤハズカズラ属（*Thunbergia*）は、彼の名を記念したもの
出典／Wikimedia Commons

オオオニバス
Victoria amazonica

ヴィクトリア女王
（1819-1901）

イギリス・ハノーヴァー朝第6代女王。在位は63年7か月にも及び、その治世は「ヴィクトリア朝」と呼ばれる。オオオニバス属（*Victoria*）は、彼女の名を記念したもの
出典／Wikimedia Commons

●現地名、古名などに由来する属名　　属名欄の記号は性別（★＝男性、☆＝女性、◎＝中性）、主な種類の園は園芸名を表す。

属名（学名）カナ読み	属名（和名）科名	由来	主な種類
◎ Acer アケル	カエデ属 ムクロジ科	コブカエデ（A. campestre）のラテン名により、この言葉には「裂ける」という意味があり、切れ込んだ葉形に由来する。	イロハモミジ（A. palmatum）
☆ Akebia アケビア	アケビ属 アケビ科	和名アケビに由来する。	アケビ（A. quinata）
☆ Aucuba アウクバ	アオキ属 ガリア科	日本での古名「アヲキバ（青木葉）」に由来する。	アオキ（A. japonica）
☆ Berberis ベルベリス	メギ属 メギ科	本属のある種の果実に対するアラビア名 berberys に由来する。	メギ（B. thunbergii）
☆ Cornus コルヌス	サンシュユ属 ミズキ科	コルヌス・マス（C. mas）のラテン名に由来するといわれる。	ハナミズキ（C. florida）
☆ Erica エリカ	エリカ属 ツツジ科	エリカの英語名ヒースを意味するラテン名 erice、またはギリシア名 ereike に由来する（写真179頁）。	ジャノメエリカ（E. canaliculata）
☆ Fatsia ファツィア	ヤツデ属 ウコギ科	和名のヤツデ（八手）より、八によるか、または八手の音読み（ハッシュ）による。	ヤツデ（F. japonica）
☆ Ficus フィクス	イチジク属 クワ科	イチジク（F. carica）に対するラテン古名に由来する。	インドゴムノキ（F. elastica）
☆ Ginkgo ギンクゴ	イチョウ属 イチョウ科	銀杏の誤った音読みギンショウに由来。	イチョウ（G. biloba）
☆ Hedera ヘデラ	キヅタ属 ウコギ科	ツタに対するラテン古名に由来する。	ヘデラ・ヘリクス（H. helix）
◎ Jasminum ヤスミナム	ソケイ属 モクセイ科	マツリカ（J. sambac）のアラビアまたはペルシア名の yasmin あるいは yasaman に由来する。	ハゴロモジャスミン（J. polyanthum）
☆ Kalanchoe カランコエ	リュウキュウベンケイ属 ベンケイソウ科	本属のある種に対する中国名に由来する。	園：月兎耳（K. tomentosa）
◎ Lilium リリウム	ユリ属 ユリ科	マドンナ・リリー（L. candidum）につけられたギリシア名 leirion と同じ意味をもつラテン古名 lilium に由来する（写真179頁）。	テッポウユリ（L. longiflorum）
☆ Malus マルス	リンゴ属 バラ科	リンゴ（M. domestica）に対するギリシア名 melon に由来する。	ハナカイドウ（M. halliana）
☆ Nandina ナンディナ	ナンテン属 メギ科	和名のナンテンに由来する。	ナンテン（N. domestica）
☆ Nelumbo ネルンボ	ハス属 スイレン科	ハス（N. nucifera）に対するスリランカのシンハラ族の名による。	ハス（N. nucifera）
◎ Nerium ネリウム	キョウチクトウ属 キョウチクトウ科	セイヨウキョウチクトウ（N. oleander）のギリシア古名に由来する。	セイヨウキョウチクトウ（N. oleander）
☆ Pinus ピヌス	マツ属 マツ科	ラテン古名に由来し、その語源はおそらくラテン語の pix、picis または picinis〈瀝青（れきせい）。原油やコールタールなどを蒸留した後に生成される黒色粘着性の物質〉であろうといわれる。	クロマツ（P. thunbergii）
☆ Prunus プルヌス	スモモ属 バラ科	スモモ（P. salicina）に対するラテン古名に由来する。	スモモ（P. salicina）
☆ Verbena ウェルベナ（バーベナ）	クマツヅラ属 クマツヅラ科	木属のある種の植物のラテン古名に由来する。	バーベナ（V. hybrida）
☆ Viola ウィオラ（ビオラ）	スミレ属 スミレ科	ギリシア語で様々な芳香植物を意味する ion（初期の形では wion）を語源とするラテン古名に由来する（写真179頁）。	ニオイスミレ（V. odorata）

ジャノメエリカ
Erica canaliculata
属名はラテン名 erice 、またはギリシア名 ereike に由来する

マドンナ・リリー
Lilium candidum
属名はマドンナ・リリーにつけられたラテン古名 lilium に由来する

ニオイスミレ
Viola odorata
属名はギリシア語で様々な芳香植物を意味するラテン古名に由来する

● 神話などに由来する属名　　　　属名欄の記号は性別（★＝男性、☆＝女性、◎＝中性）、主な種類の園は園芸名を表す。

属名（学名） カナ読み	属名（和名） 科名	由来	主な種類
☆ *Adonis* アドニス	フクジュソウ属 キンポウゲ科	ギリシア神話に登場する美少年アドニス（Adonis）にちなむギリシア古名に由来する。	フクジュソウ （*A. amurensis*)
◎ *Cypripedium* シプリペディウム	アツモリソウ属 ラン科	女神アフロディテを意味するギリシア語のKyprisとpedilon（スリッパ）の2語により、唇弁の形態に由来する。	クマガイソウ （*C. japonicum*)
☆ *Daphne* ダフネ	ジンチョウゲ属 ジンチョウゲ科	別科のゲッケイジュ（*Laurus nobilis*）のギリシア名 daphne により、その名はギリシア神話に登場し、ゼウスによってゲッケイジュに変えられてしまうニンフ Daphne に因んでいる。	ジンチョウゲ （*D. odora*)
☆ *Heliconia* ヘリコニア	オウムバナ属 オウムバナ科	ギリシア神話に登場する、芸術の各分野を司る9女神ミューズ（Muse、ギリシア語でムーサ Musa）が住むと想像されたギリシアのヘリコン山（Mount Helicon）によるもので、バショウ属（*Musa*）と類縁関係があることに由来する。ただし、バショウ属の属名 Musa の由来は、ミューズではない（写真180頁）。	ヘリコニア・ロストラタ （*H. rostrata*) ヘリコニア・ヴァグネリアナ （*H. wagneriana*)
★ *Hyacinthus* ヒアキンツス	ヒアシンス属 キジカクシ科	ホメロス（Homeros）らによって用いられた古代ギリシア名により、ギリシア神話に登場する美少年ヒアキントス（Hyakinthos）の名に由来する。	ヒアシンス （*H. orientalis*)
☆ *Iris* イリス	アヤメ属 アヤメ科	ギリシア神話の虹の女神 Iris により、花の色が変化に富み、美しいことに由来する。	アヤメ （*I. sanguinea*)
☆ *Laelia* レリア	レリア属 ラン科	ローマ神話に登場するかまどの女神ウェスタ（Vesta）に仕えた、処女の祭司（Vestalis）の一人 Laelia の名に由来する（写真180頁）。	レリア・アンケプス （*L. anceps*)
★ *Narcissus* ナルキッスス	スイセン属 ヒガンバナ科	泉に映る自分の姿に恋し、寝食も忘れて痩せ衰えて死に、神がこれを花に変えたという、ギリシア神話に登場する美少年ナルキッソス（Narkissos）に由来する。	シロバナスイセン （*N. papyraceus*)
☆ *Nymphaea* ニンファエア	スイレン属 スイレン科	ギリシア語の Nymphe（ニンフ、水の精）により、その生育する場所に由来する（写真180頁）。	ニンファエア・ギガンテア （*N. gigantea*)
☆ *Paeonia* パエオニア	ボタン属 ボタン科	テオフラストスにより用いられた古代ギリシア名で、ギリシア神話に登場する、本属の植物を最初に医薬として用いたパエオン（Paeon）の名に因むといわれる。	シャクヤク （*P. lactiflora*)
◎ *Paphiopedilum* パフィオペディルム	トキワラン属 ラン科	女神アフロディテのキプロスでの呼称 Paphio と、ギリシア語の pedilon（スリッパ）の2語により、唇弁の形態に由来する。	パフィオペディルム・インシグネ （*P. insigne*)
☆ *Protea* プロテア	プロテア属 ヤマモガシ科	ギリシア神話に登場する海神で、自らの姿を自由に変える能力をもったプロテウス（Proteus）の名により、本属の植物に変異が多いことに由来する。	プロテア・キナロイデス （*P. cynaroides*)
☆ *Tagetes* タゲテス	コウオウソウ属 キク科	エトルリア（Etruria, 昔イタリアの中央部にあった国家）の神タゲース（Tages）によるが、その由来は不明。	マリーゴールド （*T. erecta*)

ヘリコニア・ロストラタ
Heliconia rostrata
属名はギリシア神話に登場するミューズたちが住むと想像されたギリシアのヘリコン山に由来する

レリア・アンケプス
Laelia anceps
属名はローマ神話に登場する処女の祭司（Vestalis）の一人の名に由来する

ニンファエア・ギガンテア
Nymphaea gigantea
属名はギリシア語の「水の精」の意味で、その生育する場所に由来する

● 伝承などに由来する属名　　属名欄の記号は性別（★＝男性、☆＝女性、◎＝中性）、主な種類の園は園芸名を表す。

属名（学名）カナ読み	属名（和名）科名	由来	主な種類
☆ *Aristolochia* アリストロキア	ウマノスズクサ属 ウマノスズクサ科	ギリシア語の aristos（最良の）と locheis（出産）の2語により、本属の植物が安産に効能があると信じられていたことに由来する。	パイプカズラ（*A. littoralis*）
◎ *Heliotropium* ヘリオトロピウム	キダチルリソウ属 ムラサキ科	ギリシア語の helios（太陽）と trope（回転）の2語により、昔、花序が太陽とともに回転すると信じられていたことに由来する。	ヘリオトロープ（*H. arborescens*）
◎ *Hypericum* ヒペリクム	オトギリソウ属 オトギリソウ科	ギリシア語の hyper（上）と eikon（絵、像）の2語により、古代、真夏の祭典で、悪魔を撃退するのに、本属の植物の花を像の上に置いたことに由来するといわれる。	キンシバイ（*H. patulum*）
☆ *Spiraea* スピラエア	シモツケ属 バラ科	おそらくギリシア語の speira（花輪、渦巻き）により、花のついた枝が花輪をつくることに用いられたことに由来する。	コデマリ（*S. cantoniensis*）

● その他　　属名欄の記号は性別（★＝男性、☆＝女性、◎＝中性）、主な種類の園は園芸名を表す。

属名（学名）カナ読み	属名（和名）科名	由来	主な種類
◎ *Adiantum* アジアンツム	ホウライシダ属 イノモトソウ科	ギリシア語の adiantos（湿っていない）により、葉が水をはじいて濡れないことに由来する。	アジアンツム・ラッディアヌム（*A. raddianum*）
★ *Agapanthus* アガパンツス	ムラサキクンシラン属 ヒガンバナ科	ギリシア語の agape（愛）と anthos（花）の2語により、おそらく花の愛らしさに由来する。	アガパンツス・プラエコクス（*A. praecox*）
◎ *Ageratum* アゲラツム	カッコウアザミ属 キク科	おそらくギリシア語の a（否定）と geras（年をとる、古くなる）の2語により、花色が長く色あせないことに由来する。	アゲラツム（*A. houstonianum*）
☆ *Calendula* カレンドゥラ	キンセンカ属 キク科	ラテン語の calendae（月の第1日に対するローマ古暦の呼び名で、転じて1か月を示す）により、本属のある種が絶え間なく開花することに由来する（写真182頁）	ヒメキンセンカ（*C. arvensis*）
☆ *Callicarpa* カリカルパ	ムラサキシキブ属 シソ科	ギリシア語の kallos（美しい）と karpos（果実）の2語により、美しい果実に由来する。	ムラサキシキブ（*C. japonica*）
★ *Catharanthus* カタランツス	ニチニチソウ属 チョウチクトウ科	ギリシア語の katharos（純粋な）と anthus（花）の2語による。	ニチニチソウ（*C. roseus*）

● その他　　　　　　　　　属名欄の記号は性別（★＝男性、☆＝女性、◎＝中性）、主な種類の園は園芸名を表す。

属名（学名） カナ読み	属名（和名） 科名	由来	主な種類
☆ *Celosia* ケロシア	ケイトウ属 ヒユ科	ギリシア語の kelos（燃焼した）により、本属のある種の花序の色と外形に由来する。	ケイトウ (*C. argentea*)
★ *Cosmos* コスモス	コスモス属 キク科	ギリシア語の kosmos（飾り、美しい）により、本属の花が美しいことに由来する。	コスモス (*C. bipinnatus*)
★ *Dianthus* ディアンソス	ナデシコ属 ナデシコ科	ギリシア語の dios（神聖な）と anthos（花）の2語により、花の美しさと芳香からテオフラストスが用いた名に由来する（写真 182 頁）	カワラナデシコ (*D. longicalyx*)
☆ *Dracaena* ドラカエナ	リュウケツジュ属 キジカクシ科	ギリシア語の drakaina（雌の龍）により、本属の一種のリュウケツジュ（*D. draco*）が「龍の血」（doragon's blood）と呼ばれる赤い樹脂を出すことに由来する。	ドラセナ・フラグランス (*D. fragrans*)
☆ *Eucharis* エウカリス	ヒガンバナ科	ギリシア語の cu（よい）と charis（引きつける）の2語により、花が美しいことに由来する（写真 182 頁）。	アマゾンユリ (*E. × grandiflora*)
◎ *Exacum* エクサクム	ベニヒメリンドウ属 リンドウ科	ギリシア語の ex（外へ）と ago（追い出す）の2語により、由来ははっきりしないが、一説には毒などを取り除く効力があったと想像されたことに因むとも、ガリア古名 exacon に由来するともいわれる。	エキザカム (*E. affine*)
☆ *Gloriosa* グロリオサ	キツネユリ属 イヌサフラン科	ラテン語の gloriosus（光栄な、見事な）により、花の美しさに由来する（写真 182 頁）。	グロリオサ (*G. superba*)
★ *Helianthus* ヘリアンツス	ヒマワリ属 キク科	ギリシア語の helios（太陽）と anthos（花）の2語により、頭状花序の形態と、蕾期までは太陽の方向に向くことに由来する（写真 182 頁）。	ヒマワリ (*H. annuus*)
★ *Hibiscus* ヒビスクス	フヨウ属 アオイ科	ゼニアオイ属（*Malva*）の植物につけられたギリシアおよびラテン古名によるが、その語源はエジプトの神（Hibis）とギリシア語の isko（似る）の2語に由来する。	フヨウ (*H. mutabilis*)
☆ *Impatiens* インパティエンス	ツリフネソウ属 ツリフネソウ科	ラテン語の impatiens（我慢できない、耐えられない）により、成熟した果実に触れるとすぐに裂開して、勢いよく種子をまき散らすことに由来する。	アフリカホウセンカ (*I. walleriana*)
★ *Lathyrus* ラティルス	ハマエンドウ属 マメ科	エンドウマメまたは豆類のある種につけられたギリシア名 lathyros に由来する。	スイートピー (*L. odoratus*)
☆ *Mirabilis* ミラビリス	オシロイバナ属 オシロイバナ科	ラテン語の mirabilis（すばらしい、驚異的な）により、花を形容したものと思われる。	オシロイバナ (*M. jalapa*)
◎ *Osmanthus* オスマンツス	モクセイ属 モクセイ科	ギリシア語の osme（におい）と anthos（花）の2語により、花に芳香があることに由来する。	キンモクセイ (*O. fragrans* var. *aurantiacus*)
★ *Oxalis* オクサリス	カタバミ属 カタバミ科	ギリシア語の oxys（酸っぱい）により、本属の植物が、葉にシュウ酸を含むため酸味があることに由来する。	フヨウカタバミ (*O. purpurea*)
◎ *Papaver* パパウェル	ケシ属 ケシ科	属名の由来には諸説あるが、一説にはギリシア語の papa（パンがゆ）により、その乳状の汁液に由来するという（写真 182 頁）。	アイスランド・ポピー (*P. nudicaule*)
☆ *Passiflora* パッシフロラ	トケイソウ属 トケイソウ科	ラテン語の passio（苦悩、キリストの「受難」）と flos（花）の2語により、花やその他の部分をキリストはりつけの様子にたとえたことに由来する。副花冠をいばらの冠、5個の葯を5つの傷、5枚の萼片と5枚の花弁は10人の使徒に、などと見立てた（写真 182 頁）。	トケイソウ (*P. caerulea*)
☆ *Petunia* ペツニア	ツクバネアサガオ属 ナス科	タバコ（*Nicotiana tabacum*）につけられたブラジル名 petun の誤用に由来する。	ペチュニア (*P. hybrida*)
☆ *Primula* プリムラ	サクラソウ属 サクラソウ科	ラテン語の primus（最初の）の縮小形で、他の花に先駆けて春に咲くことに由来する（写真 182 頁）。	プリムラ・オブコニカ (*P. obconica*)
☆ *Salvia* サルウィア （サルビア）	アキギリ属 シソ科	ラテン語の salvus（健康である、健在する）により、本属のある種に薬効があるとされることに由来する（写真 182 頁）。	サルビア (*S. splendens*)

Chapter 4　植物の名前

ヒメキンセンカ
Calendula arvensis
属名はラテン語で1か月を示す語により、本属のある種が絶え間なく開花することに由来する

カワラナデシコ
Dianthus longicalyx
属名はギリシア語で「神聖な花」により、花の美しさと芳香に由来する

アマゾンユリ
Eucharis × *grandiflora*
属名はギリシア語で「よい」と「引きつける」により、花が美しいことに由来する

グロリオサ'ローズ・クイーン'
Gloriosa superba 'Rose Queen'
属名はラテン語の gloriosus（光栄な、見事な）により、花の美しさに由来する

ヒマワリ　サンリッチ・オレンジ
Helianthus annuus
Sunrich™ Orange
属名はギリシア語の helios（太陽）と anthos（花）の2語により、頭状花序の形態と、蕾期までは太陽の方向に向くことに由来する

アイスランドポピー
Papaver nudicaule cvs.
属名の由来には諸説あるが、一説にはギリシア語の papa（パンがゆ）により、その乳状の汁液に由来するという

パッシフロラ・コッキネア
Passiflora coccinea
属名は花やその他の部分をキリストはりつけの様子にたとえたことに由来する

カウスリップ
Primula veris
属名は他の花に先駆けて春に咲くことに由来する

セージ
Salvia officinalis
属名はラテン語で「健康である、健在する」を意味し、本属のある種に薬効があるとされることに由来する

4-5　種形容語

● 種形容語表記の基本

　種に対する学名(151頁)は、**属名**と**種形容語**との組み合わせで表され、この命名法を**二語名法**または**二命名法**(152頁)と呼んでいます。種形容語は、多くの場合は形容詞ですが、名詞の所有格または固有名詞の場合もあります。

　形容詞の時は、ラテン語の文法上の規則にのっとって、属名の性に従い、語尾が変化します。反対に、名詞の所有格や固有名詞の場合、性による語尾の変化はありません。185頁以降の属名の解説では、属の性は記号(★ ☆ ◎)の種類で区別しています。この記号を見ただけで、女性の場合が断然多いことがわかります。

　また、研究者の見解により分類群の位置づけが変更される時、学名が変わることがあります。その際、属名の性が異なれば、同じ種形容語であっても語尾が変化するので注意が必要です。

　種形容語は、原則としてその種の特徴をよく表す形容詞(または名詞の所有格や固有名詞)が選ばれるため、その意味を知っていると、その種の特徴がよくわかり、また学名にもより親しみが持てるでしょう。また、亜種、変種、品種(151頁)も同じ言葉で表現されます。

　もちろん例外もあり、その種の特徴が表されていない種形容語でも、国際藻類・菌類・植物命名規約に従ったものであれば、合法名(156頁)として認められます。

　例えば、園芸上、シクラメンと呼ばれる栽培品種のもととなったシクラメン・ペルシクムの学名は、*Cyclamen persicum* です。種形容語の *persicum* は「ペルシアの、ペルシア産の」を意味し、「ペルシア産のシクラメン属」という意味がある名前であることがわかります。しかし、ペルシアは現在のイランを中心とした地域を示しますが、実際にはシクラメン・ペルシクムはこの地域には分布していません。このような例外を探し出すのも楽しいものです。

　ここでは、よく使われる種形容語をその意味によって大別し、解説してみました。紙幅の都合上、男性のみ(正確な文法上は、男性、単数、主格のみ)を表記しました。実際に調べる時には、属名の性によって語尾を変化させてから対照する必要があります。

　属名の性によって形容詞の語尾が変化するパターンには、多くのタイプがありますが、184頁表4.5の四つのパターン(I～IV型)を覚えておけば、あてはまることが多いでしょう。

　また、よく使われる接頭語と接尾語は、それぞれ、〇〇〇-(接頭語)、-〇〇〇(接尾語)というように表しました。

● 固有名詞に由来する種形容語

　種形容語(153頁)が固有名詞に由来するものは、できるだけその国の発音に近づけるように推奨されています。

　種形容語に地名を用いる場合は、次のように形容詞化して使用します。まず、国名の場合、男性の際は、*icus* を語尾につけ、それぞれの属名の性に従って、語尾変化することが多くなります。

　　例：Japan (日本) → *japonicus, japonica, japonicum*

　その他の地名や一部の国名は、男性の際は、*ensis* または *anus* を語尾につけ、それぞれの属の性に従って語尾変化します。

例：Chile（チリ）→ *chilensis, chilensis, chilense*
　　Africa（アフリカ）→ *africanus, africana, africanum*

種形容語に人名を用いる際は、所有格にするか、形容詞化して用います。
　所有格にするには、次のようにします。この場合、形容詞ではないので、属名の性による語尾変化はありません。
　①人名の語尾が母音で終わる時、その母音が a の場合は、その後に e をつけ、a 以外の母音の場合は、その後に i をつける。
　　　例：Makino（牧野）→ *makinoi*
　②人名の語尾が er で終わる場合には、その後に i をつける。
　　　例：Kaempfer（ケンペリ）→ *kaempferi*
　③人名の語尾がその他の子音の場合は、その後に i または ii をつける。
　　　例：Siebold（シーボルト）→ *sieboldii*

　人名を形容詞化する場合は、人名の終わりに、男性の際は、*anus* または *ianus* をつけ、この場合は属名の性により語尾変化をさせます。
　　　例：Makino（牧野）→ *makinoanus, makinoana, makinoanum*

表4.5　形容詞の主な語尾変化

型 語尾変化	意味	男性	女性	中性
I型 -us, -a, -um	翼のある	*alatus* アラツス	*alata* アラタ	*alatum* アラツム
II型 -er, -ra, -rum	無毛の	*glaber* グラベル	*glabra* グラブラ	*glabrum* グラブルム
III型 -is, -is, -e	短い	*brevis* ブレウィス	*brevis* ブレウィス	*breve* ブレウェ
IV型 変化なし	恐ろしい	*ferox* フェロクス	*ferox* フェロクス	*ferox* フェロクス

●形態や大きさなどに由来する種形容語（※写真参照）

種形容語（男性）	カナ読み	意味
acantho-	アカント	刺（とげ）の、針のある（接頭語。後に続く語が母音で語が母音で始まる場合は acanth-）
acaulis	アカウリス	無茎の、茎のない
aculeatus	アクレアツス	刺のある、針のある、尖った
acuminatus	アクミナツス	鋭先の、鋭先形の、先がしだいに尖った
acutus	アクツス	鋭い、鋭先の
adeno-	アデノ	腺の、腺のある（接頭語。後に続く語が母音で始まる場合は aden-）
alatus	アラツス	翼のある、翼状部のある
alternatus	アルテルナツス	互生の
alternifolius	アルテルニフォリウス	互生葉の
altus	アルツス	高い、深い
amplus	アンプルス	広い、大きい
ampullaria ※	アンプラリア	瓶形の、壺状の
anceps	アンケプス	2稜形の、2つの端がある
angularis	アングラリス	稜のある、角のある
angulatus	アングラツス	稜のある、角のある
angulosus	アングロスス	稜のある、稜角のある
angustus	アングスツス	狭い、細い
-anthus	アンスス	…花の（接尾語）
arborescens	アルボレスケンス	亜高木の
arboreus	アルボレウス	高木の、樹木の
aristatus ※	アリスタツス	芒(のぎ)のある、芒形の
ascendens	アスケンデンス	傾上の、斜上の
asper	アスペル	粗面の、ざらざらした
asterias	アステリアス	星の、ヒトデのような
astero-	アステロ	星形の（接頭語。後に続く語が母音で始まる場合は aster-）
auriculatus	アウリクラツス	耳形の、耳状の
axillaris	アクシラリス	腋生の
barbatus	バルバツス	ひげのある、ひげ状の、毛の生えた、芒(のぎ)のある
bifurcatus	ビフルカツス	二又に分かれた、二岐した
brachy-	ブラキ	短い（接頭語）
bracteatus	ブラクテアツス	苞のある
brevi-	ブレウィ	短い（接頭語）
brevis	ブレウィス	短い
calcaratus	カルカラツス	距のある
calvus	カルウス	無毛の、裸出の
campanulatus	カンパヌラツス	鐘形の
canaliculatus	カナリクラツス	小管の、細管の
caperatus ※	カペラツス	しわのある
capillatus	カピラツス	細毛のある、毛状の
capitatus	カピタツス	頭状の、頭状花序の

ネペンテス・アンプラリア
Nepenthes ampullaria
種形容語は「瓶形の」という意味で、捕虫袋の形態に由来する。属名は女性

アロエ・アリスタタ
Aloe aristata
種形容語は「芒(のぎ)のある」という意味で、葉の形態に由来する。属名は女性

ペペロミア・カペラタ
Peperomia caperata
種形容語は「しわのある」という意味で、葉の形態に由来する。属名は女性

●形態や大きさなどに由来する種形容語（※写真187頁参照）

種形容語（男性）	カナ読み	意味
carinatus	カリナツス	背稜のある
carnosus	カルノッス	肉質の
caudatus ※	カウダツス	尾のある、尾状の、尾形の
caulescens	カウレスケンス	茎のある、有茎の
cauliflorus	カウリフロルス	幹生花のある
chamae-	カマエ	小さい、低い（接頭語）
circinalis	キルキナリス	渦巻き状の、コイル状の
circinatus	キルキナツス	渦巻き状の、コイル状の
clavatus	クラウァツス	棍棒形の、バット形の
comosus	コモスス	長束毛のある
compressus	コンプレッスス	扁平の
conformis	コンフォルミス	同形の
cordatus	コルダツス	心臓形の、心形の
coriaceus	コリアケウス	革質の
cornutus	コルヌツス	角（つの）のある、角形の
coronarius	コロナリウス	花冠の、副花冠の
corymbosus	コリンボスス	散房花序の、散房状の
crassipes	クラッシペス	太い柄のある
crassus	クラッスス	厚い、太い、多肉質の
crenatus	クレナツス	鈍鋸歯のある
crispatus	クリスパツス	縮れた、しわのある
crispus	クリスプス	縮れた、しわのある
cristatus	クリスタツス	とさか状の
cuneatus	クネアツス	くさび状の
curvatus	クルウァツス	曲がった、湾曲した
cylindraceus	キリンドラケウス	円柱状の、円筒形の
cylindratus	キリンドラツス	円柱状の、円筒形の
cymosus	キモスス	集散花序の
decumbens	デクンベンス	横臥している、寄りかかった
deformis	デフォルミス	奇形の、形が損なわれた
deltoides	デルトイデス	三角形の
densiflorus	デンシフロルス	密生して咲く花の
dentatus	デンタツス	歯状の、歯牙のある
diformis	デフォルミス	異形の、不同形の、変成された
divisus	ディウィッスス	全裂の、分裂した
elatior	エラティオル	より高い（elatusの比較級）
elatius	エラティウス	より高い（elatusの比較級）
elatus	エラツス	背の高い、高い
ellipticus	エリプティクス	楕円形の
elongatus	エロンガツス	伸長した、細長くなった
erectus	エレクツス	直立した
erio-	エリオ	軟毛の（接頭語）
excelsus	エクセルッスス	高い、高性の、隆起した
falcatus	ファルカツス	鎌状の、鎌形の
farinosus	ファリノスス	粉質の、粉状の
fasciatus	ファスキアツス	束状の、帯状の、横縞の
fasciculatus	ファスキクラツス	束生の、束になった、叢生の
fenestralis ※	フェネストラリス	格子窓のある、小窓状の
fenestratus	フェネストラツス	格子窓のある、小窓状の
filamenontosus	フィラメントスス	糸状の
fimbriatus	フィンブリアツス	縁毛のある
fistulosus	フィスツロッスス	管状の、中空の
flabellatus	フラベラツス	扇状の、扇形の
flore-pleno	フロレ - プレノ	八重咲きの、八重花の
floribundus	フロリブンドゥス	花の多い、多花性の
floridas	フロリドゥス	花の多い、目立つ花のある、花満開の
-florus	フロルス	…花の（接尾語）
-folius	フォリウス	…葉の（接尾語）
frutescens	フルテスケンス	低木状の、低木性の
fruticosus	フルティコスス	低木に似た、低木状の
furcatus	フルカツス	叉状の
gibbosus	ギッボスス	片側にふくれた、こぶのある、こぶ状の
gibbus	ギッブス	片側にふくれた、こぶのある、こぶ状の
giganteus	ギガンテウス	非常に大きい、巨大な
gigas	ギガス	非常に大きい、巨大
glaber	グラベル	無毛の、平滑の
glandulifer	グランドゥリフェル	腺のある、腺をもった
globosus ※	グロボッスス	球形の、球状の
glomeratus	グロメラツス	球状に集まった、球状になった
gracilis	グラキリス	か細い、細長い、華奢な
grandiflorus	グランディフロルス	大きい花の
grandis	グランディス	大きい、偉大な、荘重な
guttatus	グッタツス	斑点のある
hastatus	ハスタツス	ほこ形の
helix	ヘリクス	らせん状の
herbaceus	ヘルバケウス	草本の、草質の
hetero-	ヘテロ	異なる、種々の（接頭語。後に続く語が母音で始まる場合は heter-）
heterophyllus	ヘテロフィルス	異種の葉がある、異形葉の
hirsutus	ヒルスツス	粗毛のある、剛毛のある
hirtellus	ヒルテルス	短い粗毛のある
hirtus	ヒルツス	毛がある、有毛の
hispidus	ヒスピドゥス	粗毛のある、剛毛のある、刺毛のある
humilis	フミリス	低性の、低い、小さい
imbricatus	インブリカツス	瓦状の、瓦重ね状の
immaculatus	インマクラツス	斑点のない、斑紋のない
incurvus	インクルウス	内曲した
indivisus	インディウィッスス	分裂していない、分かれていない、連続した
ingens	インゲンス	巨大な、法外な
integer	インテゲル	全縁の

種形容語（男性）	カナ読み	意味
integrifolius	インテゲリフォリウス	全縁の葉の
involucratus	インウォルクラツス	総苞のある
labiatus	ラビアツス	唇形の、二唇形の
laevigatus	ラエウィガツス	無毛の、平滑な
laevis	ラエウィス	平滑な、無毛の
lanatus	ラナツス	羊毛のような、羊毛のような軟毛のある
lanceolatus	ランケオラツス	披針形の
lancifolius	ランキフォリウス	披針形葉の
lati-	ラティ	幅の広い（接頭語）
latifolius	ラティフォリウス	広葉の
latus	ラツス	幅の広い、広々とした
laxi-	ラクシ	まばらな、粗い（接頭語）
laxiflorus	ラクシフロルス	まばらな花の
lepto-	レプト	薄い、細い（接頭語。後に続く語が母音で始まる場合は lept-）
linearis	リネアリス	線形の、線状の
lineatus	リネアツス	線条のある、線紋のある
lingulatus	リングラツス	舌形の、舌状の
lobatus	ロバツス	浅裂した、裂片のある
longifolius	ロンギフォリウス	長い葉の
longus	ロングス	長い
macranthus	マクランツス	大きい花の
macro-	マクロ	大きい（接頭語。後に続く語が母音で始まる場合は macr-）
macrophyllus	マクロフィルス	大きい葉の
maculatus	マクラツス	斑紋のある、斑点のある
major	マヨル	より大きい、より偉大な
marginalis	マルギナリス	覆輪のある
marginatus	マルギナツス	縁取りした、覆輪のある
marmoratus	マルモラツス	大理石模様のある
maximus	マクシムス	最大の、非常に大きい
mega-	メガ	大きい、巨大な（接頭語）
membranaceus	メンブラナケウス	膜質の、膜状の
micranthus	ミクランツス	小さい花の
micro-	ミクロ	小さい（接頭語。後に続く語が母音で始まる場合は micr-）
minimus	ミニムス	最小の、非常に小さい
minor	ミノル	より小さい、小型の
minutus	ミヌツス	細微な、微小な、微細な
molis	モリス	柔軟毛のある
mosaicus	モサイクス	モザイク状の
multi-	ムルティ	多い、数多い（接頭語。後に続く語が母音で始まる場合は mult-）
multiflorus	ムルティフロルス	多花の

ブラッシア・カウダタ
Brassia caudata
種形容語は「尾状の」という意味で、花形に由来する。属名は女性

フリーセア・フェネストラリス
Vriesea fenestralis
種形容語は「格子窓のある」という意味で、葉の模様に由来する。属名は女性

センニチコウ'アンドレイ・バイカラー・ローズ'
Gomphrena globosa 'Audray Bicolor Rose'
種形容語は「球状の」という意味で、花序の形態に由来する。属名は女性

● 形態や大きさなどに由来する種形容語（※写真189頁参照）

種形容語（男性）	カナ読み	意味
musaicus	ムサイクス	モザイク状の
nanus	ナヌス	矮性の、低い、小さい
nervosus	ネルウォスス	脈状になった
nucifer	ヌキフェル	堅果をもった
nummularius	ヌンムラリウス	硬貨形の、貨幣形の
nutans	ヌタンス	うなだれた、ぶら下がった
obconicus	オブコニクス	倒円錐形の
obcordatus	オブコルダツス	倒心臓形の
obesus ※	オベスス	肥満した、太りすぎた
oblongatus	オブロンガツス	長楕円形の
obovatus	オボウァツス	倒卵形の
oppositifolius	オッポシティフォリウス	対生葉の
orbicularis	オルビクラリス	円形の
orbiculatus	オルビクラツス	円形の
ovalis	オウァリス	広卵形の
ovatus	オウァツス	卵形の
oxypetalus	オクシペタルス	尖った花弁の
pachy-	パキ	厚い、太い（接頭語）
palmatus	パルマツス	掌状の
paniculatus	パニクラツス	円錐状の、円錐花序の
papyraceus	パピラケウス	紙のような、紙質の
partitus	パルティツス	深裂の、深裂した
parviflorus	パルウィフロルス	小さな花の
patens	パテンス	開出した、ひろがった
patulus	パツルス	わずかに開いた
pauci-	パウキ	少数の、少量の（接頭語。後に続く語が母音で始まる場合は pauc-)
pauciflorus	パウキフロルス	少数花の
pectinatus	ペクティナツス	櫛の歯状の
pedatus	ペダツス	鳥足状の
pellucidus	ペルキドゥス	半透明の
peltatus	ペルタツス	盾状の
pendulus	ペンドゥルス	下垂した、ぶら下った
pennatus	ペンナツス	羽状の
perforatus	ペルフォラツス	貫通した、あなの開いた
perulatus	ペルラツス	鱗片のある
-phyllus	フィルス	…葉の（接尾語）
pilifer	ピリフェル	軟毛のある
pinnatus	ピンナツス	羽状の
planifolius	プラニフォリウス	扁平な葉の
platy-	プラティ	広い、平らな（接頭語）
pleniflorus	プレニフロルス	八重咲きの
plicatilis	プリカティリス	扇だたみの、ひだのある
plicatus	プリカツス	扇だたみの、ひだのある
plumosus	プルモスス	羽毛状の
podophyllus	ポドフィルス	有柄葉の、葉柄がある葉の
poly-	ポリ	多くの、多数の（接頭語）

種形容語（男性）	カナ読み	意味
polyanthus ※	ポリアンツス	多花の
procumbens	プロクンベンス	平臥の、這った
pubescens	プベスケンス	細軟毛のある、微軟毛のある
pumilus	プミルス	低い、矮性の、小さい
punctatus	プンクタツス	斑点のある、細点のある
pusillus	プシルス	小さい、弱い、細い
pycnanthus	ピクナンツス	密に花のある
pygmaeus	ピグマエウス	矮性の
quinquefolius	クインクエフォリウス	5葉の、5出葉の
racemosus	ラケモスス	総状花序の
radiatus	ラディアツス	放射状の
radicans	ラディカンス	根を生じる
ramosus	ラモスス	分枝した、枝の多い
recurvatus	レクルウァツス	反曲の、反り返った
reflexus	レフレクスス	外曲した、反巻した
reniformis	レニフォルミス	腎臓形の
repandus	レパンドゥス	波状の、浅波状の
repens	レペンス	横に這う、匍匐（ほふく）性の
reticulatus	レティクラツス	網状の、網目状の
revolutus	レウォルツス	外巻きの
rhombifolius	ロンビフォリウス	菱形葉の
rigidus	リギドゥス	硬直した、曲がらない
rostratus	ロストラツス	くちばし状の
rotundatus	ロツンダツス	円形の
rotundus	ロツンドゥス	円形の、円くなった
rugosus	ルゴスス	しわの多い、縮んだ
sagittatus	サギッタツス	やじり形の
sarmentosus	サルメントスス	匐枝のある
scandens	スカンデンス	よじ登る
scariosus	スカリオスス	乾膜質の
scoparius	スコパリウス	ほうき状の
serratus	セラツス	鋸歯のある
serrulatus	セルラツス	細かい鋸歯のある
sessilis	セッシリス	無柄の
setosus	セトスス	刺毛状の、剛毛状の
sinuatus	シヌアツス	深波状の
spathaceus	スパタケウス	仏炎苞のある、仏炎苞状の
spathulatus	スパツラツス	へら形の、さじ形の
spicatus	スピカツス	穂状の、穂状花序のある
spinosus	スピノスス	刺の多い
spinulosus	スピヌロスス	小刺のある
spiralis	スピラリス	らせん状の
squarrosus ※	スクアロスス	表面がざらざらした
stellatus	ステラツス	星形の、星の
steno-	ステノ	細い、狭い（接頭語。後に続く語が母音で始まる場合は sten-)

種形容語（男性）	カナ読み	意味
stolonifer	ステロニフェル	葡匐枝のある
strepto-	ストレプト	曲がった、ねじれた（接頭語。後に続く語が母音で始まる場合はstrept-）
striatus	ストリアツス	線条のある、縦縞のある、溝のある
strictus	ストリクツス	直立の、真っすぐの
subulatus	スブラツス	針状の、のみ状の
succulentus	スックレンツス	多肉質の、多汁質の
suffruticosus	スッフルティコスス	亜低木状の、亜低木の
surculosus	スルクロスス	吸枝（地下を走る葡匐枝）のある
tenui-	テヌイ	細い、薄い（接頭語）
teres	テレス	円柱形の
terminalis	テルミナリス	頂生の
ternatus	テルナツス	3出の、3数の、3輪生の
tessellatus	テッセラツス	格子状の、市松模様の
tomentosus	トメントスス	密綿毛のある、ビロード毛のある
transparens	トランスパレンス	透明の
triangularis	トリアングラリス	三角の、三角形の
tricho-	トリコ	毛状の（接頭語。後に続く語が母音で始まる場合はtrich-）
tuberosus	ツベロスス	塊茎のある、塊茎状の
tuburosus	ツブロスス	管状の、管状部のある
umbellatus	ウンベラツス	散形花序の、散形の
undatus	ウンダツス	鈍波状の
undulatus	ウンドゥラツス	波状の、うねった
variegatus	ウァリエガツス	斑紋のある、斑入りの
ventricosus	ウェントリコスス	肥大した、ふくれた
verrucosus	ウェルコスス	いぼ状突起のある、いぼの
versicolor	ウェルシコロル	斑入りの、色が変化する、様々な色のある
verticillaris	ウェルティキラリス	輪生の、輪生葉を持った
verticillatus	ウェルティキラツス	輪生の、輪生葉を持った
vestitus	ウェスティツス	軟毛で覆われた
villosus	ウィロスス	長軟毛のある
zonalis	ゾナリス	環状紋のある
zonatus	ゾナツス	環状紋のある

ユーフォルビア・オベサ
Euphorbia obesa
種形容語は「肥満した」という意味で、多肉化した茎に由来する。属名は女性

ハゴロモジャスミン
Jasminum polyanthum
種形容語は「多花の」という意味で、多くの花がつくことに由来する。属名は中性

アフェランドラ'ダニア'
Aphelandra squarrosa 'Dania'
種形容語は「表面がざらざらした」という意味で、葉の特徴に由来する。属名は中性

● 他の植物や動物との類似性に由来する種形容語（※写真参照）

種形容語（男性）	カナ読み	意味
abietinus	アビエティヌス	モミ属（Abies）のような
acerifolius	アエリフォリウス	カエデ属（Acer）のような葉の
aceroides	アケロイデス	カエデ属（Acer）に似た
alliaceus ※	アリアケウス	ネギ属（Allium）のような、ネギ類臭のある
aloides	アロイデス	アロエ属（Aloe）に似た
apifer	アピフェル	ハチの形をしている
bambusifolius	バンブシフォリウス	タケのような葉の
bambusoides	バンブソイデス	タケに似た
bellidiformis	ベリディフォルミス	ヒナギク属（Bellis）のような形の
buxifolius	ブクシフォリウス	ツゲ属（Buxus）のような
cactiformis	カクティフォルミス	サボテン状の
corallinus	コラリヌス	サンゴ状の
dianthiflorus	ディアンティフロルス	ナデシコ属（Dianthus）のような花の
elephantipes	エレファンティペス	ゾウの足のような、太い幹の
ericifolius	エリキフォリウス	エリカ属（Erica）のような葉の
ficifolius	フィキフォリウス	イチジクのような葉の
filicinus	フィリキヌス	シダのような
gramineus	グラミネウス	イネ科のような、イネ科に似た
graminifolius	グラミニフォリウス	イネ科のような、イネ科状の葉の
hederaceus	ヘデラケウス	キヅタ属（Hedera）に似た
jasminoides	ヤスミノイデス	ソケイ属（Jasminum）に似た
liliaceus	リリアケウス	ユリ属（Lillium）のような
papilio ※	パピリオ	蝶形花
pavoninus	パウォニヌス	クジャクに似た、派手な、色鮮やかな
pavonius	パウォニウス	クジャクに似た、派手な、色鮮やかな
primulinus	プリムリヌス	サクラソウ属（Primula）のような
primuloides	プリムロイデス	サクラソウ属（Primula）のような
usneoides	ウスネオイデス	サルオガセに似た
uvarius	ウウァリウス	ブドウの
zebrinus ※	ゼブリヌス	シマウマ状の縞がある

ニンニクカズラ
Mansoa alliacea
種形容語は「ネギ類臭のある」という意味で、葉にニンニクのような臭いがあることに由来する。属名は女性

プシコプシス・パピリオ
Psychopsis papilio
種形容語は「蝶形花」という意味で、花形に由来する。属名は女性

カラテア・ゼブリナ
Calathea zebrina
種形容語は「シマウマ状の縞がある」という意味で、葉の模様に由来する。属名は女性

●色彩などに由来する種形容語（※写真参照）

種形容語（男性）	カナ読み	意味
achromaticus	アクロマティクス	無色の
aeneus	アエネウス	青銅色の、ブロンズ色の
albi-	アルビ	白色の（接頭語）
albiflorus	アルビフロルス	白花の
albiflos	アルビフロス	白花の
albus	アルブス	白い、白色の
argentatus	アルゲンタツス	銀のような、銀白色の
argenteus	アルゲンテウス	銀のような、銀白色の
atro-	アトロ	暗黒の（接頭語）
atropurpureus	アトロプルプレウス	暗紫色の、黒紫色の
atrosanguineus	アトロサングイネウス	暗血紅色の
aurantiacus	アウランティアクス	橙黄色の、オレンジ色の
aurantius	アウランティウス	橙黄色の、オレンジ色の
aureus	アウレウス	黄金色の、黄色の
azureus	アズレウス	空青色の、淡青色の
bicolor	ビコロル	2色の
brunneus	ブルンネウス	濃茶色の、濃褐色の
caelestis	カエレスティス	青色の、空色の
caerulescens	カエルレスケンス	青色がかった
caeruleus	カエルレウス	青色の、空色の
candicans	カンディカンス	白い光沢のある、白毛のある、白くなった
candidus	カンディドゥス	純白色の、白く輝いた、白毛のある
canescens	カネスケンス	灰白色の
cardinalis	カルディナリス	深紅色の、緋紅色の
carneus	カルネウス	肉色の、肉紅色の
chloro-	クロロ	緑色の（接頭語。後に続く語が母音で始まる場合はchlor-)
chrysanthus	クリサンツス	黄色の花の
chryso-	クリソ	黄金色の（接頭語。後に続く語が母音で始まる場合はchrys-)
cinereus	シネレウス	灰色の
cinnabarinus	キンナバリヌス	朱紅色の
citrinus	キトリヌス	レモン黄色の
coccineus	コッキネウス	深紅色の、緋紅色の
coeruleus ※	コエルレウス	青色の、空色の
coloratus	コロラツス	着色した
concolor	コンコロル	同色の
corallinus	コラリヌス	サンゴ紅色の
crocatus	クロカツス	サフラン黄色の
cruentus	クルエンツス	暗紅色の、血紅色の
cupreatus	クプレアツス	銅色の
cupreus	クプレウス	銅赤色の
cyaneus	キアネウス	暗藍色の
cyanus	キアヌス	藍色の
decolor	デコロル	無色の

バンダ・コエルレア
Vanda coerulea
種形容語は「青色の」という意味で、花色に由来する。属名は女性

パキスタキス
Pachystachys lutea
種形容語は「黄色の」という意味で、苞の色に由来する。属名は女性

エキナセア
Echinacea purpurea
種形容語は「紫色の」という意味で、花色に由来する。属名は女性

● 色彩などに由来する種形容語（※写真 191 頁参照）

種形容語（男性）	カナ読み	意味
decoloratus	デコロラツス	無色の
discolor	ディスコロル	異色の、両面異色の
erubescens	エルベスケンス	紅色の
erythro-	エリスロ	赤色の（接頭語）
ferrugineus	フェルギネウス	鉄錆色の
flavescens	フラウェスケンス	黄色っぽい
flavidus	フラウィドゥス	淡黄色の、黄色がかった
flavovirens	フラウォウィレンス	黄緑色の
flavus	フラウス	鮮黄色の、黄色の
fulgens	フルゲンス	光沢のある、光輝のある
fuscus	フスクス	暗赤褐色の
glaucescens	グラウケスケンス	やや灰青色の
glaucus	グラウクス	淡青緑色の、灰青色の
griseus	グリセウス	灰白色の、青灰色の
haemato-	ハエマト	血紅色の（接頭語。後に続く語が母音で始まる場合は haemat-）
igneus	イグネウス	炎紅色の、輝く赤色の
incanus	インカヌス	灰白色の、微白色の
incarnatus	インカルナツス	肉色の
ionanthus	イオナンツス	スミレ色の花の
lacteus	ラクテウス	乳白色の
lacticolor	ラクティコロル	乳白色の
leuco-	レウコ	白色の（接頭語。後に続く語が母音で始まる場合は leuc-）
leuconeurus	レウコネウルス	白い脈の
lucidus	ルキドゥス	強い光沢のある、輝く
lutescens	ルテスケンス	淡黄色の、やや黄色
luteus ※	ルテウス	黄色の
melano-	メラノ	黒色の（接頭語）
metallicus	メタリクス	金属製光沢のある
miniatus	ミニアツス	朱紅色の
niger	ニゲル	黒色の、黒い
nitidus	ニティドゥス	光沢のある、輝きのある
niveus	ニウェウス	雪のような白色の、純白の
pallidus	パリドゥス	淡白色の、蒼白色の
pullus	プルス	暗黒の
puniceus	プニケウス	鮮紅色の
purpurascens	プルプラスケンス	淡紅紫色の、やや紫がかった
purpuratus	プルプラツス	紫色の
purpureus ※	プルプレウス	紫色の
roseus	ロセウス	バラ色の、淡紅色の
rubens	ルベンス	赤色の
ruber	ルベル	赤色の
rubescens	ルベスケンス	やや赤い
rubicundus	ルビクンドゥス	赤色のような、赤くなった
rubidus	ルビドゥス	赤色の
rutilans	ルティランス	赤色の、鮮赤色の
sanguineus	サングイネウス	血紅色の
splendens	スプレンデンス	強い光沢のある、光輝のある
sulphureus	スルフレウス	硫黄色の
tricolor	トリコロル	3 色の
tristis	トリスティス	暗色の
unicolor	ウニコロル	1 色の、単色の
volaceus	ウィオラケウス	紫紅色の、スミレ色の
virens	ウィレンス	緑色の
viridis	ウィリディス	緑色の
xanthinus	クサンティヌス	黄色の
xantho-	クサント	黄色の（接頭語。後に続く語が母音で始まる場合は xanth-）

● 味覚などに由来する種形容語

種形容語（男性）	カナ読み	意味
acetosus	アケトスス	酸っぱい、酸い
acidus	アキドゥス	酸っぱい、酸味のある
amarus	アマルス	苦い、苦味のある
dulcis	ドゥルキス	甘い、甘味のある
edulis	エドゥリス	食べられる、食用になる
esculentus	エスクレンツス	食べられる、食用になる
piperatus	ピペラツス	コショウのような辛味のある

● 香りなどに由来する種形容語（※写真 193 頁参照）

種形容語（男性）	カナ読み	意味
anosmus	アノスムス	無臭の、匂いのない
aromaticus ※	アロマティクス	香気のある、芳香のある
citriodorus	キトリオドルス	レモンの香りのある、レモン臭の
foetidus	フォエティドゥス	悪臭のある
fragrans	フラグランス	香りのよい、芳香のある
graveolens	グラウェオレンス	強い匂いのある
inodorus	イノドルス	無臭の、香りのない
moschatus	モスカツス	じゃこう様の香気がある
odoratus	オドラツス	芳香のある、香気がある
odorifer	オドリフェル	芳香を放つ
odorus ※	オドルス	芳香のある、香気がある
suaveolens ※	スアウェオレンス	芳香のある

リカステ・アロマティカ
Lycaste aromatica
種形容語は「芳香のある」という意味で、花の香りに由来する。属名は女性

ジンチョウゲ
Daphne odora
種形容語は「芳香のある」という意味で、花の香りに由来する。属名は女性

キダチチョウセンアサガオ
Brugmansia suaveolens
種形容語は「芳香のある」という意味で、花の香りに由来する。属名は女性

● 地名などに由来する種形容語（※写真194頁参照）

種形容語（男性）	カナ読み	意味
africanus	アフリカヌス	アフリカの
amazonica	アマゾニカ	アマゾンの
americanus	アメリカヌス	アメリカの
arabicus	アラビクス	アラビアの
arcticus	アルクティクス	寒帯の、北極の
asiaticus	アシアティクス	アジアの
australiensis	アウストラリエンシス	オーストラリアの、オーストラリア産の
bolivianus	ボリビアヌス	ボリビアの、ボリビア産の
boninensis	ボニネンシス	小笠原諸島産の
boninsimensis	ボニンシメンシス	小笠原諸島産の
bornensis	ボルネンシス	ボルネオの、ボルネオ産の
brasiliensis	ブラジリエンシス	ブラジルの、ブラジル産の
californicus	カリフォルニクス	カリフォルニアの
canadensis	カナデンシス	カナダの、カナダ産の
canariensis ※	カナリエンシス	カナリア諸島の、カナリア諸島産の
cantoniensis	カントニエンシス	中国の広東省の
capensis ※	カペンシス	南アフリカのケープ（喜望峰）の、ケープ産の
caucasicus	カウカシクス	コーカサス地方の、コーカサス地方産の
chilensis	チレンシス	チリの、チリ産の
chinensis	キネンシス	中国の、中国産の
europaeus	エウロパエウス	ヨーロッパの
formosanus	フォルモサヌス	台湾の、台湾産の
gallicus	ガリクス	フランス（古名 Gaul）の
hispanicus	ヒスパニクス	スペインの
indicus	インディクス	インドの
japonicus	ヤポニクス	日本の
kewensis ※	キューエンシス	イギリスのキュー王立植物園の
madagascariensis	マダガスカリエンシス	マダガスカル島の
nipponicus	ニッポニクス	日本の
persicus	ペルシクス	ペルシアの
sibiricus	シビリクス	シベリアの
sinensis	シネンシス	中国の
tropicus	トロピクス	熱帯地方の、熱帯産の
virginianus	ヴァージニアヌス	ヴァージニア州の
virginicus	ヴァージニクス	ヴァージニア州の
yedoensis	イェドエンシス	江戸（東京の旧称）の
yezoensis	イェゾエンシス	蝦夷（北海道の旧称）の
zeylanicus	ゼイラニクス	セイロン島の

カナリナ・カナリエンシス
Canarina canariensis
種形容語は「カナリア諸島産の」という意味で、原産地に由来する。属名は女性

ニンフェア・カペンシス
Nymphaea capensis
種形容語は「南アフリカのケープ(喜望峰)の」という意味で、原産地に由来する。属名は女性

プリムラ・キューエンシス
Primula × kewensis
種形容語は「イギリスのキュー王立植物園の」という意味で、同植物園で自然種間交雑し、1899年に初開花したことに由来する。属名は女性

●人名に由来する種形容語

種形容語(男性)	カナ読み	意味
baileyanus	ベイリアヌス	ベイリー(Bailey)の(形容詞)。場合により、次の各氏の名に由来する。①オーストラリアの植物学者ベイリー(Frederick Manson Bailey, 1827-1915)②インドの探検家ベイリー(Lieut.-Colonel Frederick Marshman Bailey, 1882-1967)③アメリカの軍人ベイリー(Major Vernon Bailey)④コーネル大学教授ベイリー(Liberty Hyde Bailey, 1858-1954)
baileyi	ベイリー	ベイリー(Bailey)の(所有格)。上記参照。
banksii	バンクシー	バンクス(Sir Joseph Banks, 1743-1820)の所有格。探検家で、植物採集家。後にイギリスの王立キュー植物園の園長を務めた。
davidianus	ダヴィディアヌス	ダヴィド(Abbé Armand David, 1826-1900)の形容詞。フランス人神父で採集家。
davidii	ダヴィディー	ダヴィド(Abbé Armand David)の形容詞。上記参照。
fortunei	フォーチュネイ	フォーチュン(Robert Fortune, 1812-80)の所有格。イギリスの植物学者。
hookeri	フッケリ	フッカー(Hooker)の所有格。王立キュー植物園の園長などを歴任したイギリスの植物学者(Sir William Jackson Hooker, 1785-1865)、または彼の息子でキュー王立植物園園長を務めた植物学者(Sir Joseph Dalton Hooker, 1817-1911)。
hookerianus	フッケリアヌス	フッカー(Hooker)の形容詞。上記参照。
kaempferi	ケンペリ	ケンペル(Engelbert Kaempfer, 1651-1716)の所有格。ドイツの医師で植物探検家でもあり、江戸中期(1690年)に来日。
keiskeanus	ケイスケアヌス	伊藤圭介(1803-1901)の形容詞。日本の植物学者。
keiskei	ケイスケイ	伊藤圭介の所有格。上記参照。
lindleyanus	リンドレヤヌス	リンドレー(John Lindley, 1799-1865)の形容詞。イギリスの植物学者。

種形容語（男性）	カナ読み	意味
lindleyi	リンドレイ	リンドレー（John Lindley）の所有格。上記参照。
linnaeanus	リンナエアヌス	リンネ（Carl von Linné, 1708-78）の形容詞。スウェーデンの植物学者。
linnaei	リンナエイ	リンネ（Carl von Linné, 1708-78）の所有格。上記参照。
makinoanus	マキノアヌス	牧野富太郎（1863-1957）の形容詞。日本の植物学者。
makinoi	マキノイ	牧野富太郎の所有格。上記参照。
sieboldianus	シーボルディアヌス	シーボルト（Philipp Franz van Siebold, 1796-1866）の形容詞。長崎のオランダ商館の医師として来日したドイツ人医師。
sieboldii	シーボルディー	シーボルト（Philipp Franz van Siebold）の所有格。上記参照。
thunbergii	ツンベリー	ツンベリー（Carl Peter Thunberg, 1743-1828）の所有格。スウェーデンの植物学者）。
veitchianus	ヴィーチアヌス	ヴィーチ（Veitch）の形容詞。イギリスの園芸家（James Veitch, 1815-1869）、または彼の息子（John Gould Veitch, 1839-1870）。
veitchii	ヴィーチー	ヴィーチ（Veitch）の所有格。上記参照。
wilsonii	ウィルソニー	ウィルソン（Ernest Henry Wilson, 1876-1930）の所有格。イギリスに生まれ、後にアメリカのアーノルド樹木園に勤めた植物採集家で研究家。

● **現地での名前に由来する種形容語**（※写真参照）

種形容語（男性）	カナ読み	意味
basjoo	バショー	和名バショウ（*Musa basjoo*）に因む
cacao	カカオ	カカオ（*Theobroma cacao*）の、中央アメリカのアステカ族やマヤ族による呼称から転化したスペイン語に因む
kaki	カキ	和名カキ（*Diospyros kaki*）に因む
kanran ※	カンラン	和名カンラン（*Cymbidium kanran*）に因む
mioga	ミオガ	和名ミョウガ（*Zingiber mioga*）に因む
mume	ムメ	和名ウメ（*Prunus mume*）に因む
nagi	ナギ	和名ナギ（*Nageia nagi*）に因む
nil	ニル	アサガオ（*Ipomoea nil*）のアラビア名に因む
sasanqua	ササンクア	和名サザンカ（*Camellia sasanqua*）に因む

カンラン '桃里'
Cymbidium kanran 'Tori'
種形容語は和名カンラン（*Cymbidium kanran*）に因む。属名は中性

● 生育地などに由来する種形容語（※写真参照）

種形容語（男性）	カナ読み	意味
aereus	アエレウス	気生の、空気中にある
agrestis	アグレスティス	野生の、野原の
alpester	アルペステル	亜高山性の、亜高山帯の
alpinus	アルピヌス	高山性の、アルプス山脈の
aquaticus	アクアティクス	水生の、水中にある
aquatilis	アクアティリス	水生の、水中にある
arboricola	アルボリコラ	樹木に生ずる、樹上の住人
arenarius	アレナリウス	砂地を好む、砂地に生ずる
arvalis	アルウァリス	耕地に生ずる
arvensis	アルウェンシス	耕地に生ずる
-cola	コラ	…の住人（接尾語）
collinus	コリヌス	丘地生の、丘陵生の
gypsicola	ギプシコラ	石灰岩に生ずる
gypsophilus	ギプソフィルス	石灰岩を好む、石灰岩に生ずる
insularis ※	インスラリス	島の、島に生ずる
lithophilus	リトフィルス	石上に生ずる、石を好む
litoralis	リトラリス	海浜に生ずる、海岸の
littoralis	リットラリス	海浜に生ずる、海岸の
marinus	マリヌス	海生の、海の、海の近くの
maritimus ※	マリティムス	海辺の、海岸の
montanus	モンタヌス	山地の、山地に生ずる
natans	ナタンス	浮遊する、水に浮かぶ
nemoralis	ネモラリス	森の、森に生ずる
nemorosus	ネモロスス	森の、森に生ずる
petraeus	ペトラエウス	岩れき地に生育する
pratensis	プラテンシス	草原の、草原に生ずる
rupester	ルペステル	岩上に生ずる
rupicola	ルピコラ	岩上に生ずる、岩上の住人
saxatilis	サクサティリス	岩間に生ずる、岩上に生ずる
saxicola	サクシコラ	岩上に生ずる、岩上の住人
sylvaticus	シルウァティクス	森林の、森林に生育する
terrestris	テレストリス	地上の、地面の、陸地生の
xerophilus	クセロフィルス	乾燥地に生ずる

ヒビスクス・インスラリス
Hibiscus insularis
種形容語は「島に生ずる」という意味で原産地に由来する。かつての原産地ノーフォーク島では家畜により絶滅し、近隣のフィリップ島にわずかに残った株からの再導入が試みられている

アリッサム
Lobularia maritima cvs.
種形容語は「海辺の、海岸の」のいう意味で、海浜に自生していることに由来する

● 季節や時期などに由来する種形容語（※写真197頁参照）

種形容語（男性）	カナ読み	意味
aestivalis ※	アエスティウァリス	夏の、夏季の
aestivus	アエスティウス	夏の、夏季の
autumnalis ※	アウツムナリス	秋の、秋季の
diurnus	ディウルヌス	昼間開く、日中開花する
hyemalis	ヒエマリス	冬の、冬季の
majalis ※	マヤリス	5月に花が開く
majus	マユス	5月の
nocturnalis	ノクツルナリス	夜間の、夜咲きの
nocturus ※	ノクツルヌス	夜間の
nyctagineus	ニクタギネウス	夜の
octobris	オクトブリス	10月の
veris	ウェリス	春の
vernalis	ウェルナリス	春の、春季の
vernus	ウェルヌス	春咲きの、春の

ナツザキフクジュソウ
Adonis aestivalis
種形容語は「夏の、夏季の」という意味で、開花期に由来する。属名は女性

ヤコウボク
Cestrum nocturnum
種形容語は「夜間の」という意味で、夜間に芳香の強い花が開花することに由来する。属名は中性

アキザキスノーフレーク
Acis autumnalis
種形容語は「秋の、秋季の」という意味で、開花期に由来する。属名は女性

● 神話などに由来する種形容語（※写真参照）

種形容語（男性）	カナ読み	意味
dianae	ディアナエ	ギリシア神話の女神ダイアナの
medusae ※	メドゥサエ	ギリシア神話の怪物メドゥサの
pandoranus	パンドラヌス	ギリシア神話の女神パンドラの

キンレンカ
Tropaeolum majus cvs.
種形容語は「5月の」という意味で、開花期に由来する。属名は中性

ブルボフィルム・メドゥサエ
Bulbophyllum medusae
種形容語は「ギリシア神話の怪物メドゥサの」という意味で、花序の形態がギリシア神話に登場する頭髪がヘビの怪物に似ていることに由来する。属名は中性

●数字に由来する種形容語（※写真参照）

種形容語（男性）	カナ読み	意味
bi-	ビ	2、2つ（接頭語）
di-	ディ	2つの、2倍の（接頭語）
hepta-	ヘプタ	7（接頭語）
hexa-	ヘクサ	6（接頭語。後に続く語が母音で始まる場合は hex-）
mono-	モノ	1（接頭語。後に続く語が母音で始まる場合は mon-）
octo-	オクト	8（接頭語。後に続く語が母音で始まる場合は oct-）
penta-	ペンタ	5（接頭語）
quadri-	クアドリ	4の（接頭語。後に続く語が母音で始まる場合は quadr-）
septem-	セプテム	7の（接頭語）
sexa-	セクサ	6の（接頭語。後に続く語が母音で始まる場合は sex-）
tetra-	テトラ	4（接頭語。後に続く語が母音で始まる場合は tetr-）
tri- ※	トリ	3の（接頭語）
uni-	ウニ	1つ、単一（接頭語）

アリストロキア・トリカウダタ
Aristolochia tricaudata
種形容語は接頭語の tri- と caudata により、「3尾のある」という意味で、花の先に3個の尾状突起がある。属名は女性

●その他（※写真199頁参照）

種形容語（男性）	カナ読み	意味
admirabilis	アドミラビリス	不思議な、珍しい、驚嘆すべき
affinis	アッフィニス	…に近縁な、…に関係ある
amabilis	アマビリス	愛らしい、かわいい
ambiguus	アンビグウス	不明瞭な、疑わしい、不確実な
amoenus	アモエヌス	優美な、魅惑的な、愛らしい
annuus	アンヌウス	一年生の
augustus	アウグスツス	立派な、顕著な
australis	アウストラリス	南の、南方系の、南半球の
barbarus	バルバルス	未開の、外国の、異国の
belladonna ※	ベラドンナ	美しい婦人の、美しい淑女の
bellus	ベルス	美しい、愛らしい、綺麗な
benedictus	ベネディクツス	神聖な、祝福する、治療の効がある
blandus	ブランドゥス	愛らしい、美しい、穏やかな
borealis	ボレアリス	北の、北方系の
catharticus	カタルティクス	下剤の
communis	コンムニス	ふつうの、共通の
commutatus	コンムタツス	交換した、変じた
concinnus	コンキンヌス	上品な、よくできた
confusus	コンフスス	間違えた、不確かな、混同されている
debilis	デビリス	軟弱な、弱々しい
deciduus	デキドゥウス	落葉性の、永存しない
decoratus	デコラツス	飾りのある
decorus	デコルス	美しい、愛すべき
deliciosus	デリキオスス	非常に美味の、快い
dioecius	ディオエキウス	雌雄異株の
dioicus	ディオイクス	雌雄異株の
domesticus	ドメスティクス	栽培された、国内の、国産の
dubius	ドゥビウス	疑わしい、不確実な
elasticus	エラスティクス	弾力のある
elegans	エレガンス	優美な、風雅な
elegantissimus	エレガンティッシムス	非常に優美な、大変風雅な
epi-	エピ	上（接頭語。後に続く語が母音で始まる場合は ep-）
eumorphus	エウモルフス	美形の
exoticus	エクソティクス	外来の、外国産の
ferox ※	フェロクス	恐ろしい、危険な、大棘のある
fertilis	フェルティリス	多く実を結ぶ、繁殖力のある
flaccidus	フラッキドゥス	やわらかい、軟弱な
formosus	フォルモスス	美しい、綺麗な、美形の
fragilis	フラギリス	もろい、弱い、砕けやすい
generalis	ゲネラリス	一般の
gloriosus	グロリオスス	素晴らしい、立派な

種形容語（男性）	カナ読み	意味
homo-	ホモ	同じ（接頭語。後に続く語が母音で始まる場合はhom-）
hortensis	ホルテンシス	庭園の、庭の
hortorum	ホルトルム	庭園の
hortulanus	ホルツラヌス	庭園の、園芸家の
hybridus	ヒブリドゥス	雑種の、雑種性の
illustris	イルストリス	立派な、傑出した、著名な
imperialis	インペリアリス	皇帝の、威厳のある
insignis ※	インシグニス	著名な、著しい、秀でた
intermedius	インテルメディウス	中間の、中間にある
iso-	イソ	同じ、等しい（接頭語）
lepidus	レピドゥス	可憐な、立派な、楽しい
magnificus	マグニフィクス	壮大な、素晴らしい、秀でた
medius	メディウス	中間の、中間種の、中ぐらいの
mirabilis	ミラビリス	不思議な、驚くべき、奇異な、珍しい
mutabilis	ムタビリス	変化しやすい、変形しやすい、変色しやすい
neo	ネオ	新しい（接頭語）
nivalis	ニワァリス	雪の、雪の多い、氷雪帯に生じる
nobilis	ノビリス	気品のある、立派な、高貴な
normalis	ノルマリス	正常な、正規な
notabilis	ノタビリス	注目すべき、著名な
ob-	オブ	反対の、逆の（接頭語）
occidentalis	オッキデンタリス	西の、西方の
officinalis	オッフィキナリス	薬用の、薬効のある
-oides	オイデス	…のような、…に似た、…に類する、…状の（接尾語）
oleraceus	オレラケウス	畑に栽培する、料理に用いられる、野菜の
orientalis	オリエンタリス	東の、東方の
ornatus	オルナツス	…で飾った
paradoxus	パラドクスス	逆説的な、珍しい、奇異な
parasiticus	パラシティクス	寄生の、寄生的な
perennis	ペレンニス	多年草の
picturatus	ピクツラツス	絵のような、色彩のある
pictus	ピクツス	彩色した、色彩のある
praecox	プラエコクス	早期の、早熟の、早咲きの
princeps	プリンケプス	王侯の、最上の、第一の
pseudo-	プセウド	偽りの（接頭語。後に続く語が母音で始まる場合はpseud-）
pulchellus	プルケルス	美しい、かわいらしい
pulcher	プルケル	美しい、優雅な
pulcherrimus	プルケリムス	非常に美しい
regalis	レガリス	王者の、王の

アマリリス・ベラドンナ
Amaryllis belladonna
種形容語は「美しい婦人の」という意味で、美しい花に由来する。属名は女性

オニバス
Euryale ferox
種形容語は「大刺のある」という意味で、葉の特徴に由来する。属名は女性

シンビディウム・インシグネ'アトロサングイネア'
Cymbidium insigne 'Atrosanguinea'
種形容語は「秀でた」という意味で、優れた花に由来する。シンビディウムの交雑親として重要である。属名は中性

●その他（※写真参照）

種形容語（男性）	カナ読み	意味
regina	レギナ	女王
reginae	レギナエ	女王の、王妃の（reginaの所有格）
regius	レギウス	王の、王者のように気高い（rexの所有格）
religiosus ※	レリギオスス	宗教の
rex	レクス	王、王者
robustus	ロブスツス	丈夫な、頑丈な、強い
sativus	サティウス	栽培された、耕作した
semi-	セミ	半分（接頭語）
semper-	センペル	常に、いつも（接頭語）
semperflorens	センペルフロレンス	常に開花する、四季咲きの
sempervirens	センペルウィレンス	常緑の
senilis	セニリス	老人の
speciosus ※	スペキオスス	美しい、美形の、華やかな
spectabilis ※	スペクタビリス	素晴らしい、壮観な、美しい
sphacelatus	スファケラツス	しおれた、枯死した
spontaneus	スポンタネウス	野生の、自生の
suavis	スアウィス	快い、気持ちよい
sub-	スブ	…の下のほうへ、…の下に（接頭語）
superbus	スペルブス	素晴らしい、華麗な
tinctorius ※	ティンクトリウス	染色用の、染料の
toxicus	トクシクス	有毒な、有害な
trivialis	トリウィアリス	ふつうの、どこにでも見られる
typicus	ティピクス	代表的な、基準種の、典型的な
utilis	ウティリス	有用な
variabilis	ウァリアビリス	種々な、変わりやすい、変化の多い
venustus	ウェヌスツス	かわいい、可憐な
victorialis	ウィクトリアリス	勝利の
vulgaris	ウルガリス	普通の、通常の

インドボダイジュ
Ficus religiosa
種形容語は「宗教の」という意味で、本種が仏教三霊樹の一つで、釈迦がその下で悟りを開いたとされることに由来する。属名は女性

エスキナンサス・スペキオスス
Aeschynanthus speciosus
種形容語は「美しい」という意味で、花の美しさに由来する。属名は男性

ベニバナ
Carthamus tinctorius
種形容語は「染色用の」という意味で、本種が紅色染料の原料となることに由来する。属名は男性

ケマンソウ
Lamprocapnos spectabilis
種形容語は「素晴らしい」という意味で、美しい花に由来する。属名は女性

Chapter 5
植物の栽培管理

セントポーリア・イオナンタ
Saintpaulia ionantha
Curtis's Botanical Magazine
第7408図（1895）
出典／The Biodiversity Heritage Library

本章では、植物を栽培する上で必要不可欠なふやし方（種子繁殖、さし木、取り木、接ぎ木、球根繁殖、株分けなど）、移植（鉢上げ、定植、鉢替えなど）、剪定（刈り込み、切り戻し、摘心など）、ハイドロカルチャー、テラリウム、苔玉、連作障害、天敵、マルチングに関する用語を解説します。

5-1　ふやし方

● **種子繁殖** [seed propagation]
　種子（135頁）をまいて植物をふやす方法を**種子繁殖**といいます。種子が発芽してできた小さな植物を**実生** [seedling] というため、**実生繁殖** [seedage] ともいいます。植物をふやすために種子をまく作業を**播種** [seeding, sowing, planting] といい、**タネまき**ともいわれています。
　播種には次の方法が知られています（図5.1）。

1. **ばらまき**
　播種用土の表面にむらなくまく方法です。種子が微細な場合は、古い葉書を二つ折りにして種子を置き、葉書や腕を指でトントンとたたく振動で落とすとうまくいきます。まず、まく量の2/3程度をまいてから、次に残りをまくようにし、2、3回に分けて行うのがコツです。

2. **条まき**
　表面に浅い筋を指や棒でつけ、ばらまきと同様に1か所に種子がかたまらないようにまきます。これも2、3回に分けてまくとうまくいきます。

3. **点まき**
　指で等間隔に穴をあけ、その穴に3〜5粒の種子をまきます。大きな種子に適した方法です。

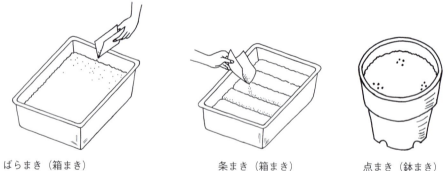

図5.1
播種の方法　　　　ばらまき（箱まき）　　　　条まき（箱まき）　　　　点まき（鉢まき）

● **直まき** [direct seeding, direct sowing]
　花壇などにじかに種子をまくことを**直まき**といい、**直播**ともいいます。ヒマワリ（*Helianthus annuus*）などの大きな種子に適しています。

● **鉢まき　箱まき**
　鉢や育苗箱などに種子をまくことを、それぞれ**鉢まき**、**箱まき**といいます。この時に使う用土（27頁）を**播種用土** [seed compost]、または**タネまき用土**といいます。
　病害虫のない、清潔なものが望ましく、小さい種子にはバーミキュライト（28頁）など、大きな種子に

は鹿沼土(28頁)と川砂を混合したものなどが適しています。最近、圧縮ピート製の播種用土が開発され、吸水すると7〜10倍に膨らみ、その上に種子をまきます。ベゴニア属（*Begonia*）などの微細な種子には便利です。

● 覆土 [soil covering]

　種子をまいてから、その上に播種用土をかぶせることを覆土といい、ふつう、種子の2〜3倍の厚さが適しています。微細な種子や好光性種子(14頁)の場合、覆土はせず、鉢の上にラップをかけて湿度を保ちます。

● 好光性種子 (14頁)

● 嫌光性種子 (14頁)

● 硬実 (137頁)

● 発芽 [germination]

　種子(135頁)は成長を一旦停止した休眠(135頁)状態にあります。植物は種子という形態をとることによって、不適環境（低温、乾燥など）に耐えて生存することができるのです。温度、水分、光などが適した状態になると、種子は成長を再開します。これを発芽といいます。

　ふつう、根(78頁)が先に出ますが、一般には芽(86頁)が地上に出た状態を発芽とします。この状態を出芽 [bud emergence] といって区別することもあります。園芸店などで販売されている種子袋によく書かれている発芽率 [germination percentage] は、まいた種子に対する発芽した種子の百分率のことです。

● 間引き [thinning]

　ふつう、種子は必要な苗の数倍はまきます。すべての種子が発芽すると込み合ってきますので、生育を揃えるために、生育の遅いものや早すぎるもの、徒長(24頁)したもの、形がいびつなものは引き抜きます。この作業を間引きといいます。

　野菜の場合、ダイコン（*Raphanus raphanistrum* subsp. *sativus*）などは間引いた苗を食することができ、このような苗を間引き菜といいます。

● F_1品種 [first filial generation]

　形質がよく揃った二つの系統または栽培品種(159頁)を交配してつくり出された雑種第一代 [first filial generation] のことで、親に比べ生育が旺盛で、形質もよく揃っています。しかし、その種子を自分で採ってまいてみても、次の世代では形質がばらばらになり、品質も低下します。

● **さし木** [cutting]

　葉や茎、根など植物体の一部を親株から切り離して、**さし木床**(同頁)にさし、根や芽を形成させて新しい独立した植物体をふやす方法を**さし木**といいます。

　一般に、植物は傷を受けると、それを補う組織や器官を新たにつくり出す**再生能力**があります。さし木は人為的に植物の一部を切断し、切り離された植物体に再生を誘発する作業といえるでしょう。草本植物(140頁)の場合、とくに**さし芽** [herbaceous cutting] と呼ぶことがあります。

　さし木は最も一般的な繁殖法の一つで、
　①技術的にも簡単で、親と同じ性質の苗を短期間にたくさんつくることができる。
　②さし木苗は実生(202頁)よりも成長、開花、結実が早い。
　③斑入り(61頁)など植物に生じた変異部分だけをふやすことができる。
などの理由からよく行われています。

　また、植物を長年栽培していると弱ってくることもありますが、さし木によって株を若返らせることも可能です。

　落葉樹(142頁)の場合、新芽の伸び始める直前の2月下旬から3月と梅雨時期がさし木の適期です。常緑樹(142頁)や多年草(141頁)は、温度や湿度が高い梅雨時期が適期です。さし木後の発根が容易な場合、温度を15〜25℃に保てば、いつでも可能です。

● **さし穂** [cutting]

　切り離す元の株を**親株** [mother plant, mother stock] または**母株**といい、切り離して新たに独立させる部分を**さし穂**または**穂木**といいます。

　さし穂はよく切れる園芸バサミで親株から切り離し、さらに切り口を鋭利なナイフで切り直します。さす時に邪魔になる下葉は切り取り、上の大きな葉は半分に切り、葉からの蒸散(22頁)を少なくします。このような処理を、**さし穂の調整**と呼びます。

　さし穂の種類によって、**茎ざし**、**葉芽ざし**、**葉ざし**、**根ざし**などに区別します(図5.2)。

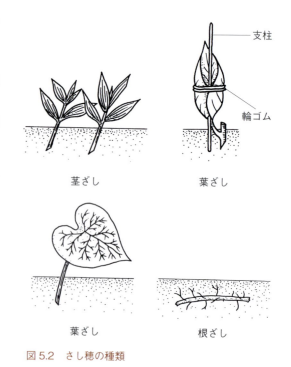

図5.2　さし穂の種類

● **さし木用土** [rooting medium]

　さし木に使う用土(27頁)を**さし木用土**といい、病害虫がなく、清潔で、通気性、保水性に富み、肥料分を含まないことが大切です。鹿沼土やバーミキュライト、パーライトなど(28頁)を混合してつくるとよいでしょう。また、フローラルフォームやロックウールに直接さすこともできます。

● **さし木床** [propagation bed, propagation bench]

　鉢や育苗箱にさし木用土(同頁)を入れて準備したものを**さし木床**または**さし床**といいます。

さし木床にさす場合は、さし穂の切り口がつぶれないように、先に竹箸などで穴をあけ、さし穂の2分の1程度がさし木用土に埋まるようにさし、基部を押さえて動かないようにします。この際、もともと親株に近かった切り口を下にしてさすようにします。

さし木後は、十分に水やりをし、直射日光の当たらない半日陰で管理し、さし木用土を乾かさないように管理します。根が十分に発生し、芽が動き始めたら、根を切らないようにして、鉢上げ(211頁)します。ポトス(*Epipremnum aureum*)など発根しやすいものは、水の入ったコップにさす、**水ざし**も可能です。

さし木用ロックウールを用いたさし芽と発根の様子

● **取り木** [layering, layerage]

さし木(204頁)は親株から切り離してから発根させ、新しい独立した植物体をふやす方法です。一方、**取り木**は親株から茎を切り離さずに発根させ、発根後に切り離して独立した植物体としてふやす方法です。取り木には、次の方法がよく知られます。

地上部の高い位置に発根させる方法を**高取り法** [marcotting, air layering] といい、茎を自由に地表まで折り曲げられない植物でよく行われます。発根を促すために処理(**発根促進処理**)した部分を、こぶし大の湿った水苔で包み、乾燥しないように黒色のビニールやポリエチレンで包みます。水苔が乾けば適宜湿らせます。十分に発根したら、処理部の下から切り取り、巻いていた水苔を丁寧に取り除いてから植えつけます。

親株から発生した一〜二年生の下枝に発根促進処理を施し、その部分を土中に埋めて、発根後、親株から切り取る方法を**圧条法** [bowed branch layering, trench layering] といいます。**伏せ木法**や**えん枝法**ともいいます。ポトス(*Epipremnum aureum*)など発根しやすいものは、土中に埋めなくても、地表に触れるだけでも発根してきますので、切り取ってふやすことができます。

取り木は茎を切り離さずに発根させるので失敗が少なく、失敗しても親株が残っているので安心です。また、さし木に比べ大きな植物体を得ることができますが、発根するまでに時間がかかり、大量繁殖には適していません。さし木ができる植物は、すべて取り木でふやすことが可能です。取り木の適期は成長期の4〜7月です。

まず、取り木でふやしたい茎の基部に発根促進処理を行います。処理法として、次の方法がよく知られています。

1. 環状剥皮法 [girdling, ringing]

よく切れるナイフで発根させたい部分を1〜3cmの幅で形成層(85頁)まで切り込みを入れて、一周させて環状に外側をはぎ取る方法です(206頁図5.3)。形成層は表皮の内側にある層で、細胞が活発に分裂している組織のことです。

この方法はインドゴムノキ(*Ficus elastica*)などのように、木質部がはっきりしている植物に適しています。

2. そぎ上げ法

切り込み法ともいい、やはりよく切れるナイフで茎の下から斜め上に向けて、茎の太さの1/3〜1/2

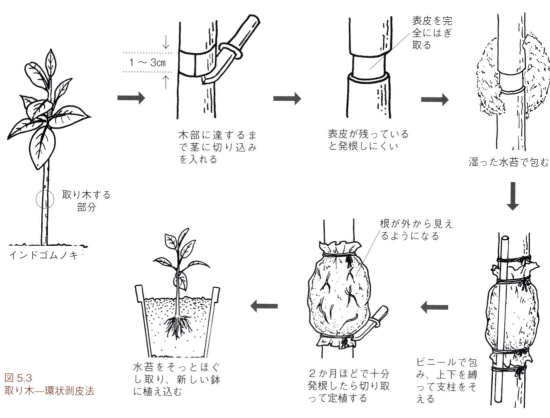

図5.3
取り木—環状剥皮法

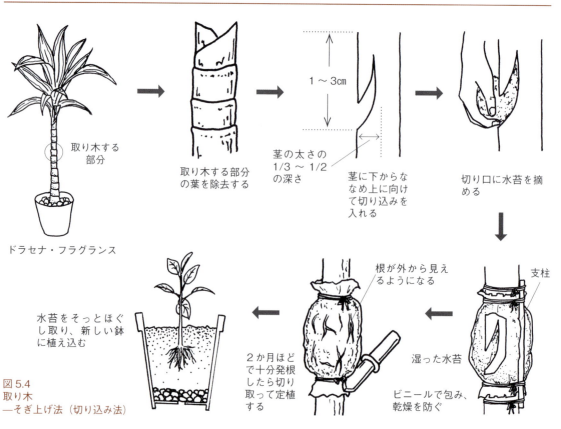

図5.4
取り木
—そぎ上げ法（切り込み法）

まで切り込む方法です（206頁図5.4）。
　ディフェンバキア属（*Dieffenbachia*）などのようにはっきりと木質化していない植物に適しています。

3. 針金巻き
発根させたい部分に針金をきつく巻く方法で、木本植物などに適しています。

　いずれの場合も、処理によって茎の部分が弱くなる時には、支柱をそえるようにします。処理後は、ほどこした部分を暗黒、湿潤状態に保って、発根後、親株から切り離します。

● 接ぎ木 [graft, grafting]

　ある植物体の一部を切り離し、他の植物体に接いで癒合させ、新しい個体をふやす方法を**接ぎ木**といいます。接ぐほうの植物を**穂木** [scion wood, budwood] といい、接がれる植物を**台木** [rootstock, stock] といいます。

　穂木は地上部として伸び、やがて花や果実をつけたり、観賞部となったりします。台木はふつう根つきの植物を使い、根と、茎の一部となります。接ぎ木によってできた苗を**接ぎ木苗** [grafted nursery plant, graft] といいます。

　穂木は光合成による同化物を台木に送り、台木は根から吸収した水や養分を穂木に送り、両者は互いに**共生関係**にあるといえます。接ぎ木を行う利点としては、次のようなことがあげられます。

接ぎ木苗
ユウガオ（*Lagenaria siceraria*）を台木としたスイカ（*Citrullus lanatus*）苗

① 種子ができなかったり、さし木などでふやしにくかったりする植物をふやすことができ、しかも、同じ形質が維持できる。
② 接ぎ木苗は実生よりも成長、開花、結実が早い。
③ 台木を選ぶことによって、病気や暑さ、寒さに強くなる。
④ 台木にたくさんの栽培品種の穂木を接いで、いろいろな花や果実を楽しむことができる。
⑤ キーウィフルーツ（*Actinidia chinensis*）などのように雌雄異株（114頁）の植物は、1本では実がならないが、雌株に雄株を接ぐことにより、1本で結実させることができる。

208頁の図5.5を参照してください。

● 接ぎ木親和性 [graft compatibility]
　接ぎ木した植物が長期間にわたって生育する時、穂木と台木（同頁）に**接ぎ木親和性**があるといいます。一般に、植物分類学上、近縁なものほど親和性が強いことが知られています。
　反対に、まったく穂木と台木が癒合しない場合や、癒合してもやがて衰弱して枯死する場合、**接ぎ木不親和性** [graft incompatibility] があるといいます。

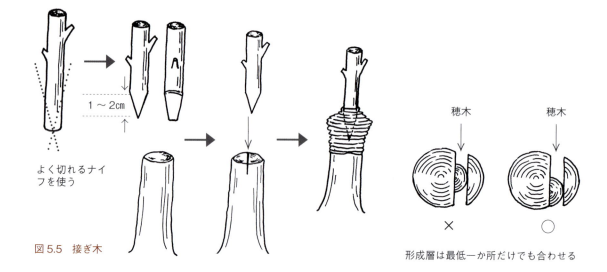

図5.5 接ぎ木

よく切れるナイフを使う

形成層は最低一か所だけでも合わせる

● **共台** [own rootstock, free stock]
　穂木と同じ種類の台木(207頁)を**共台**といいます。

● **台芽** [sucker]
　接ぎ木した後、台木(207頁)から生じてくる枝を**台芽**といいます。
　例えば、バラの場合、ノイバラ (*Rosa multiflora*) などを台木に、観賞したい栽培品種を穂木として接ぎ木を行いますが、台木の枝が伸びてくることがあります。これを放置しておくと、台芽ばかりが成長して、観賞したい穂木のほうが負けて生育が悪くなるので、台芽を取り除く必要があります。

● **球根繁殖** [bulb propagation]
　球根(81頁)でふやす繁殖法を**球根繁殖**といいます。
　球根繁殖には、次のような利点があります。
　①球根には休眠期(21頁)があり、この時期には種子と同じように扱うことができ、大きいので扱いが簡便。
　②親と同じ形質が維持できる。
　球根の植えつけの仕方は、209頁図5.6、図5.7 を参照してください。

● **分球** [division, separation]
　球根植物(54頁)において、新しくできた子球(84頁)を人為的に切り分けてふやすことを**分球**といいます(209頁図5.8)。分球も株分け(210頁)の一種です。

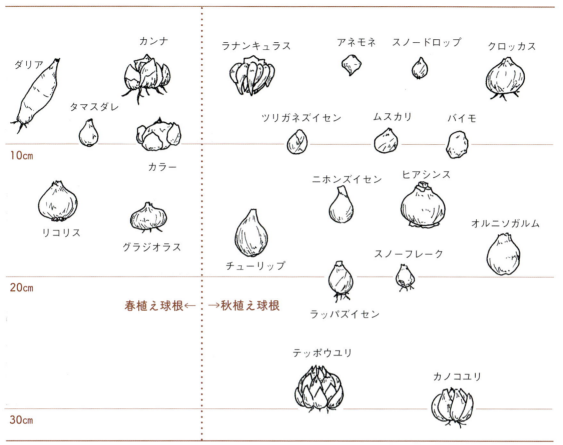

図 5.6 球根の植えつけ（地植えの場合）　深さは球根の高さの 2〜3 倍、間隔は球根の直径の 2〜3 倍が標準

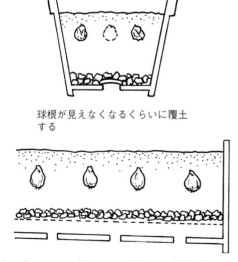

図 5.7 鉢・プランターへの植えつけ

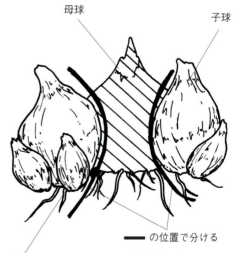

図 5.8 分球

● **株分け** [division, suckering]

　自然に発根した株を、根と芽をつけた複数の株に分割してふやす方法を株分けといい、**芽分け**や**根分け**とも呼んでいます。

　根元から新しい茎を出して株立ちする低木〈例えば、アジサイ（*Hydrangea macrophylla* cvs.）、ユキヤナギ（*Spiraea thunbergii*）など〉や多年草（141頁）で行うことができます。株をふやすだけでなく、弱っていた株を更新することも可能です。

　さし木や取り木（205頁）は、作業後に発根させる必要がありますが、株分けはもともと発根しているものを分割するので、技術的にも簡単で安全な方法といえるでしょう。しかし、一度にたくさんふやすことはできません。

　株分けの時期としては、単にふやすだけが目的の場合は、新しい根が発生する時期であればいつでも可能です。しかし、株を更新し、次シーズンの開花を望むのであれば、花芽（86頁）ができる時期に注意して株分けを行う必要があります。

　すなわち、花芽ができている間やできる直前は行わないようにします。夏から秋に開花するものは早春に、春から初夏に開花するものは開花後すぐまたは秋に行うとよいでしょう。ただし、ガーベラ（*Gerbera* cvs.）などのように寒さに弱いものは、温度が下がる秋には行わず、翌春行うようにします。

　株分けの際は、根や芽の位置をよく確かめ、手、ナイフ、剪定バサミなどを使って分割します。あまり細かく分けると、次シーズンに開花しないことがあるので、1株に数芽つけるように分けるとよいでしょう（図5.9）。

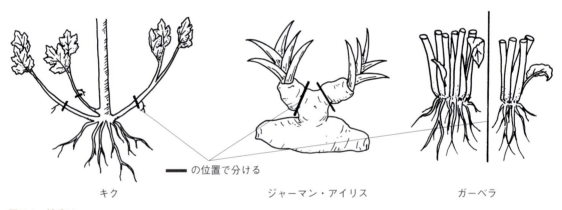

図5.9　株分け

● **有性繁殖** [sexual propagation]　　**無性繁殖** [asexual propagation]

　種子（135頁）は受精により雄と雌が合体してできるものです。このように性を介した生殖を**有性生殖** [sexual reproduction] といい、有性生殖による繁殖を**有性繁殖**と呼びます。有性生殖は雄と雌とが合体するため、種子は親と同じではない新しい遺伝情報を持ち、一つひとつの種子は別々の遺伝情報を持つことになります。野生植物にとっては、このようなばらつきは環境への適応の幅をひろげることになり、環境が急変しても絶滅する危険が少なくなります。園芸植物の場合、このようなばらつきをできるだけ少なくするように育種されています。

　有性生殖に対し、さし木や取り木、接ぎ木、球根繁殖、株分けなどは、雄と雌との合体がないため、性を介さないということで**無性生殖** [asexual reproduction] といい、無性生殖による繁殖を**無性繁殖**または**栄養繁殖** [vegetative propagation] と呼びます。また、本書では詳しく解説しませんが、組織培養も栄

養繁殖の一つで、新たにふやした個体は、親と同じ遺伝情報を持つことになります。同じ親から無性生殖によってふやされた個体群を**クローン**[clone]と呼んでいます。動物の世界ではヒツジやウシで一躍有名になったクローンですが、植物の世界ではふつうに見られることです。

野生植物にとっては、同一の遺伝情報を持つことは環境への適応幅が狭くなりますが、反面、同じ環境が長く続く場合は有利に繁栄できることになります。ふつう、植物は有性生殖と無性生殖の両方の生殖法を持っており、同じ環境が長く続いても、急変しても対応できるようにしたたかに生きています。

● **育苗**[raising seedling]
種子繁殖やさし木、取り木、接ぎ木(204～207頁)でふやした幼植物を**苗**[nursery plant]といい、それぞれ**実生苗**、**さし木苗**、**取り木苗**、**接ぎ木苗**と呼んでいます。木本植物(141頁)の場合は、とくに**苗木**[nursery stock]と呼ばれることがあります。

優良な苗をつくるためには、特別に手をかけて管理する必要があり、この苗づくりの管理全体を**育苗**と呼びます。よい苗をつくることは、それ以後の植物の生育に大きく影響するため、園芸の世界では古くから「苗半作」という言葉があり、育苗の大切さが強調されています。

苗は集約的な管理を必要とし、小さな鉢や**苗床**[nursery bed]と呼ばれる場所で管理された後、ある程度成長してから観賞や収穫を行う鉢や花壇などに定植(同頁)します。

5-2 移植

● **移植**[transplanting]
播種の場合の直まき(202頁)や球根植物の植えつけのように観賞や収穫する場所に直接植えつけることもありますが、ふつうは最初に植えつけた場所から移動させます。この作業を**移植**または**植え替え**といいます(212頁図5.10)。

移植は、次のように大別できます。

1. 鉢上げ[potting]
種子繁殖やさし木でふやした苗を、初めて苗床から鉢に移植する作業を**鉢上げ**といいます。種子繁殖でふやした実生苗の場合、ふつう本葉(101頁)が2～4枚生じた頃に鉢上げを行います。

2. 定植[planting, setting, transplanting]
観賞や収穫するため鉢やコンテナ、花壇などに移植する作業を**定植**といいます。多年草や木本植物の場合は、定植後も生育状況に応じて移植する場合がありますが、一・二年草(52頁)の場合はふつう定植後に移植することはありません。

3. 仮植[temporary planting]
将来は目的の場所に植えつけることを想定して、定植前に一時的に植えつけることがあり、この作業を**仮植**といいます。

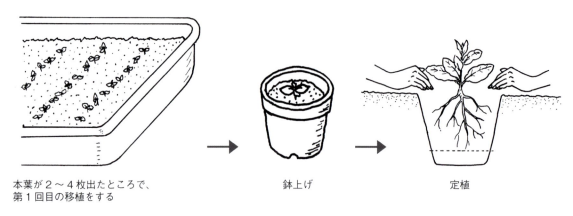

本葉が2～4枚出たところで、
第1回目の移植をする

鉢上げ

定植

図5.10　移植

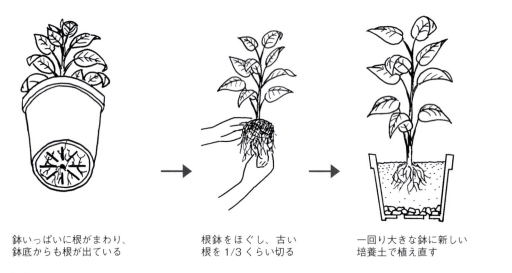

鉢いっぱいに根がまわり、
鉢底からも根が出ている

根鉢をほぐし、古い
根を1/3くらい切る

一回り大きな鉢に新しい
培養土で植え直す

図5.11　鉢替え

4.　鉢替え [repotting]

　鉢から鉢へ移植することを鉢替えといいます(図5.11)。

5.　植えつけ

　定植と同じような意味で使われる用語ですが、鉢上げや鉢替えの時にも使われます。

● 植え傷み [transplanting injury]

　移植の後に起こる生育障害を**植え傷み**といいます。一般に、葉がしおれたり、枯れたり、落葉したり、ひどい場合は株全体が枯死することもあります。

　植え傷みは、移植の際に根が切られることにより水を十分に吸水できず、葉からは水が蒸散(22頁)し、植物体内に水分が不足することからおこります。

　とくに、定植後も移植することが多い多年草や木本植物の場合は、植え傷みが少ない時期に行うこと

が大切です。

一般に、多年草（141頁）では夏から秋に開花するものは早春に、春から初夏に開花するものは開花後すぐまたは秋に行い、寒さに弱いものは翌春行うようにします。木本植物の場合、落葉樹（142頁）は落葉期から早春にかけて、広葉樹（142頁）は梅雨期や初秋が適期です。

● 根鉢 [root ball]

移植を行う時に、植物の根と根についた土壌の集まりを**根鉢**といいます。移植をする際は、根鉢をできるだけ多くつけて、すべて落とさないことが重要です。

鉢替えの場合、根鉢を少し崩すことで鉢替え後の根の発生を促すことができます。

根鉢

5-3 ｜ 剪定

● 剪定 [pruning]

植物の茎（幹や枝）を切ることを**剪定**といいます。剪定はあくまで栽培する人間の都合で行うもので、剪定を行わないと植物が生育しないというものではありません。

剪定は、植物体を小さいままで維持したり、分枝（88頁）を促したり、枝数を少なくしたりすることを目的として行われます。剪定を行うことで、植物体を栽培する場所のスペースに適した形に整えたり、花や果実のつく数を調節したりすることができます。

とくに、剪定によって植物体の形や姿を整える作業のことを、**整枝** [training, trimming] または**整姿** [trimming]と呼んでいます。また、整枝や整姿は剪定と同じ意味の用語として使われることもあります。この場合、整枝（整姿）は草本植物にも木本植物（140, 141頁）にも使われますが、剪定は木本植物で使われることが多い用語です。

花や果実を楽しむ植物の場合、植物によって花芽（86頁）のできる時期が異なるので、剪定時期を誤ると、せっかくできた花芽を落としてしまいます。

植物ごとに花芽のできる時期をあらかじめよく調べ、花芽ができる前や、すでにできている時期には剪定は行わないようにします。一般には花が終わりかける頃から、終わった直後に行うとよいでしょう。

一般に、花や果実をとくに対象としない植物の場合は、落葉樹は落葉期から早春（11〜3月）まで、常緑樹は新芽が生じる直前の3〜4月が剪定の適期です。

剪定はその作業内容により、次のように呼ばれます（214頁図5.12）。

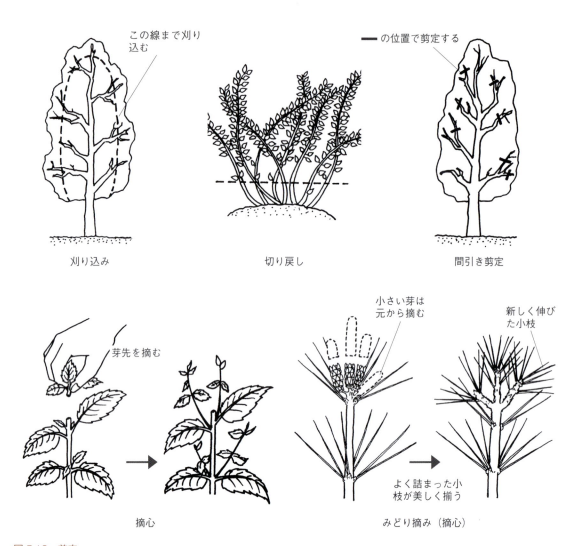

図 5.12 剪定

1. **刈り込み** [hedging, trimmig]

   株全体が一回り小さくなるように、伸びている茎すべてを剪定すること。人口樹形を維持する、生け垣（230頁）やトピアリー（樹木を装飾的に仕立てたもの，229頁）などでよく行われます。

2. **切り戻し** [cutback]

   茎の中間で行う剪定のこと。茎を短くするために行います。

3. **間引き剪定** [thinning-out pruning, thinning]

   枝や太い幹が込み合ってきた時に、基部から剪定して間引くことです。**透かし剪定**ともいいます。

刈り込み
オランダのヘットロー宮殿において

4. 摘心 [pinching, topping]

茎の先端部のみの剪定を**摘心**または**摘芯**と呼びます。枝分かれを促したり、生育を揃えたりするために行います。若い側枝の摘心を**芽摘み**や**芽切り**といいます。マツ類の場合は、とくに**みどり摘み**と呼んでいます。

5. 摘葉 [leaf thinning]

葉を除くことを**摘葉**といいます。移植(211頁)時の植え傷みを避けるために葉を少なくする時などに行います。

6. 摘花 [deblossoming, flower thinning]

花や果実の数を調節するために、花を摘み取ることを**摘花**といいます。一つひとつの花や果実を大きくするために行います。

また、チューリップなどの球根植物(54頁)の場合は、球根を大きくするために、花が咲いてからすぐに花を摘み取ることがあり、この場合の英語表記は topping となります。蕾のうちに摘み取る時は**摘蕾** [bud thinning, disbudding]、若い果実を摘み取る時は**摘果** [fruit thinning] と呼びます。

5-4 特殊な栽培法

● ハイドロカルチャー [hydroculture]

ハイドロ [hydro] は「水」、カルチャー [culture] は「栽培」を意味し、広義には養液栽培や水耕栽培を示します。

趣味園芸の世界では、一般には底穴のない容器を用いて、一般的な培養土を用いず、植物体を保持するための専用の固形培地を用いる栽培法を、**ハイドロカルチャー**と呼びます。

ハイドロカルチャー専用の固形培地としては、粘土を団子に丸め粒状にしたものを高温で焼成発泡させた発泡煉石や、炭を粒状に加工したものなどが用いられます。

容器に底穴がないため、根腐れ防止のために、イオン交換剤としてゼオライト [zeolite] や珪酸塩白土などを容器の底に入れる必要があります。ゼオライトなどを砂状に細かく砕き、大きさを均一にして色づけしたものは**カラーサンド**と呼ばれ、やはりハイドロカルチャー専用の固形培地として利用されます。

ハイドロカルチャー
カラーサンドを利用

● テラリウム [terrarium]

ガラス容器やボトルなど、気密性の高い透明な容器に小型の植物を栽培することをいいます。成長の遅い観葉植物(71頁)や、一部にサボテン、多肉植物(68頁)などが用いられます。

容器の中で水が循環するため、水やりの手間が少なくなりますが、排水のための底穴がないため、ハ

イドロカルチャーと同様に、根腐れ防止のために、イオン交換剤としてゼオライトや珪酸塩白土などを容器の底に入れる必要があります。

● **苔玉** [kokedama, moss ball]
　根を培養土で覆い、ケト土などで包み、苔を巻きつけたものをいいます。山野草(60頁)や小型の観葉植物(71頁)などがよく用いられます。

テラリウム

苔玉

5-5　その他

● **連作障害** [soil sickness by continuous cropping, injury by continuous cropping]
　同じ土壌で、同じ植物や同じ仲間の植物を栽培することを**連作** [continuous cropping, successive cropping] といいます。連作により、栽培する植物の生育不良や、ひどい場合は枯死することがあり、このような現象を**連作障害**と呼び、**いや地** [sick soil, soil sick] ともいいます。
　とくに、野菜栽培で問題となっています。連作障害がおこりやすい野菜としては、ナス科のナス (*Solanum melongena*)、ジャガイモ (*Solanum tuberosum*)、トウガラシ (*Capsicum annuum*)、ピーマン (*Capsicum annuum*)、トマト (*Solanum lycopersicum*) など、ウリ科のキュウリ (*Cucumis sativus*)、メロン (*Cucumis melo*)、スイカ (*Citrullus lanatus*) など、アブラナ科のキャベツ (*Brassica oleracea* Capitata Group)、ハクサイ (*Brassica rapa* Pekinensis Group) など、マメ科のインゲンマメ (*Phaseolus vulgaris*)、エダマメ (*Glycine max*)、ソラマメ (*Vicia faba*) などが知られます。
　反対に、連作障害のおこりにくい野菜としては、ネギ (*Allium fistulosum*)、タマネギ (*Allium cepa*)、ニンニク (*Allium sativum*)、サツマイモ (*Ipomoea batatas*)、ダイコン (*Raphanus raphanistrum* subsp. *sativus*)、トウモロコシ (*Zea mays*)、ニンジン (*Daucus carota*) などがあります。
　連作障害の原因としては、土壌中の要素欠乏または不均衡、土壌伝染性の病害虫、植物の生育を阻害する物質などが知られます。

連作障害を回避するのは、同じ仲間の植物を繰り返し栽培せずに異なる植物をローテーションによりつくり回す**輪作**[crop rotation, farming rotation]、堆肥や腐葉土などの有機質素材(30頁)を投入する、**土壌消毒**[soil disinfection, soil sterilization]などの方法があります。

● **コンパニオンプランツ** [companion plants]

近くに栽培することで、病害虫の減少、成長の促進、収量の増加などでお互いによい影響を与えあう植物同士を**コンパニオンプランツ**または**共栄植物**と呼んでいます。

例えば、トマト(Solanum lycopersicum)にマリーゴールド(Tagetes erecta※)、ハクサイ(Brassica rapa Pekinensis Group)などのアブラナ科の野菜にキク科のレタス(Lactuca sativa)を近くに植えると、害虫が減少することが知られています。

たくさんの組み合わせが知られていますが、まだ経験的にいわれているものが多く、必ずしもすべての組み合わせが科学的に立証されているものではありません。

〈※近年では、フレンチマリーゴールドもアフリカンマリーゴールドもマリーゴールド(Tagetes erecta)とされています。〉

表5.1 主なコンパニオンプランツの組み合わせ

期待される効果	種類A	種類B
病害虫抑制	アブラナ科野菜	サルビア
		サンチュ
		レタス
		シュンギク
	イチゴ	ニンニク
	エダマメ	チャイブ
	キュウリ ニガウリ	長ネギ
	キャベツ ハクサイ	ソラマメ
	ダイコン トマト ナス ピーマン	マリーゴールド
	ナス	パセリ
	ニンニク	カモミールの仲間
	ピーマン	インゲンマメ
	ホウレンソウ	葉ネギ
	メロン	チャイブ
連作障害軽減	トマト ナス ピーマン	ニラ
生育促進	エダマメ	トウモロコシ
	エンドウマメ	ルッコラ
	ピーマン ラディッシュ	バジル

● **天敵** [natural enemy]

栽培する植物の害虫を捕食したり、寄生したりすることにより殺したりする生物を総称して天敵と呼びます。

例えば、植物にとって害虫であるアブラムシ類を食べるテントウムシ類などがあります。ハダニ類を捕食するチリカブリダニを施設内に放して害虫防除に利用しています。

天敵には、昆虫、鳥、クモ類、捕食性ダニ類、線虫、糸状菌、ウイルスなどが知られています。

● **マルチング** [mulching]

植物を栽培している土壌表面を、わらや落ち葉、バーク(樹皮)チップなどの有機質や、専用の**プラスチックフィルム**[plastic film]や**不織布**[non-woven fabric]などで覆うことを**マルチング**または**マルチ**[mulch]と総称します。

天敵
チリカブリダニによる害虫防除オランダにて

プラスチックフィルムをマルチとして用いる場合は、**プラスチックマルチ** [plastic film mulch]、わらをマルチとして用いる場合は、**敷きわら**(し) [straw mulch] といいます。

　マルチングの効果としては、土壌の乾燥防止、土壌温度の調節、土壌浸食の防止、雨によるはね上げ防止、雑草発生の防止などがあげられます。また、バークチップなどは、装飾性を高めるためにも行われます。

Chapter 6

植物の利活用

ジャーマン・カモミール
Matricaria chamomilla
Deutschlands Flora in Abbildungen
第45図(1796)
出典／Wikimedia Commons

本章では、植物を利活用する上で重要な鉢栽培・コンテナ栽培（素焼き鉢、テラコッタ、ストロベリーポット、ハンギングバスケットなど）、花壇（ローズガーデン、ハーブガーデン、キッチンガーデン、屋上緑化、壁面緑化、ビオトープ、トピアリーなど）、添景物（パーゴラ、アーチ、ガゼボ、蹲踞など）、切り花の利用（生け花、フラワーアレンジメント、茶花）、社会活動としての園芸（園芸療法、園芸福祉、市民農園、オープンガーデンなど）に関する用語を解説します。

6-1 鉢栽培・コンテナ栽培

● **鉢栽培** [pot culture]　**コンテナ栽培** [container planting, container culture]

鉢やコンテナ（同頁）で栽培することを**鉢栽培**または**コンテナ栽培**といいます。鉢やコンテナで栽培することで、植物を移動させることが可能となり、容器を選ぶことで観賞性を高めることができます。反面、植物が根を伸ばす範囲が少ないため、水やりや施肥などにとくに注意をはらう必要があります。

コンテナにいろいろな植物を花壇のように寄せ植えしたものを**コンテナガーデン**と呼んでいます。

コンテナガーデン

コンテナガーデン

● **鉢** [pot]　**コンテナ** [container]

植物を栽培する容器を、一般に鉢またはコンテナと総称して呼びます。**植木鉢**や**ポット**ということもあります。日本では、長方形のウインドーボックスタイプのもので、特にプラスチック製のタイプは**プランター**と呼ばれることが多いです。

鉢やコンテナは、次のように大別できます。

様々なタイプのコンテナ
オランダにて

ウインドーボックスタイプの
プランター
カナダ、ナイアガラにて　ウインドーボックス（window box）とは植物を栽培するために、窓の外側や内側に置かれるコンテナ

1．材質によって分ける

1.1 粘土を成型して焼成したもの

・**素焼き鉢** [clay pot]：約700℃の低い温度で焼いた鉢。鉢壁に微細な孔隙があるため、排水性も通気性も優れています。壊れやすい欠点があります。

・**駄温鉢** [partly clay pot, partly glazed pot]：約1000

素焼き鉢

駄温鉢

℃の比較的高い温度で焼いた鉢。上部の桟の部分のみに釉薬がかかっています。鉢壁の穴は素焼き鉢に比べ孔隙が小さいですが、排水性、通気性があり、丈夫です。

・**テラコッタ** [terra cotta]：テラコッタはイタリア語で「焼いた土」という意味で、イタリア製の素焼き鉢を示し、洋風デザインの素焼き鉢を総称して呼びます。約1000～1300℃の高温で焼いた鉢です。硬く丈夫で、化粧鉢のように釉薬をかけていないので、比較的通気性も排水性よく、様々な形態のものが流通しており、人気があります。

・**化粧鉢** [glazed pot]：素焼き鉢に釉薬をかけて1100～1200℃程度の温度で焼いた鉢。釉薬をかけているため、鉢壁からの排水性、通気性はありません。

テラコッタ

化粧鉢による多肉植物の寄せ植え

FRP鉢

スリット鉢

1.2　プラスチックを成型したもの

・**プラスチック鉢** [plastic pot]：粘土を焼成した鉢に比べ、軽いのが長所ですが、排水性、通気性はありません。略して**プラ鉢**ともいいます。日本では、長方形のタイプは**プランター**と呼ばれることが多いようです。プラスチックは成型しやすいので、細かい加工にも対応できます。側面に縦方向の切れ込み（スリット）を入れた鉢は、**スリット鉢** [slit pot] と呼ばれています。切れ込みがあることで、根が回らずに、下に伸びることから、注目されています。プラスチックにグラスファイバーなどを混ぜて強化した繊維強化プラスチックを用いたものは、**ＦＲＰ鉢** [fiber reinforced plastic pot] と呼びます。

1.3　ポリエチレンを成型したもの

・**ポリエチレンポット**：ポリエチレンフィルムを成型したもので、略して**ポリポット**とも呼ばれ、育苗によく用いられます。**ビニルポット**ともいいます。黒色が多いですが、白色やカラーのものも流通しています。

1.4　再生紙を成型したもの

・**紙製鉢** [paper pot]：軽く、鉢壁からの排水性、通気性に優れ、根腐れしにくい特徴があります。耐用年数は1～2年です。

1.5　木で成型したもの

・**木製鉢** [wood pot, wooden pot]、**木製コンテナ** [wood container]：

ポリエチレンポットによるラッカセイ苗

セコイヤなどの天然木で成型したものや、ウイスキー樽などを半切りしたもの、間伐材を利用したものなどがあり、排水性、通気性もあります。また、木は断熱性があるため、外気温による影響が少ない特徴があります。

2. 用途や観賞法によって分ける

2.1 地面などに直接置くタイプ

多くの鉢がこのタイプで、**置き鉢**と呼んでいます。特殊なものとして、**底面給水鉢** [bottom-watering pot]、**ストロベリーポット** [strawberry pot] などがあります。底面給水鉢は鉢底に設けた貯水槽から水を給水する鉢のことで、シクラメン（*Cyclamen persicum*）やエラチオール・ベゴニア（*Begonia* Hiemalis Group）でよく使用されます。ストロベリーポットは、壺形で、上部の植え穴の他に、側部にポケット状の数個の植え穴があります。本来はイチゴ（*Fragaria* × *ananassa*）栽培用の鉢でしたが、その特異な形態から下垂する植物の寄せ植えによく利用されます。

2.2 吊ったり、掛けたりするタイプ

吊り鉢 [hanging basket] や**ハンギングバスケット**、**壁掛け鉢** [hanging wall pot] などがあります。立体的に飾ることができますが、置き鉢に比べやや乾きやすい傾向があります。

3. 形状によって分ける

鉢の高さと口径とによって、次のように大別できます。

- 3.1 **普通鉢** 高さと口径がほぼ同じタイプ。**標準鉢**とも呼びます。
- 3.2 **深鉢** 高さが口径より長いタイプ。**長鉢**、**懸崖鉢**とも呼んでいます。
- 3.3 **平鉢** [pan] 高さが口径の半分程度のタイプ。**半鉢**とも呼びます。

● **号**

鉢の大きさを示すために、鉢の口径（鉢上部の直径）を表す単位のことです。1号は約3cmに相当し、3号鉢ならば上部の直径が15cmの鉢を示しています。

木製コンテナ
アメリカ、サンフランシスコにて

ストロベリーポット

ハンギングバスケット

壁掛け鉢

● 鉢底網　鉢底石

植物を植える前に、鉢底にあらかじめ敷く網のことを**鉢底網**といいます。培養土（27頁）の流出を防ぐとともに、鉢穴からのナメクジ類や害虫の侵入を防止します。**鉢底ネット**ともいいます。

鉢底網を敷いた後、排水性をよくするために、鉢底に敷く軽石などを**鉢底石**といいます。

● 鉢皿 [flower pot saucer]

鉢栽培において、水やり後に鉢底から流出する水を周囲にひろがらないように受ける皿状の容器を鉢皿といいます。いつまでも鉢皿に流出した水をためておくと、根腐れの原因となります。

6-2 花壇

観賞する植物を集団で装飾的に植え、デザインを工夫し、美しく演出された空間を**花壇** [flower bed]といいます。花壇とはいっても、花を観賞する植物だけでなく、葉や果実などを観賞する植物も含まれます。花壇は、観賞する季節、植える植物、全体のスタイル、形や設置の仕方などにより様々に分類されます。

● 花壇の分類

１．観賞する季節によって分ける

観賞する季節によって、**春花壇** [spring flower bed]、**夏花壇** [summer flower bed]、**秋花壇** [autumn flower bed]、**冬花壇** [winter flower bed]、**周年花壇** [year round flower bed] と呼んでいます。

２．植える植物の種類によって分ける

2.1　**一年草花壇** [annual flower bed]
　　一・二年草（52頁）を中心に植えて観賞する花壇を一年草花壇といいます。一年間で２回以上植え替える必要があるため、花壇のデザインを更新するには都合がよい花壇です。

2.2　**宿根草花壇** [perennial flower bed]
　　宿根草（54頁）を中心に観賞する花壇を宿根草花壇といいます。近年は、洋風に**ペレニアル・ガーデン** [perennial garden] とも呼んでいます。

2.3　**球根花壇** [bulb garden]　**球根植物**（54頁）を中心に観賞する花壇をい

一年草花壇

宿根草花壇
オランダにて

います。オランダのキューケンホフ園の花壇が代表的です。早春に咲く比較的小型の球根を中心にしたものを、特に**小球根花壇**と呼びます。

2.4　ローズガーデン [rose garden]　　バラ（*Rosa* cvs.）を中心に観賞する花壇のことで、**バラ園**ともいいます。ヨーロッパでは古くから発達し、その歴史はローマ時代にまでさかのぼることができます。フランス・パリのガバテル・バラ園などが有名です。

2.5　ハーブガーデン [herb garden]　　**ハーブ**（65頁）を中心に観賞する花壇をハーブガーデンまたは**ハーブ園**といいます。ハーブを観賞するだけでなく、収穫や利用が楽しめる実用性を備えた花壇です。

球根花壇

ローズガーデン
ドイツ、パルメン・ガルテンにて

ハーブガーデン
オランダにて

キッチンガーデン
ベルギーにて

キッチンガーデン

ウォーターガーデン
ベルギーにて

ウォーターガーデン
アメリカ、フロリダにて

シェードガーデン

2.6　**キッチンガーデン**[kitchen garden]　野菜やハーブ、小果樹などを中心に、デザインに配慮しながら植栽し、収穫と観賞を楽しむ花壇です。特に野菜を中心とするものは**ベジタブルガーデン**[vegetable garden]と呼びます。**家庭菜園**とは、家庭や市民農園(234頁)におけるキッチンガーデンのことです。フランスで発達した伝統的な家庭菜園のことを、フランス語で**ポタジェ**[potager]と呼び、英語圏では**ポタジェガーデン**[potager garden]といいます。

2.7　**コニファーガーデン**[conifer garden]　**ドワーフ・コニファー**(57頁)を中心に観賞する花壇をコニファーガーデンと呼びます。

2.8　**ウォーターガーデン**[water garden]　池や湿地に**水生植物**(40頁)を植えつけたもので、**水栽花壇**とも呼ばれます。

2.9　**シェードガーデン**[shade garden]　日陰でよく生育する植物を植え付けた日陰の花壇のことです。

3．全体のスタイルで分ける

3.1　**整形花壇**[formal garden]　ヨーロッパにおいて、中世以来発達した様式で、整然と左右対称に植え付けて、幾何学的な形や模様を表現します。正方形や長方形、円形など幾何学的な形を基本とし、整然とした花壇です。**整形式花壇**とも呼びます。毛氈花壇や刺繍花壇(227項)などがこのスタイルでつくられます。

3.2　**自然風花壇**[informal garden]　整形花壇に対し、全体の調和を考え、曲線を生かしてデザインし、植物それぞれの個性を楽しむ花壇のことで、自然な雰囲気を表現できます。境栽花壇(227項)などがこのスタイルです。**ナチュラルガーデン**[natural garden]や**ワイルドガーデン**[wild garden]などとも表現されます。草原をイメージする様式は、**メドーガーデン**[meadow garden]と呼びます。イギリスにおいて18世紀初頭から発達した庭園様式を、特に**風景式庭園**[landscape garden]と呼んでいます。近年、日本で流行している**イングリッシュガーデン**は、イギリスで見られるすべての庭園様式を示すのではなく、イギリスの田舎屋風別荘などで見られる自然風花壇を総称しており、これらは**コテージガーデン**[cottage garden]と呼ばれています。

整形花壇
オランダにて

自然風花壇

毛氈花壇
タイにて

刺繍花壇
フランス、ヴェルサイユ宮殿にて

ノットガーデン
オランダ、ヘットロー宮殿にて

コンテナを組み合わせたタペストリー花壇

多肉植物によるタペストリー花壇

リボン花壇
ベルギーにて

境栽花壇
イギリス、ウィズレー・ガーデンにて

境栽花壇

寄せ植え花壇

沈床花壇
ベルギーにて

ロックガーデン
アメリカ、ベルビュー植物園にて

壁面花壇
オランダにて

4．形や色、設置の仕方で分ける

4.1 毛氈花壇 [carpet flower bed]　草丈の低い一・二年草(52頁)を中心に、花色や葉色を使って幾何学的模様を表現する、カーペット状に広がる花壇です。広い面積の花壇に効果的です。特に、ヴェルサイユ宮殿などのフランス平面幾何学式庭園に見られる図案を描く装飾花壇は**刺繍花壇**や**パルテール** [parterre] と呼ばれます(写真225頁)。

4.2 ノットガーデン [knot garden]　ツゲや矮性植物を使った低い生垣で結び目(ノット)模様を描き、その間に草花を植えた花壇です。

4.3 タペストリー花壇 [tapestry garden]　タペストリーとは、壁掛けなどに使われる室内装飾用の織物の一種で、織物のように緻密な模様を描く花壇のことです。

4.4 リボン花壇 [ribbon flower bed]　建物や塀、園路、水辺などに沿って、草丈の低い植物を使って、帯状に細長くつくる花壇です。

4.5 境栽花壇 [border flower bed]　建物、塀、垣根などに沿って列状につくる花壇で、観賞しやすいように、手前に丈の低い植物、後方に丈の高い植物を植えつけて、立体的に演出します。ふつう開花期の異なる宿根草を植えつけて、植替えの手間をはぶき、所々に一・二年草などを植えつけ、周年観賞できるようにつくります。**ボーダー花壇**または**ボーダー**ともいいます。

4.6 寄せ植え花壇 [assorted flower bed]　ふつう円形または多角形の花壇の中心部に丈の高い植物を、周囲に丈の低い植物を植え付けて、四方から立体的に観賞できる花壇のことです。

4.7 沈床花壇 [sunken garden]　周囲の地盤より掘り下げて、一段低い場所につくられた花壇で、整形花壇(225頁)によく見られます。周囲から水が集まりやすいことから、中央部に池をつくり、水生植物(40頁)を栽培することが多いです。

4.8 ロックガーデン [rock garden]　自然風に岩組をつくり、岩間に高山植物などを植えつけて、山岳の雰囲気をつくりだすもので、**ロッケリー** [rockery] とも呼ばれます。

4.9 壁面花壇 [wall flower bed]　石組みなどで壁をつくり、垂直面の空隙に植物を植えつけたもので、**ウォールガーデン**とも呼ばれています。

4.10 カラーガーデン [color garden]　花(時に葉)の色を意識して演出した花壇で、複数の花色の植物を配色したり、1色にまとめたりして植栽した花壇のこと。色には、**色相** [hue]、**明度** [brightness, lightness]、**彩度** [chroma, saturation] の三属性があり、**色の三属性** [three attributes of color] といいます。色相は、赤、青、黄などの色味を表し、これらを環にして並べたものを**色相環**と呼びます。色相環の隣り合った色を類似色、向き合った色を**補色**(反対色)といいます。明度は明るさを、彩度は鮮やかさの度合いを示します。明度が高く、彩度が低い色を**パステルカラー**と呼びます。パステルカラーのみの配色は、柔らかい印象を醸し出します。白色、灰色、黒色は色の3属性のうち明度だけで表され、**無彩色** [achromatic color] と呼びます。特に、白色の植物を用いた花壇は**ホワイトガーデン**

葉色によるカラーガーデン

ホワイトガーデン

[white garden] と呼びます。

4.11　レイズドベッド [raised bed, raised planting bed]
沈床花壇とは反対に、花壇の地盤を周囲より高くした花壇のことで、**高床式花壇**や**立ち上げ花壇**とも呼びます。花壇の地盤が高いため、ひざまずかなくても作業ができ、高さを車椅子でも管理できるように合わせるなどが可能なため、園芸療法や園芸福祉（234頁）の分野でも活用されています。

4.12　花時計 [floral clock]　文字盤部に草丈の低い植物を用いた毛氈花壇を設け、その上に時計の針を設置したもので、時刻が分かるように斜面に設置することが一般的です。神戸市役所北側にある花時計は日本ではじめて作られた花時計として知られています。また、花の種類によって開花時刻が異なることを利用した花壇も、花時計といいます。

5. その他の植栽・緑化手法として

5.1　屋上緑化 [roof planting]　建物の屋上部に植物を植栽して緑化することを屋上緑化といい、その庭園を**屋上花壇** [roof garden] と呼びます。古くは古代メソポタミアのピラミッドや、世界七不思議の一つとされるバビロンの空中庭園（ハンギング・ガーデン）などにも、屋上緑化が行われていたといわれます。日本で民家の草葺き屋根の頂部に、植物を植えて、植物の根により締め固める**芝棟**も、日本における屋上緑化の原点と見ることができます。現在、都市緑化の中で注目される屋上緑化は、ヒートアイランド現象の軽減、雨水の流出抑制、生物多様性の向上、大気汚染の緩和、景観の向上、都市における癒しの空間の創出などの効果をが期待されています。セダム類（*Sedum* spp.）による屋上緑化は管理の必要がほとんどなく注目されましたが、25℃以上の高温時には気孔（100頁）が閉じるため、蒸散（22頁）の気化熱による冷却効果は期待できないといわれています。

5.2　壁面緑化 [vegetation covering on wall surface, wall greening]　建物の外壁を植物で覆うことで緑化することを壁面緑化といいます。用いる植物や植栽方法により、以下のタイプがあります。
①つる植物（58頁）を用いて下方から上方によじ登らせるタイプ。
②茎が下垂する植物を用いて上方から下方に下垂させ

レイズドベッド
アメリカ、シカゴにて

ベンチと一体型のレイズドベッド

花時計
シンガポール植物園にて

屋上緑化
東京都、駿河台にて

セダム類（*Sedum* spp.）による屋上緑化
オランダにて

壁面緑化
カナダ、ビクトリアにて

壁面緑化

ビオトープ
ベルギーにて

動物を模した立体花壇

幾何学模様の垂直花壇

ビオトープ

トピアリー
アメリカ、ロングウッド植物園にて

トピアリー

るタイプ。

③プランター（220頁）などに植栽した植栽基盤を用いるタイプ。

- **5.3 立体花壇** [three-dimensional flower bed]　立体的に作成した花壇のことで、様々な様式や形態のものが開発されています。トピアリー（同頁）のように動物やキャラクターを模したものや、毛氈花壇（227頁）やタペストリー花壇（227頁）のように幾何学模様やキャラクターを描いたものなどがよく見られます。壁や柱など垂直な面を利用したものは**垂直花壇** [vertical garden] と呼ばれます。

- **5.4 ビオトープ** [biotope]　生物の生息空間のことで、ギリシア語の造語 bio（命）と topos（場所）による造語で、生物が住みやすいように環境条件を整えた場所を示し、日本語で**生物生息空間**と訳されています。ドイツで生まれた概念で、ドイツ語では Biotop です。近年では、本来のビオトープのように生態系が適正に機能する生息空間ではありませんが、池などに水生植物（40頁）などを植栽して、野鳥や昆虫などを呼ぶ庭の一様式もビオトープと呼ぶことがあります。チョウが好む蜜源植物や幼虫の餌となる食草を植栽した**バタフライ・ガーデン** [butterfly garden] や、ハチが好む**ビー・ガーデン** [bee garden] も、ビオトープの一様式と考えられます。

- **5.5 トピアリー** [topiary]　主に木本植物（141頁）を使って、動物や幾何学的な形に刈り込む手法を

トピアリーといいます。トピアリーには、葉が密に茂り、分枝性がよく、刈り込み(214頁)によく耐えるマメツゲ(*Ilex crenata* f. *convexa*)やセイヨウイチイ(*Taxus baccata*)などが適しています。トピアリーはヨーロッパで発達したもので、その語源はラテン語で「庭師」または「庭」を意味する言葉です。庭師の腕の見せ所ともいうべき技術を要することに由来すると考えられます。最近は、簡便にできるように、あらかじめ仕上がりの形態をワイヤーで作ったフレームが販売されています。植物をフレームで覆い、外に伸びた枝を刈り込めば簡単にトピアリーができ上がります。また、このようなフレーム内に培養土を入れ、表面にネットをかけ、フィカス・プミラ(*Ficus pumila*)やヘデラ・ヘリクス(*Hedera helix*)などを誘引して形をつくることもあります。いずれの場合も、定期的な刈り込みにより形を整える必要があります。

エスパリエ
アメリカ、サンフランシスコにて

5.6 生け垣 [hedge]　生け垣も木本植物を列状に密植し、トピアリーと同様に刈り込みで形をつくっていきますが、外部との仕切りとする垣根をつくることが目的で、形態を意識したものではありません。また、比較的丈の低い生け垣を用い、庭園に迷路をつくることもあります。

5.7 エスパリエ [espalier]　果樹や花木などの木本植物を壁などの平面的な垂直支持体に這わせて、植物を垂直的に仕立てる手法をいいます。ふつう、前方と後方

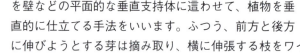

スタンダード仕立て
アメリカ、シアトルにて

に伸びようとする芽は摘み取り、横に伸張する枝をワイヤーなどの誘導線に誘引します。リンゴ(*Malus domestica*)やピラカンサ(*Pyracantha* ssp.)などが適しています。

5.8 スタンダード仕立て [standard form]　枝のない茎または幹を真っ直ぐに伸ばし、必要な場合は支柱を添えて、側枝の刈り込みを繰り返して球形にし、樹冠をつくる仕立て方です。コンテナガーデン(220頁)の中心に据えるとよく映えます。

5.9 あんどん仕立て [cylindrical raising of potted plants]　主につる植物(58頁)を鉢植えにする際の仕立て方で、鉢の周りに立てた支柱に丸い輪を2、3段取り付けて支柱を安定させ、茎を誘引して仕立てたものです。アサガオ(*Ipomoea nil*)やクレマチス(*Clematis* cvs.)などでよく見られます。

6-3　添景物

庭づくりなど景観をつくるさいに、趣を出すためにアクセントとして添えられる付属物を**添景物** [garden accessory] といいます。

添景物は庭の様式に合わせて、洋風と和風に大別できます。

● 洋風の添景物

1. トレリス [trellis]
　角材などを格子状に組み、そこにつるバラなどのつる植物（58頁）を絡ませて演出する構造物をいいます。トレリスを用いることによって、庭をそれとなく区切ることができます。

　よく似た用語に**ラティス** [lattice] があり、本来は窓や住居などを一体化したものを示しますが、厳密に区別されていません。

庭の区切りとして利用したトレリス
カナダにて

2. パーゴラ [pergola]
　つる性植物をからませて日陰をつくるために設けられる日除け棚をいいます。ここを休憩所にすることもできます。イタリア語で「ブドウ棚」を意味する言葉が語源です。

　和風のものとしては、日本庭園におけるフジを棚にからませる**藤棚（ふじだな）**が知られます。

3. アーチ [arch]
　パーゴラによく似たものにアーチがありますが、これは上部が円弧状になっていることが特徴で、庭の入口や門としての機能があります。アーチにつる植物（58頁）をはわせて誘引し、仕立てたものは**アーチ仕立て（じた）**と呼び、つるバラなどでよく見られます。

パーゴラ
左右にレイズドベッドを設置

4. ガゼボ [gazebo]
　「大きな庭」や「見晴台」を意味するラテン語で、ここから眺めるために設けられた庭の休憩所をいいます。日除けを兼ねたサマーハウスやティーハウスなども含まれます。

　和風のもので同様の機能を持つものとしては、日本庭園では**四阿（あずまや）**または**東屋（あずまや）**と呼ばれる施設があります。

5. オベリスク [obelisk]
　本来、古代エジプトにおいて神殿などに建てられた石柱をいいます。庭の添景物としては円錐（えんすい）または円柱状のフレームが知られ、つる植物（58頁）を誘引して楽しむことができます。

アーチ

6. その他の洋風添景物
　トレリス（同頁）や、トピアリー（229頁）、彫刻、ガーデンオーナメント、ベンチやテーブルなどのガーデン

つるバラを誘引した
オベリスク

ガゼボ

ベンチ

噴水

日時計

石灯籠
岡山、後楽園にて

手水鉢、鹿おどし、竹垣

ファニチュア、噴水、日時計、バードバス（鳥が水浴びをするために設けられた浅い水盤）などが知られます。装飾を目的とした鉢や壺も含まれます。クリスマスツリーやハロウィンのジャック・オー・ランタンなど、行事に関わるオーナメントもよく利用されます。

● 和風の添景物

　石灯籠、石塔、景石、手水鉢、蹲踞、鹿おどし、竹垣などが知られます。蹲踞は席中に入る前に手水を使うため、手水鉢を中心に、その前に手水を使うために乗るための石などで構成されるものです。また、前述したように、藤棚、四阿（東屋）が知られます。

6-4　切り花の利用

　観賞植物（52頁）の利用形態には鉢やコンテナ、また花壇などに植えるほかに、**切り花** [cut flower] がしられます。花柄や花茎（113, 114頁）または枝ごと切り取って花瓶などに挿して利用する場合、観葉部位が花の時は**切り花**、葉の場合は**切り葉** [cut foliage] といいます。木本植物（141頁）の場合は、**枝物**と呼びます。

● 生け花 [Ikebana]

　生け花は日本で発達した伝統芸術であり、自然の素材としての植物と器などとともに構成された造形

美術です。平安時代中期の『枕草子』には、勾欄(欄干のこと)において青い瓶に桜の五尺ほどの枝を挿して観賞したことが記述されており、この頃には観賞用として花を切って容器に挿すことが行われていたと考えられます。また、仏前の供花を瓶子や壺などに挿して献ずる風潮が一般化し、欄干からさらに室内への観賞に移行することとなります。

南北朝時代から室町時代にかけて、中国絵画が掛け軸として伝来し、それらを掛けて観賞するために床の間が発達します。正式な床の飾り方式として、掛け軸の前に卓を置き、向かって右に燭台、中央に香炉や香合、左に花瓶を置く形式の三具足が定石となりました。この方式が略式化され、座敷飾りとして観賞用の花が重きをなすようになったと考えられます。

室町時代中末期になると、それまでは自然の花の美しさの観賞に重きをおいていたものが、花を挿したそのものの美しさが、花そのものの美しさよりも重きをなし、座敷飾りとしての花が立花として成立し、立花の専門家が登場するようになります。また、室町時代には法式を定める立花に対し、自然のままの風姿を保つように生ける抛入れという様式も生み出されました。室町時代の立花は、安土桃山時代から江戸時代初期において、立花と音読みにされる様式となり、抛入れとともに現在の生け花へと発展しました。

江戸時代初期の古活字本『仙傳抄』に描かれた三具足

● **フラワーアレンジメント** [flower arrangement]

生け花とフラワーアレンジメントの違いについては厳密な定義はありません。日本において床の間や座敷飾りとして発達した生け花に対し、西洋の生活様式や習慣の中で発達したのがフラワーアレンジメントです。フラワーアレンジメントの場合、飾る場所も多様で、ドライフラワー [dried flower] なども利用します。

フラワーアレンジメントによるテーブルデコレーション

● **茶花** [Chabana]

茶の湯の席(茶席)に用いる花を総称して**茶花**と呼びます。室町時代末期以後、茶の湯が発達し、わびた狭い茶室ができ、この茶室の床に生ける花、すなわち茶花が成立しました。なお、「茶花」という言葉が定着したのは比較的新しい時代になってからのことです。江戸時代初期までの記録では「茶の湯の花」「茶席の花」などの語が用いられています。

茶の湯を大成した千利休(1522—91)が規定したという教則では、「花は

炉の季節の茶花(2月)

風炉の季節の茶花(8月)

野にあるように」(利休七則)とされるように、自然の風情を生かすことを重視しています。特に定められた形はなく、剣山や針金を用いたり、枝を無理に曲げたりするようなことはせず、そのままの姿を入れる抛入れという方法が原則となります。また、「小座敷の花ハかならず一色を一枝か二枝かろくいけたるがよし」(南方録)といわれるように、軽やかに入れることを旨としています。

茶の湯は、一年を炉(11月頃から4月頃)と風炉(5月頃から10月頃)の二季に分けます。炉の季節には椿(蕾の状態で入れることが多い)などの木の花を一輪入れた炉の風情、風炉の季節には草花を多く入れた風炉の風情などと、季節感を大切にしています。

6-5 社会活動としての園芸

● 園芸療法 [horticultural therapy] 園芸福祉 [horticultural well-being]

心理的、身体的影響の大きい植物を育てることを通して、観賞や、収穫、加工などの園芸活動を行うことにより、高齢者や障害者など療法的支援を要する人を対象として、身体の機能回復や心の癒しなどに役立てる療法のことを**園芸療法**と呼んでいます。

園芸療法では心身になんらかの不都合がある人を対象とします。そのため、対象者の状況を理解し、園芸活動を通してどのように改善するかを判断し、適切な手続きを示す専門的な知識と技術を有する**園芸療法士** [horticultural therapist]と呼ばれる専門家が必要とされます。園芸療法を目的とした庭は**療法の庭** [therapeutic garden]または**療法用ガーデン**と呼ばれます。癒しを意識した庭は**ヒーリング・ガーデン** [healing garden]、五感の刺激を意識した庭を**センサリー・ガーデン** [sensory garden]といいます。

一方、**園芸福祉**とは、すべての人を対象とし、自由に園芸活動を通して**生活の質** [quality of life, 略称 QOL]の向上やよりよい人間関係を目指すものであり、園芸療法のように専門家の介在は必要ないとされています。いうならば、園芸活動を行うことにより、日々の生活を充実させ、生きがいと満足感をもって生活を送ることが目的といえます。

今後、ますます少子高齢社会に向かうに当たり、高齢者や障害者はもとより、介護予防や生活の質の向上を図ることが重要であり、園芸療法、園芸福祉いずれの場面においても、社会的なニーズが増大すると予想されます。

病院に設けられた療法の庭

● 市民農園 [allotment garden]

都市農園の一部を活用して、都市住民の希望者に区画を貸し出す農園を**市民農園**と呼び、**レジャー農園**や**ふれあい農園**などの愛称もあります。

市民農園

ドイツでは小さな庭という意味の**クラインガルテン**［独：Kleingarten］と呼ばれる市民農園制度があります。

● **オープンガーデン** [open garden]

個人の庭を一般公開することをオープンガーデンといいます。

1927年、イギリスの数多くある美しい個人庭園を一般公開してわずかな入園料を徴収し、それを基金として看護師を支援する制度が提案され、個人庭園を一般公開するチャリティー団体**ナショナル・ガーデンズ・スキーム**（NGS）が設立されました。NGSから毎年発行される通称『**イエロー・ブック**』は、イギリスの3500か所以上の個人庭園が紹介されるガイドブックで、庭園の場所や特長、公開日、入園料が記載され、ベストセラーとなっています。イギリスではこの制度により毎年170万£の収益が寄付されています。

このような制度は各国にもひろがり、日本でも様々な地域で見られ、ガイドブックも発行されるようになりました。

屋上緑化における市民農園

オープンガーデン

● **コミュニティガーデン** [community garden]

初期段階で多少は行政の支援を受けることはあっても、管理主体および作業主体は地域住民で、地域住民が活動内容を自ら設定し、花壇活動を初めとする多様な活動に取り組む緑地空間のこと。

和文用語索引

（太字は見出し項目）

あ

アーチ	231
アーチ仕立て〔あーちじたて〕	231
IUCN〔あいゆーしーえぬ〕	47
亜科〔あか〕	155
赤玉土〔あかだまつち〕	28
赤土〔あかつち〕	28
秋植え球根〔あきうえきゅうこん〕	55
秋花壇〔あきかだん〕	223
秋まき一年草〔あきまきいちねんそう〕	52
亜高木〔あこうぼく〕	141
亜種〔あしゅ〕	151, 154
四阿〔あずまや〕	231
東屋〔あずまや〕	231
圧条法〔あつじょうほう〕	205
圧毛〔あつもう〕	144
亜低木〔あていぼく〕	141
アナナス類〔あななするい〕	71
網斑〔あみふ〕	61
アリ植物〔ありしょくぶつ〕	45
暗期〔あんき〕	15
あんどん仕立て〔あんどんじたて〕	230
暗発芽種子〔あんはつがしゅし〕	14
イエロー・ブック	235
いが	103
異花柱性〔いかちゅうせい〕	117
異花被花〔いかひか〕	108, 112, 114
維管束〔いかんそく〕	38, 84, 85, 100
維管束間形成層〔いかんそくかんけいせいそう〕	85
維管束植物〔いかんそくしょくぶつ〕	38, 85, 140
維管束内形成層〔いかんそくないけいせいそう〕	85
育苗〔いくびょう〕	211
異形花〔いけいか〕	116
異形花柱花〔いけいかちゅうか〕	117
異形複合花序〔いけいふくごうかじょ〕	127
生け垣〔いけがき〕	230
生け花〔いけばな〕	232
移植〔いしょく〕	211
イチゴ状果〔いちごじょうか〕	133
イチジク状果〔いちじくじょうか〕	134
いちじく状花序〔いちじくじょうかじょ〕	128
一心皮子房〔いっしんぴしぼう〕	130
一・二年草〔いちにねんそう〕	52, 141, 223
一稔植物〔いちねんしょくぶつ〕	44
一年生植物〔いちねんせいしょくぶつ〕	39, 44, 140
一年生草本〔いちねんせいそうほん〕	140
一年草〔いちねんそう〕	52, 140
一年草花壇〔いちねんそうかだん〕	223
一稔多年生植物〔いちねんたねんせいしょくぶつ〕	44
逸出帰化植物〔いっしゅつきかしょくぶつ〕	46
異名〔いめい〕	155
いや地〔いやち〕	216
色の三属性〔いろのさんぞくせい〕	227
隠花植物〔いんかしょくぶつ〕	35
イングリッシュガーデン	225
陰性植物〔いんせいしょくぶつ〕	11
隠頭花序〔いんとうかじょ〕	126, 128
植え傷み〔うえいたみ〕	212
植え替え〔うえかえ〕	27, 211
植木鉢〔うえきばち〕	220
植えつけ〔うえつけ〕	212
ウォーターガーデン	225
ウォールガーデン	227
ウォーレス	34
羽状〔うじょう〕	92
羽状複葉〔うじょうふくよう〕	95
羽状脈〔うじょうみゃく〕	101
内巻き状〔うちまきじょう〕	143
羽片〔うへん〕	96
ウリ状果〔うりじょうか〕	130, 133
雲霧林〔うんむりん〕	43
穎果〔えいか〕	132
英国王立園芸協会〔えいこくおうりつえんげいきょうかい〕	162
栄養繁殖〔えいようはんしょく〕	210
栄養葉〔えいようよう〕	104
APG〔えーぴーじー〕	35
APG分類大系〔えーぴーじーぶんるいたいけい〕	34
液果〔えきか〕	130, 132
腋芽〔えきが〕	86
液相〔えきそう〕	26
エスパリエ	230
枝〔えだ〕	88

枝物〔えだもの〕	56, 232
越年草〔えつねんそう〕	140
ＦＲＰ鉢〔えふあーるぴーばち〕	221
F₁品種〔えふわんひんしゅ〕	203
エライオソーム	139
沿下〔えんか〕	99
エングラー	34
エングラーの体系〔えんぐらーのたいけい〕	34
園芸〔えんげい〕	51
園芸作物〔えんげいさくもつ〕	52
園芸植物〔えんげいしょくぶつ〕	51
園芸品種〔えんげいひんしゅ〕	159
園芸品種名〔えんげいひんしゅめい〕	159
園芸福祉〔えんげいふくし〕	234
園芸名〔えんげいめい〕	151
園芸療法〔えんげいりょうほう〕	234
園芸療法士〔えんげいりょうほうし〕	234
えん枝法〔えんしほう〕	205
遠心性花序〔えんしんせいかじょ〕	122
円錐花序〔えんすいかじょ〕	128
塩生植物〔えんせいしょくぶつ〕	42
沿着〔えんちゃく〕	99
縁着〔えんちゃく〕	99
縁毛〔えんもう〕	144
扇形花序〔おうぎがたかじょ〕	126
扇だたみ状〔おうぎだたみじょう〕	143
オーナメンタルグラス	73
オープンガーデン	235
雄株〔おかぶ〕	114
置き鉢〔おきばち〕	222
屋上花壇〔おくじょうかだん〕	228
屋上緑化〔おくじょうりょっか〕	228
雄しべ〔おしべ〕	105, **106**, 107, 114, 117
落とし穴式〔おとしあなしき〕	71
オベリスク	231
親株〔おやかぶ〕	204
温室植物〔おんしつしょくぶつ〕	68
温室花もの〔おんしつはなもの〕	68
温周性〔おんしゅうせい〕	21
温度〔おんど〕	11, 17

か

科〔か〕	151, 154

カール・フォン・リンネ	34, 152
カール・ペーテル・ツンベルク	153, 177
蓋果〔がいか〕	132
外果皮〔がいかひ〕	129
外花被〔がいかひ〕	107
外花被片〔がいかひへん〕	107
塊茎〔かいけい〕	82
塊根〔かいこん〕	81, 83
開出毛〔かいしゅつもう〕	144
外種皮〔がいしゅひ〕	137
回旋状〔かいせんじょう〕	143
海浜植物〔かいひんしょくぶつ〕	42
開放花〔かいほうか〕	117
外来植物〔がいらいしょくぶつ〕	45
街路樹〔がいろじゅ〕	57
加温〔かおん〕	19
花芽〔かが〕	14, 21, **86**
花外蜜腺〔かがいみつせん〕	146
花冠〔かかん〕	**108**, 114
花冠筒部〔かかんとうぶ〕	109
花冠裂片〔かかんれっぺん〕	109
花卉〔かき〕	52
鉤〔かぎ〕	59, 90
核〔かく〕	129, 133
萼〔がく〕	**112**, 114
核果〔かくか〕	133
革質〔かくしつ〕	142
殻斗〔かくと〕	132
萼筒〔がくとう〕	112
萼片〔がくへん〕	105, 108, 112
学名〔がくめい〕	151
学名の発音〔がくめいのはつおん〕	165
学名表記〔がくめいひょうき〕	152
萼裂片〔がくれっぺん〕	112
花茎〔かけい〕	114
果梗〔かこう〕	113
花梗〔かこう〕	**113**, 122
花糸〔かし〕	106
華氏温度〔かしおんど〕	17
花軸〔かじく〕	113
果実〔かじつ〕	52, 105, **129**, 136
果実序〔かじつじょ〕	134
果樹〔かじゅ〕	52
仮種皮〔かしゅひ〕	138

果序	〔かじょ〕	134
花序	〔かじょ〕	122
花床	〔かしょう〕	113
仮植	〔かしょく〕	211
花序軸	〔かじょじく〕	122
下唇	〔かしん〕	111
ガゼボ		231
花托	〔かたく〕	105, 113
かたつむり形花序	〔かたつむりがたかじょ〕	126
片巻き状	〔かたまきじょう〕	143
花壇	〔かだん〕	223
花柱	〔かちゅう〕	105
家庭菜園	〔かていさいえん〕	225
花筒	〔かとう〕	109
仮道管	〔かどうかん〕	22, 85
下等植物	〔かとうしょくぶつ〕	38
花内蜜腺	〔かないみつせん〕	146
果肉	〔かにく〕	129
鹿沼土	〔かぬまつち〕	28
カバープランツ		58
果被	〔かひ〕	129
花被	〔かひ〕	107, 114, 115
花被片	〔かひへん〕	105, 107
かぶと状花冠	〔かぶとじょうかかん〕	111
株分け	〔かぶわけ〕	210
花粉塊	〔かふんかい〕	107
花粉嚢	〔かふんのう〕	106
果柄	〔かへい〕	113
花柄	〔かへい〕	113
壁掛け鉢	〔かべかけばち〕	222
花弁	〔かべん〕	105, 108
花木	〔かぼく〕	56
鎌形花序	〔かまがたかじょ〕	126
紙製鉢	〔かみせいばち〕	221
ＣＡＭ	〔かむ〕	13
ＣＡＭ植物	〔かむしょくぶつ〕	11, 22
仮面状花冠	〔かめんじょうかかん〕	111
仮雄ずい	〔かゆうずい〕	107
花葉	〔かよう〕	92, 105, 115, 116
カラーガーデン		227
カラーサンド		215
カリ		31
刈り込み	〔かりこみ〕	214
芽鱗	〔がりん〕	87
軽石	〔かるいし〕	28
カルシウム		31
瓦重ね状	〔かわらがさねじょう〕	143
稈	〔かん〕	87, 89
乾果	〔かんか〕	130, 132
感覚毛	〔かんかくもう〕	144
岩隙植物	〔がんげきしょくぶつ〕	43
緩効性肥料	〔かんこうせいひりょう〕	32
管状花冠	〔かんじょうかかん〕	111
観賞樹	〔かんしょうじゅ〕	56
観賞植物	〔かんしょうしょくぶつ〕	52
環状剥皮法	〔かんじょうはくひほう〕	205
灌水	〔かんすい〕	23
幹生果	〔かんせいか〕	119, 134
幹生花	〔かんせいか〕	119
乾生植物	〔かんせいしょくぶつ〕	25, 40
岩生植物	〔がんせいしょくぶつ〕	43
完全花	〔かんぜんか〕	115
完全葉	〔かんぜんよう〕	92
潅木	〔かんぼく〕	141
乾膜質	〔かんまくしつ〕	143
冠毛	〔かんもう〕	132
観葉植物	〔かんようしょくぶつ〕	11, 71
キイチゴ状果	〔きいちごじょうか〕	133
偽果	〔ぎか〕	130
偽花	〔ぎか〕	122
帰化植物	〔きかしょくぶつ〕	46
器官	〔きかん〕	148
偽球茎	〔ぎきゅうけい〕	91
キク科植物（キク科）	〔きくかしょくぶつ〕	111, 124
偽茎	〔ぎけい〕	91
木子	〔きご〕	84
気孔	〔きこう〕	12, 22, 100
気根	〔きこん〕	78, 79
基準法	〔きじゅんほう〕	156
奇数羽状複葉	〔きすううじょうふくよう〕	95
寄生根	〔きせいこん〕	80
寄生植物	〔きせいしょくぶつ〕	44, 80
気相	〔きそう〕	26
キッチンガーデン		225
絹毛	〔きぬげ〕	144
偽副冠	〔ぎふくかん〕	107
基部被子植物	〔きぶひししょくぶつ〕	35
逆毛	〔ぎゃくもう〕	144

球果〔きゅうか〕	129
球茎〔きゅうけい〕	82
球根〔きゅうこん〕	54, 81, 208
球根花壇〔きゅうこんかだん〕	223
球根植物〔きゅうこんしょくぶつ〕	39, 54, 81, 208, 223
球根繁殖〔きゅうこんはんしょく〕	208
球根類〔きゅうこんるい〕	54, 81
求心性花序〔きゅうしんせいかじょ〕	122
吸水〔きゅうすい〕	22
吸水根〔きゅうすいこん〕	80
休眠〔きゅうみん〕	21, 135, 137, 203
休眠芽〔きゅうみんが〕	18, 38, 87
休眠打破〔きゅうみんだは〕	21
距〔きょ〕	111, 113
共栄植物〔きょうえいしょくぶつ〕	217
莢果〔きょうか〕	132
境栽花壇〔きょうさいかだん〕	225, 227
共生〔きょうせい〕	45
共生関係〔きょうせいかんけい〕	45
共生植物〔きょうせいしょくぶつ〕	45
喬木〔きょうぼく〕	141
鋸歯〔きょし〕	92
切り込み法〔きりこみほう〕	205
切り葉〔きりば〕	232
切り花〔きりばな〕	56, 232
切り花花木〔きりばなかぼく〕	56
切斑〔きりふ〕	63
切り戻し〔きりもどし〕	214
偽鱗茎〔ぎりんけい〕	91
きんちゃく形花冠〔きんちゃくがたかかん〕	111
偶数羽状複葉〔ぐうすううじょうふくよう〕	95
茎〔くき〕	84
茎ざし〔くきざし〕	204
茎巻きひげ〔くきまきひげ〕	90, 145
屈曲膝根〔くっきょくしつこん〕	79
屈光性〔くっこうせい〕	17
屈性〔くっせい〕	17
クモ毛〔くもげ〕	144
クラインガルテン	235
グラウンドカバー	58
グランウンドカバープランツ	57, 58
グループ	160
グループ形容語〔ぐるーぷけいようご〕	160
車形花冠〔くるまけいかかん〕	109
グレックス	161
グレックス形容語〔ぐれっくすけいようご〕	161
クローン	211
黒土〔くろつち〕	28
黒ボク土〔くろぼくど〕	28
クロロフィル	10
クロンキスト	34
クロンキストの体系〔くろんきすとのたいけい〕	34
クワ状果〔くわじょうか〕	134
毛〔け〕	143
茎針〔けいしん〕	90, 145
形成層〔けいせいそう〕	85
形成層輪〔けいせいそうりん〕	85
茎生葉〔けいせいよう〕	98
茎頂〔けいちょう〕	86, 87
茎頂分裂組織〔けいちょうぶんれつそしき〕	85, 87
系統分類学〔けいとうぶんるいがく〕	34
下向毛〔げこうもう〕	144
化粧鉢〔けしょうばち〕	221
結実〔けつじつ〕	129
牽引根〔けんいんこん〕	84
堅果〔けんか〕	132
限界日長〔げんかいにちちょう〕	15
懸崖鉢〔けんがいばち〕	222
顕花植物〔けんかしょくぶつ〕	35
嫌光性種子〔けんこうせいしゅし〕	14
巻散花序〔けんさんかじょ〕	124, 128
巻散総状花序〔けんさんそうじょうかじょ〕	128
原始的被子植物〔げんしてきひししょくぶつ〕	35, 36
原種〔げんしゅ〕	47
号〔ごう〕	222
孔隙率〔こうげきりつ〕	26
光合成〔こうごうせい〕	10, 22, 44, 80, 92
好光性種子〔こうこうせいしゅし〕	14
交互瓦重ね状〔こうごがわらがさねじょう〕	143
交雑〔こうざつ〕	157
交雑種〔こうざつしゅ〕	157
硬実〔こうじつ〕	137
硬実種子〔こうじつしゅし〕	137
硬実処理〔こうじつしょり〕	137
向日性〔こうじつせい〕	17
光周性〔こうしゅうせい〕	14
高出葉〔こうしゅつよう〕	101

香辛料	こうしんりょう	65
合生托葉	ごうせいたくよう	94
高等植物	こうとうしょくぶつ	38
合弁花冠	ごうべんかかん	108
合片萼	ごうへんがく	112
孔辺細胞	こうへんさいぼう	100
合法名	ごうほうめい	156
高木	こうぼく	141
高盆形花冠	こうぼんけいかかん	111
剛毛	ごうもう	144
コウモリ媒花	こうもりばいか	117
広葉	こうよう	142
広葉樹	こうようじゅ	142
コーティング種子	こーてぃんぐしゅし	136
呼吸	こきゅう	10, 92
呼吸根	こきゅうこん	79
国際栽培植物命名規約	こくさいさいばいしょくぶつめいめいきやく	152, 157
国際自然保護連合	こくさいしぜんほごれんごう	47
国際藻類・菌類・植物命名規約	こくさいそうるいきんるいしょくぶつめいめいきやく	152
黒曜石パーライト	こくようせきぱーらいと	28
苔玉	こけだま	216
互散花序	ごさんかじょ	126
腰水	こしみず	135
壺状花序	こじょうかじょ	128
五数花	ごすうか	115
互生	ごせい	97
固相	こそう	26
固相率	こそうりつ	26
固体名	こたいめい	161
五体雄ずい	ごたいゆうずい	106
コテージガーデン		225
古典園芸植物	こてんえんげいしょくぶつ	61, 63
古典植物	こてんしょくぶつ	63
コニファー		57
コニファーガーデン		225
コミュニティー・ガーデン		235
固有種	こゆうしゅ	45
コルク形成層	こるくけいせいそう	85, 88
コルク層	こるくそう	85
コルク組織	こるくそしき	88
コルク皮層	こるくひそう	88
混芽	こんが	86
根冠	こんかん	78
根系	こんけい	78
根茎	こんけい	83
根出葉	こんしゅつよう	98
根針	こんしん	145
根生葉	こんせいよう	98
コンテナ		220
コンテナガーデン		220
コンテナ栽培	こんてなさいばい	220
コンパニオンプランツ		217
根皮	こんぴ	80
根帽	こんぼう	80
コンポスト		27
根毛	こんもう	22, 78

さ

最高温度	さいこうおんど	18
最低温度	さいていおんど	18
最適温度	さいてきおんど	18
CITES	さいてす	49
彩度	さいど	227
栽培植物	さいばいしょくぶつ	47, 51, 157
栽培適温	さいばいてきおん	19
栽培品種	さいばいひんしゅ	159
栽培品種形容語	さいばいひんしゅけいようご	159
栽培品種名	さいばいひんしゅめい	159
細胞融合雑種	さいぼうゆうごうざっしゅ	158
細脈	さいみゃく	100
在来植物	ざいらいしょくぶつ	45
蒴果	さくか	132
さし木	さしき	204
さし木床	さしきどこ	204
さしき苗	さしきなえ	211
さし木用土	さしきようど	28, 204
さし床	さしどこ	204
さし穂	さしほ	204
さし穂の調整	さしほのちょうせい	204
さし芽	さしめ	204
誘い込み式	さそいこみしき	73
さそり形花序	さそりがたかじょ	126
雑種	ざっしゅ	157
雑種属	ざっしゅぞく	65, 158
雑種第一代	ざっしゅだいいちだい	203

雑草〔ざっそう〕	14	自生植物〔じせいしょくぶつ〕	45
雑木盆栽〔ざつぼくぼんさい〕	58	史前帰化植物〔しぜんきかしょくぶつ〕	46
サボテン科植物（サボテン科）〔さぼてんかしょくぶつ〕	68, 85	自然雑種〔しぜんざっしゅ〕	157
サボテンと多肉植物〔さぼてんとたにくしょくぶつ〕	68, 73	『自然の体系』〔しぜんのたいけい〕	34
左右相称花冠〔さゆうそうしょうかかん〕	109, 111	自然風花壇〔しぜんふうかだん〕	225
三回羽状複葉〔さんかいうじょうふくよう〕	96	シダ植物〔しだしょくぶつ〕	36, 43, 104
三回三出複葉〔さんかいさんしゅつふくよう〕	96	支柱根〔しちゅうこん〕	79
三形花〔さんけいか〕	117	四長雄ずい〔しちょうゆうずい〕	107
散形花序〔さんけいかじょ〕	123, 127	湿生植物〔しっせいしょくぶつ〕	40
散形総状花序〔さんけいそうじょうかじょ〕	127	室内植物〔しつないしょくぶつ〕	68
三出複葉〔さんしゅつふくよう〕	96	実葉〔じつよう〕	104
三数花〔さんすうか〕	115	芝〔しば〕	58
酸素〔さんそ〕	10	芝棟〔しばむね〕	228
山草〔さんそう〕	60	師部〔しぶ〕	85
残存種〔ざんぞんしゅ〕	45	師部柔組織〔しぶじゅうそしき〕	85
三体雄ずい〔さんたいゆうずい〕	106	師部繊維〔しぶせんい〕	85
散房花序〔さんぼうかじょ〕	123, 127	子房〔しぼう〕	105, 119, 129
山野草〔さんやそう〕	60	子房下位〔しぼうかい〕	119
三輪生〔さんりんせい〕	97	子房下位花〔しぼうかいか〕	119
CO_2飽和点〔しーおーつーほうわてん〕	11	子房上位〔しぼうじょうい〕	119
CO_2補償点〔しーおーつーほしょうてん〕	11	子房上位花〔しぼうじょういか〕	119
C_3植物〔しーさんしょくぶつ〕	11	子房中位〔しぼうちゅうい〕	119
シース	95	子房中位花〔しぼうちゅういか〕	119
C_4植物〔しーよんしょくぶつ〕	11	子房壁〔しぼうへき〕	129
シェードガーデン	225	縞斑〔しまふ〕	61
雌花〔しか〕	114	市民農園〔しみんのうえん〕	234
歯牙〔しが〕	92	刺毛〔しもう〕	143
直まき〔じかまき〕	202	蛇紋岩植物〔じゃもんがんしょくぶつ〕	43
師管〔しかん〕	85	種〔しゅ〕	152, 154
敷石状〔しきいしじょう〕	143	種衣〔しゅい〕	138
色相〔しきそう〕	227	雌雄異花〔しゆういか〕	114
色相環〔しきそうかん〕	227	雌雄異株〔しゆういしゅ〕	114
子球〔しきゅう〕	84, 208	集合果〔しゅうごうか〕	130, 133
四強雄ずい〔しきょうゆうずい〕	107	集散花序〔しゅうさんかじょ〕	122, 127
敷きわら〔しきわら〕	218	十字形花冠〔じゅうじけいかかん〕	109
紙質〔ししつ〕	143	十字対生〔じゅうじたいせい〕	97
刺繍花壇〔ししゅうかだん〕	225, 227	シュート	85, 86, 87, 101
刺状突起体〔しじょうとっきたい〕	145	雌雄同珠〔しゆうどうしゅ〕	114
雌ずい〔しずい〕	105	シュート頂〔しゅーとちょう〕	87
雌ずい群〔しずいぐん〕	105	周年花壇〔しゅうねんかだん〕	223
四数花〔しすうか〕	115	周皮〔しゅうひ〕	88
枝生花〔しせいか〕	119	重弁咲き〔じゅうべんざき〕	120
		集葯雄ずい〔しゅうやくゆうずい〕	106
		種間雑種〔しゅかんざっしゅ〕	157

241

種間接ぎ木雑種〔しゅかんつぎきざっしゅ〕	158	上胚軸〔じょうはいじく〕	138
宿在萼〔しゅくざいがく〕	112	松伯盆栽〔しょうはくぼんさい〕	58
宿主植物〔しゅくしゅしょくぶつ〕	44	商標〔しょうひょう〕	163
種形容語〔しゅけいようご〕	152, 153, 167, 183	上弁〔じょうべん〕	111
主根〔しゅこん〕	78	小苞〔しょうほう〕	103, 122
種子〔しゅし〕	14, 35, 52, 129, 135, 202	情報不足〔じょうほうぶそく〕	49
種子果〔しゅしか〕	136	条まき〔じょうまき〕	202
種子根〔しゅしこん〕	78	小葉〔しょうよう〕	95
種子春化〔しゅししゅんか〕	21	小葉柄〔しょうようへい〕	95
種子植物〔しゅししょくぶつ〕	35, 36, 129, 135	常緑広葉樹〔じょうりょくこうようじゅ〕	142
種子繁殖〔しゅしはんしょく〕	202	常緑樹〔じょうりょくじゅ〕	142
ジュシュー	34	小鱗茎〔しょうりんけい〕	84
種小名〔しゅしょうめい〕	153	小鱗片〔しょうりんぺん〕	22
出芽〔しゅつが〕	203	食虫植物〔しょくちゅうしょくぶつ〕	44, 71, 104
宿根草〔しゅっこんそう〕	54, 141, 223	『植物誌』〔しょくぶつし〕	34
宿根草花壇〔しゅっこんそうかだん〕	223	植物標本館〔しょくぶつひょうほんかん〕	156
種髪〔しゅはつ〕	139	植物分類学〔しょくぶつぶんるいがく〕	34
種皮〔しゅひ〕	137, 139	初生根〔しょせいこん〕	78
樹皮〔じゅひ〕	88	シリンジ	24
主脈〔しゅみゃく〕	100	真果〔しんか〕	130
種翼〔しゅよく〕	139	進化論〔しんかろん〕	34
種鱗〔しゅりん〕	140	唇形花冠〔しんけいかかん〕	111
春化〔しゅんか〕	21	人工雑種〔じんこうざっしゅ〕	157
準絶滅危惧〔じゅんぜつめつきぐ〕	48	真正双子葉植物〔しんせいそうしようしょくぶつ〕	35, 36
盾着〔じゅんちゃく〕	99	心皮〔しんぴ〕	105, 130
子葉〔しよう〕	14, 36, 101, 137	唇弁〔しんべん〕	108, 111
小羽片〔しょううへん〕	96	針葉〔しんよう〕	142
漿果〔しょうか〕	132	針葉樹〔しんようじゅ〕	57, 58, 142
小花柄〔しょうかへい〕	113, 122	深裂〔しんれつ〕	94
小球茎〔しょうきゅうけい〕	84	吸い込み式〔すいこみしき〕	71
小球根花壇〔しょうきゅうこんかだん〕	224	水栽花壇〔すいさいかだん〕	225
鐘形花冠〔しょうけいかかん〕	111	穂状花序〔すいじょうかじょ〕	123
小高木〔しょうこうぼく〕	39, 141	水生植物〔すいせいしょくぶつ〕	26, 39, 40, 225
蒸散〔じょうさん〕	12, 22, 92	ずい柱〔ずいちゅう〕	107
子葉種子〔しようしゅし〕	137	水中根〔すいちゅうこん〕	78, 80
掌状〔しょうじょう〕	92	水中葉〔すいちゅうよう〕	98
掌状複葉〔しょうじょうふくよう〕	96	垂直花壇〔すいちょくかだん〕	229
掌状脈〔しょうじょうみゃく〕	101	水媒花〔すいばいか〕	117
上唇〔じょうしん〕	111	水分生理〔すいぶんせいり〕	22
小穂〔しょうすい〕	128	水葉〔すいよう〕	98
小舌〔しょうぜつ〕	99	透かし剪定〔すかしせんてい〕	214
沼沢植物〔しょうたくしょくぶつ〕	39	条斑〔すじふ〕	61
小托葉〔しょうたくよう〕	95	スタンダード仕立て〔すたんだーどじたて〕	230
小低木〔しょうていぼく〕	141	ストロベリーポット	222

ストロン	89
砂子斑〔すなごふ〕	61
スパイス	65
スプリング・エフェメラル	60
スミレ形花冠〔すみれがたかかん〕	111
素焼き鉢〔すやきばち〕	220
擦り合わせ状〔すりあわせじょう〕	143
スリット鉢〔すりっとばち〕	221
生育適温〔せいいくてきおん〕	19
生活形〔せいかつけい〕	38
生活の質〔せいかつのしつ〕	234
整形花〔せいけいか〕	116
整形花壇〔せいけいかだん〕	225
整形式花壇〔せいけいしきかだん〕	225
整姿〔せいし〕	213
整枝〔せいし〕	213
星状毛〔せいじょうもう〕	143
整正花〔せいせいか〕	116
生長点〔せいちょうてん〕	87
正の屈光性〔せいのくっこうせい〕	17
生物生息空間〔せいぶつせいそくくうかん〕	229
正名〔せいめい〕	155
成葉〔せいよう〕	98
西洋ラン〔せいようらん〕	65
石果〔せきか〕	133
節〔せつ〕	87
石化〔せっか〕	91
節果〔せつか〕	132
石灰岩植物〔せっかいがんしょくぶつ〕	43
節間〔せっかん〕	87, 89
摂氏温度〔せっしおんど〕	17
舌状花〔ぜつじょうか〕	124
舌状花冠〔ぜつじょうかかん〕	111, 124
絶滅〔ぜつめつ〕	48
絶滅危惧ⅠA類〔ぜつめつきぐいちえーるい〕	48
絶滅危惧ⅠB類〔ぜつめつきぐいちびーるい〕	48
絶滅危惧Ⅰ類〔ぜつめつきぐいちるい〕	48
絶滅危惧Ⅱ類〔ぜつめつきぐにるい〕	48
施肥〔せひ〕	31
腺〔せん〕	146
全縁〔ぜんえん〕	92
センサリー・ガーデン	234
先取権〔せんしゅけん〕	155
剪定〔せんてい〕	213
腺点〔せんてん〕	146
セント・ポーリレール男爵〔せんと・ぽーりれーるだんしゃく〕	177
潜伏芽〔せんぷくが〕	87
腺毛〔せんもう〕	71, 143, 146
浅裂〔せんれつ〕	94
全裂〔ぜんれつ〕	94
痩果〔そうか〕	132
走出枝〔そうしゅつし〕	89
総状花序〔そうじょうかじょ〕	123, 127
双子葉植物〔そうしようしょくぶつ〕	35, 36
相称性〔そうしょうせい〕	109
層状鱗茎〔そうじょうりんけい〕	81
装飾花〔そうしょくか〕	115
総穂花序〔そうすいかじょ〕	122
総苞〔そうほう〕	103
総苞片〔そうほうへん〕	102
草本茎〔そうほんけい〕	84, 140
草本植物（草本）〔そうほんしょくぶつ〕	140
巣葉〔そうよう〕	104
早落萼〔そうらくがく〕	112
早落性〔そうらくせい〕	94
そぎ上げ法〔そぎあげほう〕	205
属〔ぞく〕	151, 166
側芽〔そくが〕	86, 87
属間雑種〔ぞくかんざっしゅ〕	158
属間接ぎ木雑種〔ぞくかんつぎきざっしゅ〕	158
側小葉〔そくしょうよう〕	95
側弁〔そくべん〕	111
側脈〔そくみゃく〕	100
俗名〔ぞくめい〕	150
属名〔ぞくめい〕	152, 154, 166
束毛〔そくもう〕	144
蔬菜〔そさい〕	52
組織〔そしき〕	148
速効性肥料〔そっこうせいひりょう〕	32
側根〔そっこん〕	78
外巻き状〔そとまきじょう〕	143
粗毛〔そもう〕	144

た

ダーウィン	34
耐陰性〔たいいんせい〕	11

帯化〔たいか〕	91
袋果〔たいか〕	130
耐乾性〔たいかんせい〕	25
耐寒性〔たいかんせい〕	21
耐寒性一年草〔たいかんせいいちねんそう〕	53
耐乾燥性〔たいかんそうせい〕	25
台木〔だいき〕	207
大高木〔だいこうぼく〕	39, 141
耐湿性〔たいしつせい〕	26
耐暑性〔たいしょせい〕	21
対生〔たいせい〕	97
胎生種子〔たいせいしゅし〕	43, 140
耐雪性〔たいせつせい〕	21
耐霜性〔たいそうせい〕	21
耐凍性〔たいとうせい〕	21
タイプ	155
タイプ種〔たいぷしゅ〕	154
タイプ標本〔たいぷひょうほん〕	155
タイプ法〔たいぷほう〕	156
台芽〔だいめ〕	208
駄温鉢〔だおんばち〕	220
多花果〔たかか〕	134
高つき形花冠〔たかつきけいかかん〕	111
高取り法〔たかとりほう〕	205
高芽〔たかめ〕	24, 86
高床式花壇〔たかゆかしきかだん〕	228
托葉〔たくよう〕	92, 94
托葉鞘〔たくようしょう〕	95
タケノコ	102
多出集散花序〔たしゅつしゅうさんかじょ〕	126
多心皮性子房〔たしんぴせいしぼう〕	132
多体雄ずい〔たたいゆうずい〕	106
立ち上げ花壇〔たちあげかだん〕	228
多肉果〔たにくか〕	130
多肉茎〔たにくけい〕	91
多肉根〔たにくこん〕	81, 83
多肉植物〔たにくしょくぶつ〕	39, 68, 73
多肉葉〔たにくよう〕	104
タネまき	202
タネまき用土〔たねまきようど〕	202
多稔植物〔たねんしょくぶつ〕	43
多年生一稔植物〔たねんせいいちねんしょくぶつ〕	44
多年生植物〔たねんせいしょくぶつ〕	43, 141
多年草〔たねんそう〕	81, 141
多胚現象〔たはいげんしょう〕	137
タペストリー花壇〔たぺすとりーかだん〕	227
単為結果〔たんいけっか〕	129
単為結実〔たんいけつじつ〕	129
単一花序〔たんいつかじょ〕	123
単一脈系〔たんいつみゃくけい〕	100
単果〔たんか〕	130
単花果〔たんかか〕	130
短角果〔たんかくか〕	132
短花柱花〔たんかちゅうか〕	117
単花被花〔たんかひか〕	114
単幹生〔たんかんせい〕	17
担根体〔たんこんたい〕	81
炭酸ガス施用〔たんさんがすせよう〕	11
短枝〔たんし〕	89
短日植物〔たんじつしょくぶつ〕	15
短日処理〔たんじつしょり〕	15
単出集散花序〔たんしゅつしゅうさんかじょ〕	124
単子葉植物〔たんしようしょくぶつ〕	36
炭水化物〔たんすいかぶつ〕	10
単性花〔たんせいか〕	114
単体雄ずい〔たんたいゆうずい〕	106
単頂花序〔たんちょうかじょ〕	124
単肥〔たんぴ〕	32
単面葉〔たんめんよう〕	98
単葉〔たんよう〕	95
団粒〔だんりゅう〕	26
単粒構造〔たんりゅうこうぞう〕	27
団粒構造〔だんりゅうこうぞう〕	26
地下茎〔ちかけい〕	39, 84, 89
地下子葉〔ちかしよう〕	137
遅効性肥料〔ちこうせいひりょう〕	32
地上茎〔ちじょうけい〕	84, 89, 138
地上子葉〔ちじょうしよう〕	137
地上植物〔ちじょうしょくぶつ〕	39
地生植物〔ちせいしょくぶつ〕	43
地中根〔ちちゅうこん〕	78
地中植物〔ちちゅうしょくぶつ〕	39
窒素〔ちっそ〕	31
地被植物〔ちひしょくぶつ〕	58
地表植物〔ちひょうしょくぶつ〕	39
地方名〔ちほうめい〕	150
着生植物〔ちゃくせいしょくぶつ〕	39, 43
茶花〔ちゃばな〕	233

中央脈〔ちゅうおうみゃく〕	100
中果皮〔ちゅうかひ〕	129
中空〔ちゅうくう〕	89
中高木〔ちゅうこうぼく〕	39
中軸〔ちゅうじく〕	96
中実〔ちゅうじつ〕	89
抽水植物〔ちゅうすいしょくぶつ〕	41
中性花〔ちゅうせいか〕	114
中生植物〔ちゅうせいしょくぶつ〕	40
中性植物〔ちゅうせいしょくぶつ〕	15
柱頭〔ちゅうとう〕	105
虫媒花〔ちゅうばいか〕	117
中裂〔ちゅうれつ〕	94
頂芽〔ちょうが〕	86
長角果〔ちょうかくか〕	132
長花柱花〔ちょうかちゅうか〕	117
頂芽優勢〔ちょうがゆうせい〕	86
蝶形花冠〔ちょうけいかかん〕	111
長枝〔ちょうし〕	89
長日植物〔ちょうじつしょくぶつ〕	15
頂小葉〔ちょうしょうよう〕	95
長軟毛〔ちょうなんもう〕	144
鳥媒花〔ちょうばいか〕	117
超八重咲き〔ちょうやえざき〕	120
長夜植物〔ちょうやしょくぶつ〕	15
直播〔ちょくはん〕	202
直立根〔ちょくりつこん〕	79
直立膝根〔ちょくりつしつこん〕	80
著者名〔ちょしゃめい〕	152, 153
貯蔵根〔ちょぞうこん〕	80
散斑〔ちりふ〕	61
沈床花壇〔ちんしょうかだん〕	227
沈水植物〔ちんすいしょくぶつ〕	22, 42
沈水葉〔ちんすいよう〕	98
接ぎ木〔つぎき〕	158, 207
接ぎ木雑種〔つぎきざっしゅ〕	158
接ぎ木親和性〔つぎきしんわせい〕	207
接ぎ木苗〔つぎきなえ〕	207, 211
接ぎ木不親和性〔つぎきふしんわせい〕	207
突き抜き〔つきぬき〕	99
蹲踞〔つくばい〕	232
土〔つち〕	26
壺形花冠〔つぼがたかかん〕	111
爪斑〔つめふ〕	61
吊り鉢〔つりばち〕	222
つる	58
つる植物〔つるしょくぶつ〕	58
定芽〔ていが〕	86, 91
挺幹〔ていかん〕	89
定根〔ていこん〕	78
低出葉〔ていしゅつよう〕	101
定植〔ていしょく〕	211
挺水植物〔ていすいしょくぶつ〕	41
低木〔ていぼく〕	39, 141
底面給水鉢〔ていめんきゅうすいばち〕	222
テオフラストス	34
摘果〔てきか〕	215
摘花〔てきか〕	215
適潤植物〔てきじゅんしょくぶつ〕	40
摘心〔てきしん〕	215
摘芯〔てきしん〕	215
摘葉〔てきよう〕	215
摘蕾〔てきらい〕	215
綴化〔てっか〕	91
テラコッタ	221
テラリウム	215
添景物〔てんけいぶつ〕	230
天敵〔てんてき〕	217
伝統園芸植物〔でんとうえんげいしょくぶつ〕	63
点まき〔てんまき〕	202
豆果〔とうか〕	132
頭花〔とうか〕	124
同化根〔どうかこん〕	80
同花被花〔どうかひか〕	108, 114
道管〔どうかん〕	22, 85
同形複合花序〔どうけいふくごうかじょ〕	126
筒状花〔とうじょうか〕	124
筒状花冠〔とうじょうかかん〕	111, 124
頭状花序〔とうじょうかじょ〕	111, 114, 124, 128
頭状総状花序〔とうじょうそうじょうかじょ〕	128
動物媒花〔どうぶつばいか〕	117
等面葉〔とうめんよう〕	98
東洋ラン〔とうようらん〕	63
登録商標〔とうろくしょうひょう〕	163
常磐木〔ときわぎ〕	58
特定外来生物〔とくていがいらいせいぶつ〕	46
独立栄養〔どくりつえいよう〕	44
刺〔とげ〕	103, 145

土壌	〔どじょう〕	23, 26
土壌改良剤	〔どじょうかいりょうざい〕	27
土壌孔隙	〔どじょうこうげき〕	26
土壌三相	〔どじょうさんそう〕	26
土壌消毒	〔どじょうしょうどく〕	217
土壌水分	〔どじょうすいぶん〕	23
土壌溶液	〔どじょうようえき〕	23
土中植物	〔どちゅうしょくぶつ〕	39
徒長	〔とちょう〕	24
トピアリー		229
ドミニー		162
止め葉	〔とめば〕	104
共台	〔ともだい〕	208
虎斑	〔とらふ〕	63
鳥足状複葉	〔とりあしじょうふくよう〕	96
取り木	〔とりき〕	205
取り木苗	〔とりきなえ〕	211
トレリス		231
ドワーフ・コニファー		57, 142, 225
どんぐり		132

な

内果皮	〔ないかひ〕	129
内花被	〔ないかひ〕	108
内花被片	〔ないかひへん〕	107
内種皮	〔ないしゅひ〕	137
苗	〔なえ〕	211
苗木	〔なえぎ〕	211
苗床	〔なえどこ〕	211
長鉢	〔ながばち〕	222
中斑	〔なかふ〕	61
ナシ状果	〔なしじょうか〕	130, 133
ナショナル・ガーデンズ・スキーム		235
ナチュラルガーデン		225
夏花壇	〔なつかだん〕	223
夏芽	〔なつめ〕	87
ナデシコ形花冠	〔なでしこけいかかん〕	109
軟毛	〔なんもう〕	144
二回羽状複葉	〔にかいうじょうふくよう〕	96
二回三出複葉	〔にかいさんしゅつふくよう〕	96
二強雄ずい	〔にきょうゆうずい〕	107
肉芽	〔にくが〕	91
肉食植物	〔にくしょくしょくぶつ〕	71
肉穂花序	〔にくすいかじょ〕	103, 123, 134
二形花	〔にけいか〕	116
二語名法	〔にごめいほう〕	152, 183
二叉脈	〔にさみゃく〕	101
二酸化炭素	〔にさんかたんそ〕	10
二酸化炭素施用	〔にさんかたんそせよう〕	11
二酸化炭素濃度	〔にさんかたんそのうど〕	11
二出集散花序	〔にしゅつしゅうさんかじょ〕	126
二数花	〔にすうか〕	115
二体雄ずい	〔にたいゆうずい〕	106
二長雄ずい	〔にちょうゆうずい〕	107
日長	〔にっちょう〕	15
日長反応	〔にっちょうはんのう〕	15
二年生植物	〔にねんせいしょくぶつ〕	44, 140
二年生草本	〔にねんせいそうほん〕	140
二年草	〔にねんそう〕	54, 141
二名法	〔にめいほう〕	152
二命名法	〔にめいめいほう〕	152, 183
乳液	〔にゅうえき〕	146
乳管	〔にゅうかん〕	146
入賞記録	〔にゅうしょうきろく〕	163
乳頭状突起	〔にゅうとうじょうとっき〕	144
二列互生	〔にれつごせい〕	97
庭木	〔にわき〕	57
根	〔ね〕	43, 78
ネイキッド種子	〔ねいきっどしゅし〕	136
ネーキッド種子	〔ねーきっどしゅし〕	136
根肥	〔ねごえ〕	31
根ざし	〔ねざし〕	204
熱帯花木	〔ねったいかぼく〕	57, 68, 69
根詰まり	〔ねづまり〕	27
根鉢	〔ねばち〕	213
根分け	〔ねわけ〕	210
念珠状地下茎	〔ねんじゅじょうちかけい〕	83
粘着式	〔ねんちゃくしき〕	71
ノットガーデン		227

は

葉	〔は〕	92
バーク堆肥	〔ばーくたいひ〕	30
パーゴラ		231
ハードニング		21, 24
ハーバリウム		156

ハーブ	65, 224
ハーブ園〔はーぶえん〕	224
ハーブガーデン	224
バーミキュライト	28
パーライト	28
胚〔はい〕	137
配合土〔はいごうど〕	27
胚軸〔はいじく〕	137
胚珠〔はいしゅ〕	105, 129, 135, 137
杯状花序〔はいじょうかじょ〕	122, 126, 128
ハイドロカルチャー	215
パイナップル科植物〔ぱいなっぷるかしょくぶつ〕	22, 71
胚乳〔はいにゅう〕	138
培養土〔ばいようど〕	27, 30
培養土の種類〔ばいようどのしゅるい〕	28
はかま状〔はかまじょう〕	143
刷毛込み斑〔はけこみふ〕	61
掃き込み斑〔はけこみふ〕	61
葉肥〔はごえ〕	31
箱まき〔はこまき〕	202
葉ざし〔はざし〕	204
播種〔はしゅ〕	202
播種用土〔はしゅようど〕	202
ハス状果〔はすじょうか〕	134
パステルカラー	227
バタフライ・ガーデン	229
鉢〔はち〕	220
鉢上げ〔はちあげ〕	211
鉢替え〔はちがえ〕	212
鉢栽培〔はちさいばい〕	220
鉢皿〔はちざら〕	223
鉢底網〔はちぞこあみ〕	223
鉢底石〔はちぞこいし〕	223
鉢底ネット〔はちぞこねっと〕	223
鉢まき〔はちまき〕	202
発芽〔はつが〕	203
発芽適温〔はつがてきおん〕	19
発芽率〔はつがりつ〕	203
発根促進処理〔はっこんそくしんしょり〕	205
花〔はな〕	105
花時計〔はなどけい〕	228
花もの盆栽〔はなものぼんさい〕	58
ばね式〔ばねしき〕	71
葉の概形〔はのがいけい〕	92
葉の基部〔はのきぶ〕	92
葉の先端〔はのせんたん〕	92
葉巻きひげ〔はまきひげ〕	103, 145
葉水〔はみず〕	24
葉芽ざし〔はめざし〕	204
葉もの盆栽〔はものぼんさい〕	58
バラ園〔ばらえん〕	224
バラ形花冠〔ばらけいかかん〕	109
バラ状果〔ばらじょうか〕	133
ばらまき〔ばらまき〕	202
針金巻き〔はりがねまき〕	207
春植え球根〔はるうえきゅうこん〕	55
春花壇〔はるかだん〕	223
春植物〔はるしょくぶつ〕	60
パルテール	227
バルブ	91
春まき一年草〔はるまきいちねんそう〕	52
ハンギングバスケット	222
バンクス卿〔ばんくすきょう〕	176
板根〔ばんこん〕	80
伴細胞〔ばんさいぼう〕	85
半耐寒性一年草〔はんたいかんせいいちねんそう〕	53
半地中植物〔はんちちゅうしょくぶつ〕	39
販売名〔はんばいめい〕	162
半鉢〔はんばち〕	222
半八重咲き〔はんやえざき〕	120
ビー・ガーデン	229
非維管束植物〔ひいかんそくしょくぶつ〕	38
ピートモス	30
ヒーリング・ガーデン	234
ビオトープ	229
光〔ひかり〕	10
光エネルギー〔ひかりえねるぎー〕	10
光形態形成〔ひかりけいたいけいせい〕	13
光発芽種子〔ひかりはつがしゅし〕	14
光飽和点〔ひかりほうわてん〕	10
光補償点〔ひかりほしょうてん〕	10
ひげ根〔ひげね〕	78
ヴィクトリア女王〔びくとりあじょうおう〕	176, 177
被子植物〔ひししょくぶつ〕	34, 36
被子植物系統分類グループ〔ひししょくぶつけいとうぶんるいぐるーぷ〕	35

尾状花序 〔びじょうかじょ〕	128	副裂片 〔ふくれっぺん〕	109
尾状地下茎 〔びじょうちかけい〕	83	藤棚 〔ふじだな〕	231
非相称花冠 〔ひそうしょうかかん〕	109	**不整形花** 〔ふせいけいか〕	116
非耐寒性一年草 〔ひたいかんせいいちねんそう〕	53	腐生植物 〔ふせいしょくぶつ〕	44
必須元素 〔ひっすげんそ〕	31	不整正花 〔ふせいせいか〕	116
一重咲き 〔ひとえざき〕	120	伏せ木法 〔ふせぼくほう〕	205
ビニルポット	221	附属書 〔ふぞくしょ〕	49
皮目 〔ひもく〕	88	**付属体** 〔ふぞくたい〕	147
日向土 〔ひゅうがつち〕	30	**二つ折り状** 〔ふたつおりじょう〕	143
標準鉢 〔ひょうじゅんばち〕	222	二又分枝 〔ふたまたぶんし〕	100
標準標本 〔ひょうじゅんひょうほん〕	155	**二又脈系** 〔ふたまたみゃくけい〕	100
標準和名 〔ひょうじゅんわめい〕	150	**付着根** 〔ふちゃくこん〕	80
苗条 〔びょうじょう〕	85	**普通根** 〔ふつうこん〕	78
表皮 〔ひょうひ〕	88	**普通鉢** 〔ふつうばち〕	222
平鉢 〔ひらばち〕	222	**普通名** 〔ふつうめい〕	150
肥料 〔ひりょう〕	30	**普通葉** 〔ふつうよう〕	92
肥料の五要素 〔ひりょうのごようそ〕	31	仏炎苞 〔ぶつえんほう〕	103, 123
肥料の三要素 〔ひりょうのさんようそ〕	31	**不定芽** 〔ふていが〕	86
ビロード毛 〔びろーどもう〕	144	**不定根** 〔ふていこん〕	59, 78, 79, 84
品種 〔ひんしゅ〕	151, 154	浮漂植物 〔ふひょうしょくぶつ〕	42
斑 〔ふ〕	61	浮遊植物 〔ふゆうしょくぶつ〕	42
斑入り 〔ふいり〕	61	冬花壇 〔ふゆかだん〕	223
斑入り植物 〔ふいりしょくぶつ〕	61	冬芽 〔ふゆめ〕	87
風景式庭園 〔ふうけいしきていえん〕	225	浮葉 〔ふよう〕	41, 98
風媒花 〔ふうばいか〕	117	浮葉植物 〔ふようしょくぶつ〕	41
深鉢 〔ふかばち〕	222	腐葉土 〔ふようど〕	30
不完全花 〔ふかんぜんか〕	115	プラスチック鉢 〔ぷらすちっくばち〕	221
不完全葉 〔ふかんぜんよう〕	92	プラスチックマルチ	217
副花冠 〔ふくかかん〕	112	プラ鉢 〔ぷらばち〕	221
副萼 〔ふくがく〕	112	**フラワーアレンジメント**	233
副萼片 〔ふくがくへん〕	112	プランター	220, 221
複花序 〔ふくかじょ〕	126	ふれあい農園 〔ふれあいのうえん〕	234
副冠 〔ふくかん〕	112	**分果** 〔ぶんか〕	132
複合果 〔ふくごうか〕	130, 134	**分球** 〔ぶんきゅう〕	208
複合花序 〔ふくごうかじょ〕	126, 128	**分枝** 〔ぶんし〕	88, 213
複合肥料 〔ふくごうひりょう〕	32	**分子系統学** 〔ぶんしけいとうがく〕	34
複散形花序 〔ふくさんけいかじょ〕	127	**分離果** 〔ぶんりか〕	132
複散房花序 〔ふくさんぼうかじょ〕	127	**分類** 〔ぶんるい〕	34
複集散花序 〔ふくしゅうさんかじょ〕	127	**分類階級** 〔ぶんるいかいきゅう〕	151
複総状花序 〔ふくそうじょうかじょ〕	127	**分類群** 〔ぶんるいぐん〕	151
覆土 〔ふくど〕	203	**分類群名** 〔ぶんるいぐんめい〕	152
伏毛 〔ふくもう〕	144	閉果 〔へいか〕	130
複葉 〔ふくよう〕	94, 95	**平行脈系** 〔へいこうみゃくけい〕	101
覆輪 〔ふくりん〕	61	**閉鎖花** 〔へいさか〕	117

ベイリー	159
壁面花壇〔へきめんかだん〕	227
壁面緑化〔へきめんりょっか〕	228
ヘゴ材〔へござい〕	79
ベジタブルガーデン	225
へそ	138
別名〔べつめい〕	150
ベラーメン	80
ペレット種子〔ぺれっとしゅし〕	136
ペレニアル・ガーデン	223
弁花〔べんか〕	119
変化アサガオ〔へんかあさがお〕	63
ベンケイソウ型有機酸代謝〔べんけいそうがたゆうきさんたいしゃ〕	12
変種〔へんしゅ〕	151, 154
変態葉〔へんたいよう〕	102
苞〔ほう〕	102, 122
膨圧〔ぼうあつ〕	22
抱茎〔ほうけい〕	99
縫合線〔ほうごうせん〕	130
胞子〔ほうし〕	35, 104
胞子植物〔ほうししょくぶつ〕	35
放射相称花冠〔ほうしゃそうしょうかかん〕	109
胞子葉〔ほうしよう〕	104
苞葉〔ほうよう〕	102
ボーダー	227
ボーダー花壇〔ぼーだーかだん〕	227
保温〔ほおん〕	19
母株〔ぼかぶ〕	204
穂木〔ほぎ〕	204, 207
母球〔ぼきゅう〕	84
保護根〔ほごこん〕	79
星斑〔ほしふ〕	61
補色〔ほしょく〕	227
保存名〔ほぞんめい〕	155
ポタジェ	225
ポタジェガーデン	225
捕虫葉〔ほちゅうよう〕	104
ポット〔ぽっと〕	220
匍匐茎〔ほふくけい〕	89
ポリエチレンポット	221
ポリネーター	117
ポリポット	221
ホワイトガーデン	227
盆栽〔ぼんさい〕	57
本葉〔ほんよう〕	101

ま

巻きつき茎〔まきつきけい〕	59, 90
巻きつき植物〔まきつきしょくぶつ〕	59
巻きひげ〔まきひげ〕	59, 90, 103, 145
膜質〔まくしつ〕	143
マグネシウム	32
間引き〔まびき〕	203
間引き剪定〔まびきせんてい〕	214
間引き菜〔まびきな〕	203
マルチ	217
マルチング	217
マングローブ	42, 140
マングローブ林〔まんぐろーぶりん〕	42
ミカン状果〔みかんじょうか〕	132
幹〔みき〕	84
実肥〔みごえ〕	31
実生〔みしょう〕	202
実生苗〔みしょうなえ〕	211
実生繁殖〔みしょうはんしょく〕	202
水〔みず〕	22
水苔〔みずごけ〕	30
水ざし〔みずざし〕	205
水やり〔みずやり〕	23
蜜腺〔みつせん〕	113, 146
密綿毛〔みつめんもう〕	144
みどり摘み〔みどりづみ〕	215
実もの盆栽〔みものぼんさい〕	58
脈系〔みゃくけい〕	100
脈斑〔みゃくふ〕	61
むかご	91
無花被花〔むかひか〕	114
無機質素材〔むきしつそざい〕	28
無機質肥料〔むきしつひりょう〕	32
無限花序〔むげんかじょ〕	122, 123
無彩色〔むさいしょく〕	227
無性花〔むせいか〕	115
無性生殖〔むせいせいしょく〕	210
無性繁殖〔むせいはんしょく〕	210
無胚乳種子〔むはいにゅうしゅし〕	138
無皮鱗茎〔むひりんけい〕	82

無柄〔むへい〕	94
芽〔め〕	86
明期〔めいき〕	15
明度〔めいど〕	227
明発芽種子〔めいはつがしゅし〕	14
命名規約〔めいめいきやく〕	152
雌株〔めかぶ〕	114
芽切り〔めきり〕	215
雌しべ〔めしべ〕	105, 107, 114, 117
芽摘み〔めつみ〕	215
メドーガーデン	225
芽分け〔めわけ〕	210
綿毛〔めんもう〕	144
網状脈系〔もうじょうみゃくけい〕	101
毛氈花壇〔もうせんかだん〕	225, 227
木製コンテナ〔もくせいこんてな〕	222
木製鉢〔もくせいばち〕	222
木部〔もくぶ〕	85, 140, 141
木部柔組織〔もくぶじゅうそしき〕	85
木部繊維〔もくぶせんい〕	85
木本茎〔もくほんけい〕	84, 141
木本植物（木本）〔もくほんしょくぶつ〕	141
もみがら燻炭〔もみがらくんたん〕	30
もやし	14

や

八重咲き〔やえざき〕	119, 120
葯〔やく〕	106
葯帽〔やくぼう〕	107
野菜〔やさい〕	52
野生植物〔やせいしょくぶつ〕	45
野生絶滅〔やせいぜつめつ〕	48
雄花〔ゆうか〕	114
有花被花〔ゆうかひか〕	114
有機質素材〔ゆうきしつそざい〕	30
有機質肥料〔ゆうきしつひりょう〕	32
有限花序〔ゆうげんかじょ〕	122, 124
有効発表〔ゆうこうはっぴょう〕	156
雄ずい〔ゆうずい〕	106
雄ずい群〔ゆうずいぐん〕	106
有性生殖〔ゆうせいせいしょく〕	210
有性繁殖〔ゆうせいはんしょく〕	210
優先権〔ゆうせんけん〕	155
有毒植物〔ゆうどくしょくぶつ〕	74
有胚乳種子〔ゆうはいにゅうしゅし〕	138
有皮鱗茎〔ゆうひりんけい〕	81
有柄〔ゆうへい〕	94
油点〔ゆてん〕	146
ユリ形花冠〔ゆりけいかかん〕	109
葉腋〔ようえき〕	87
葉縁〔ようえん〕	92
幼芽〔ようが〕	138
葉芽〔ようが〕	86
葉間托葉〔ようかんたくよう〕	94
幼根〔ようこん〕	78, 137
葉痕〔ようこん〕	88
葉軸〔ようじく〕	95
洋種山草〔ようしゅさんそう〕	60
洋種山野草〔ようしゅさんやそう〕	60
葉序〔ようじょ〕	96
葉鞘〔ようしょう〕	91, 95
葉状茎〔ようじょうけい〕	90
葉身〔ようしん〕	92
葉針〔ようしん〕	103, 145
陽性植物〔ようせいしょくぶつ〕	11
葉舌〔ようぜつ〕	99
葉枕〔ようちん〕	100
用土〔ようど〕	27
葉柄〔ようへい〕	88, 92, 94
葉柄間托葉〔ようへいかんたくよう〕	94
葉脈〔ようみゃく〕	100
幼葉〔ようよう〕	98
洋ラン〔ようらん〕	63
葉緑体〔ようりょくたい〕	10
翼果〔よくか〕	132
よじ登り茎〔よじのぼりけい〕	59, 90
よじ登り植物〔よじのぼりしょくぶつ〕	59, 90
寄せ植え花壇〔よせうえかだん〕	227
四輪生〔よんりんせい〕	97

ら

ラウンケル	39
裸花〔らか〕	114
裸芽〔らが〕	87
落葉広葉樹〔らくようこうようじゅ〕	58, 142
落葉樹〔らくようじゅ〕	142

裸子植物〔らししょくぶつ〕	36
ラティス	231
裸名〔らめい〕	154, 156
裸葉〔らよう〕	104
ラン科植物 〔ランか〕〔らんかしょくぶつ〕	43, 63, 86, 91, 107, 108, 111, 135, 138, 158, 161, 163
ラン菌〔らんきん〕	135, 138
ラン形花冠〔らんけいかかん〕	111
陸上植物〔りくじょうしょくぶつ〕	38
立体花壇〔りったいかだん〕	229
離弁花冠〔りべんかかん〕	108
離片萼〔りへんがく〕	112
リボン花壇〔りぼんかだん〕	227
流通名〔りゅうつうめい〕	151
両花被花〔りょうかひか〕	114
両性花〔りょうせいか〕	114
両体雄ずい〔りょうたいゆうずい〕	106
療法の庭〔りょうほうのにわ〕	234
療法用ガーデン〔りょうほうようがーでん〕	234
両面葉〔りょうめんよう〕	98
緑色色素〔りょくしょくしきそ〕	10
緑色植物〔りょくしょくしょくぶつ〕	10
緑植物春化〔りょくしょくぶつしゅんか〕	21
緑色植物体春化〔りょくしょくぶつたいしゅんか〕	21
鱗芽〔りんが〕	91
鱗茎〔りんけい〕	81
輪作〔りんさく〕	217
リン酸〔りんさん〕	31
輪散花序〔りんさんかじょ〕	127
輪状鱗茎〔りんじょうりんけい〕	82
輪生〔りんせい〕	97
鱗片葉〔りんぺんよう〕	81, 102
レイズドベッド	228
レオンハルト・フックス	177
レジャー農園〔れじゃーのうえん〕	234
裂開果〔れっかいか〕	130
レッドデータブック	47
レッドリスト	47
裂片〔れっぺん〕	94
レンコン	83
連作〔れんさく〕	216
連作障害〔れんさくしょうがい〕	216
漏斗形花冠〔ろうとけいかかん〕	111
ローズガーデン	224
ロゼット	98
ロゼット植物〔ろぜっとしょくぶつ〕	98
ロックガーデン	227
ロッケリー	227

わ

ワイルドガーデン	225
ワシントン条約〔わしんとんじょうやく〕	49
和名〔わめい〕	150
わらび巻き状〔わらびまきじょう〕	143
椀状花序〔わんじょうかじょ〕	128

欧文用語索引

2-ranked alternate ······ 97
absorptive root ······ 80
accessory calyx ······ 112
achene ······ 132
achlamydeous flower ······ 114
achromatic color ······ 227
actinomorphic corolla ······ 109
adhesive root ······ 80
adnate stipule ······ 94
adpressed hair ······ 144
adventitious root ······ 78
advetitious bud ······ 86
aerial root ······ 79
aggregate fruit ······ 133
aggregate structure ······ 26
agricultural crop ······ 51
air filled porosity ······ 26
air layering ······ 205
Akadama ······ 28
akene ······ 132
albumen ······ 138
albuminous seed ······ 138
allotment garden ······ 234
along veins ······ 61
alternate ······ 97
ament ······ 129
amplexicaular ······ 99
androecium ······ 106
anemophilous flower ······ 117
angiosperm ······ 36
annual ······ 52, 140
annual and biennial ······ 52
annual flower bed ······ 223
annual herb ······ 140
annual plant ······ 140
ant plant ······ 45
anther ······ 106

anther cap ······ 107
AOS ······ 165
apical bud ······ 86
apical dominance ······ 86
appendage ······ 147
appressed hair ······ 144
aquatic plant ······ 40
aquatic root ······ 80
arbor ······ 141
arch ······ 231
aril ······ 138
arillus ······ 138
artificial hybrid ······ 157
asexual propagation ······ 210
asexual reproduction ······ 210
assimilation root ······ 80
assimilatory root ······ 80
assorted flower bed ······ 227
asymmetric corolla ······ 109
autotrophism ······ 44
autotrophy ······ 44
autumn flower bed ······ 223
axillary bud ······ 86
bark ······ 88
bark compost ······ 30
bark manure ······ 30
basal angiosperms ······ 35
bean sprout ······ 14
bee garden ······ 229
bell-shaped corolla ······ 111
berry ······ 132
biennial ······ 54, 140
biennial herb ······ 140
bifacial leaf ······ 98
binomial nomenclature ······ 152
Biotop ······ 229
biotope ······ 229
bipinnate compound leaf ······ 96
biternate compound leaf ······ 96
bisexual flower ······ 114
blade ······ 92
blossom ······ 105

bonsai ······ 57
boot leaf ······ 104
border flower bed ······ 227
bostryx ······ 126
botrys ······ 122
bottom-watering pot ······ 222
bowed branch layering ······ 205
bract ······ 102
bract leaf ······ 102
bracteole ······ 103
bractlet ······ 103
branch ······ 88
branching ······ 88
breaking endodormancy ······ 21
brightness ······ 227
broad leaf ······ 142
broadleaf tree ······ 142
broad-leaved tree ······ 142
brood ······ 91
bud ······ 86
bud emergence ······ 203
bud scale ······ 87
bud thinning ······ 215
budwood ······ 207
bulb ······ 81
bulb and tuber ······ 54
bulb garden ······ 223
bulb propagation ······ 208
bulb scale ······ 102
bulbil ······ 84, 91
bulblet ······ 84
bush ······ 141
butterfly garden ······ 229
buttress root ······ 80
C_3 plant ······ 11
C_4 plant ······ 11
cactus and succulent plants ······ 68
caducous ······ 94
caducous calyx ······ 112
calceolate corolla ······ 111
calcium ······ 31

calycle	112	
calyx	112	
calyx lobe	112	
calyx tube	112	
CAM plant	11	
cambium	85	
cambium ring	85	
campanulate corolla	111	
capitulum	124	
capitulum-raceme	128	
capsule	132	
carbon dioxide application	11	
carbon dioxide enrichment	11	
carnivorous plant	71	
carpel	105	
carpet flower bed	227	
caryophyllaceous corolla	109	
caryopsis	132	
cataphyll	101	
category	151	
catkin	129	
caudex	89	
cauliflory	119, 134	
cauline leaf	98	
cell fusion hybrid	158	
centered variegation	61	
central vein	100	
centrifugal inflorescence	122	
centripetal inflorescence	122	
Chabana	233	
chamaephyte	39	
chartaceous	143	
chasmogamous flower	117	
chasmophyte	43	
chiropterophilous flower	117	
chlamydeous flower	114	
chloroplast	10	
choripetalous corolla	108	
chorisepalous calyx	112	
chroma	227	
ciliate	144	
cincinnus	126	
circinate	143	
CITES	49	
cladophyll	90	
cladophyllum	90	
classification	34	
clay pot	220	
cleft	94	
cleistogamous flower	117	
climbing plant	58, 59	
climbing stem	90	
clone	211	
CO_2 compensation point	11	
CO_2 saturation point	11	
coating seed	136	
cobwebby	144	
coccus	132	
cold hardening	21	
cold resistance	21	
cold tolerance	21	
color garden	227	
column	107	
coma	139	
common name	150	
community garden	235	
companion cell	85	
companion plants	217	
complete flower	115	
complete leaf	92	
compost	27	
compound bud	86	
compound corymb	127	
compound cyme	127	
compound fertilizer	32	
compound inflorescence	126	
compound leaf	94, 95	
compound raceme	127	
compound umbel	127	
condiment	65	
conduplicate	143	
conifer	57, 142	
conifer garden	225	
conserved name	155	
container	220
container culture	220
container planting	220
continuous cropping	216
contorted	143
contractile root	84
controlled release fertilizer	32
Convention on International Trade in Endangered Species of Wild Fauna and Flora	49
coriaceous	142
cork	88
cork cambium	88
cork cortex	88
cork layer	85
corm	82
cormel	84
cormlet	84
corolla	108
corolla lobe	109
corona	112
correct name	155
corymb	123
cottage garden	225
cotyledon	101, 137
crassulacean acid metabolism	12
creeping stem	89
critical day-length	15
critically endangered	48
crop rotation	217
cross	157
crown	112
cruciate corolla	109
culm	89
cultivar	159, 165
cultivars	165
cultivar epithet	159
cultivated plant	47
culture	215

cupula · 132	dioecism · 114	eudicots · 35, 36
cupule · 132	direct seeding · 202	eudicotyledons · 35, 36
curved knee-root · 79	direct sowing · 202	even-pinnate · 95
cut flower · 56, 232	disbudding · 215	evergreen broad-leaved tree · 142
cut foliage · 232	divided · 94	evergreen tree · 142
cutback · 214	division · 208, 210	exalbuminous seed · 138
cutting · 204	dormancy · 135	exocarp · 129
cyathium · 128	dormant bud · 87	extinct · 48
cylindrical raising of potted plants · 230	double flowered · 120	extinct in the wild · 48
cyme · 122	downy · 144	extra floral nectary · 146
cymose inflorescence · 122	drepanium · 124	false fruit · 130
cynarrhodium · 133	drepanium-raceme · 128	family · 151
dark period · 15	dried flower · 233	farming rotation · 217
data deficient · 49	drought resistance · 25	fasciation · 91
day length · 15	drought tolerant · 25	fascicular cambium · 85
day-neutral plant · 15	drupe · 133	fasciculate hair · 144
deblossoming · 215	dry fruit · 130	female flower · 114
deciduous broad-leaved tree · 142	dwarf conifer · 57	female plant · 114
deciduous tree · 142	effective publication · 156	fertile leaf · 104
decorative floret · 115	elaiosome · 139	fertilization · 31
decurrent · 99	embryo · 137	fertilizer · 30
decussate opposite · 97	emergent plant · 41	fertilizer application · 31
definite bud · 86	emerging plant · 41	fiber reinforced plastic pot · 221
definite inflorescence · 122	endangered · 48	fibrous root · 78
dehiscent fruit · 130	endemic species · 45	filament · 106
delayed release fertilizer · 32	endocarp · 129	first filial generation · 203
dentation · 92	entire · 92	flag leaf · 104
diadelphous stamen · 106	entomophilous flower · 117	floating leaf · 98
dialysepalous calyx · 112	epicalyx · 112	floating leaf water plant · 41
dichasium · 126	epicotyl · 138	floating leaved plant · 41
dichlamydeous flower · 114	epidermis · 88	floating plant · 42
dichotomous venation · 100	epigeal cotyledon · 137	floral axis · 113
diclinous flower · 114	epigeal stem · 89	floral clock · 228
dicotyledon · 36	epigynous flower · 119	floral leaf · 105
didynamous stamen · 107	epigyny · 119	floral nectary · 146
digitata · 92	equifacial leaf · 98	floral tube · 109
digitate venation · 101	equitant · 143	flower · 105
dimerous flower · 115	erect knee-root · 80	flower arrangement · 233
dimorphic flower · 116	erect root · 79	flower bed · 223
	escaped naturalized plant · 46	flower bud · 86
	espalier · 230	
	etaerio · 133	

flower bud formation	15
flower pot saucer	223
flower thinning	215
flowering tree and shrub	56
foliage	92
foliage leaf	92
foliar bud	86
follicle	130
form	151
forma	154
formal garden	225
free stock	208
free-floating plant	42
freezing resistance	21
frost resistance	21
fruit	129
fruit set	129
fruit thinning	215
fruit tree	52
galeate corolla	111
gamosepalous calyx	112
garden accessory	230
garden tree and shrub	57
gaseous phase	26
gazebo	231
genus	151
genus name	152
geophyte	39
germination	203
germination percentage	203
girdling	205
gland	146
glandular hair	143
glazed pot	221
graft	207
graft compatibility	207
graft hybrid	158
graft incompatibility	207
grafted nursery plant	207
grafting	207
green plant vernalization	21
green plants	10
greenhouse flowering plant	68
greenhouse plant	68
grex	161
grex epithet	161
ground cover plant	58
Group	160
Group epithet	160
grouping	34
guard cell	100
gymnosperm	36
gynoecium	105
hair	143
halophyte	42
hanging basket	222
hanging wall pot	222
hard seed	137
hardening	21
healing garden	234
heat resistance	21
heat tolerance	21
hedge	230
hedging	214
hemicryptophyte	39
herb	65, 140
herb garden	224
herbaceous cutting	204
herbaceous perennial	141
herbaceous plant	140
herbaceous stem	84
herbarium	156
hesperidium	132
heterochlamydeous flower	108
heteromorphic flower	116
heteromorphous compound inflorescence	127
heterostylous flower	117
heterostyly	117
hilum	138
hirsute	144
hispid	144
homochlamydeous flower	108
horticultural crop	52
horticultural plant	51
horticultural therapist	234
horticultural therapy	234
horticultural well-being	234
horticulture	51
host plant	44
hue	227
hybrid	157
hybridization	157
hydro	215
hydroculture	215
hydrophilous flower	117
hydrophyte	40
hygrophyte	40
hypanthium	128
hypocotyl	137
hypocrateriform corolla	111
hypogeal cotyledon	137
hypogynous flower	119
hypogyny	119
hypsophyll	101
ICN	152
ICNCP	152
Ikebana	232
imbricate	143
immersed aquatic plant	42
impari-pinnate	95
imperfect flower	115
incomplete flower	115
incomplete leaf	92
indefinite bud	86
indefinite inflorescence	122
indehiscent fruit	130
indoor plant	68
inflorescence	122
informal garden	225
infructescence	134
infundibular corolla	111

injury by continuous cropping ⋯⋯ 216
inner perianth ⋯⋯ 108
inner seed coat ⋯⋯ 137
inner tepal ⋯⋯ 107
inorganic fertilizer ⋯⋯ 32
insectivorous leaf ⋯⋯ 104
insectivorous plant ⋯⋯ 71
interfascicular cambium ⋯⋯ 85
intergeneric graft hybrid ⋯⋯ 158
intergeneric hybrid ⋯⋯ 158
interior plant ⋯⋯ 68
International Code of Nomenclature for algae, fungi, and plants ⋯⋯ 152
International Code of Nomenclature for Cultivated Plants ⋯⋯ 152
internode ⋯⋯ 87
interpetiolar stipule ⋯⋯ 94
interspecies hybrid ⋯⋯ 157
interspecific graft hybrid ⋯⋯ 158
interspecific hybrid ⋯⋯ 157
introduced plant ⋯⋯ 45
involucral bract ⋯⋯ 102
involucral leaf ⋯⋯ 102
involucre ⋯⋯ 103
involute ⋯⋯ 143
irregular flower ⋯⋯ 116
irrigation ⋯⋯ 23
isolateral leaf ⋯⋯ 98
isomorphous compound inflorescence ⋯⋯ 126
IUCN ⋯⋯ 47
Japanese name ⋯⋯ 150
Kanuma soil ⋯⋯ 28
kitchen garden ⋯⋯ 225
Kleingarten ⋯⋯ 235
knot garden ⋯⋯ 227

kokedama ⋯⋯ 216
labellum ⋯⋯ 108
labiate corolla ⋯⋯ 111
labium ⋯⋯ 108
lactiferous vessel ⋯⋯ 146
laef sheath ⋯⋯ 95
lamina ⋯⋯ 92
lanate ⋯⋯ 144
landscape garden ⋯⋯ 225
latent bud ⋯⋯ 87
lateral bud ⋯⋯ 86
lateral leaflet ⋯⋯ 95
lateral petal ⋯⋯ 111
lateral root ⋯⋯ 78
lateral vein ⋯⋯ 100
latex ⋯⋯ 146
lattice ⋯⋯ 231
layerage ⋯⋯ 205
layering ⋯⋯ 205
leaf ⋯⋯ 92
leaf arrangement ⋯⋯ 96
leaf axil ⋯⋯ 87
leaf blade ⋯⋯ 92
leaf bud ⋯⋯ 86
leaf cushion ⋯⋯ 100
leaf margin ⋯⋯ 92
leaf mold ⋯⋯ 30
leaf needle ⋯⋯ 103
leaf scar ⋯⋯ 88
leaf sheath ⋯⋯ 95
leaf spine ⋯⋯ 103
leaf stalk ⋯⋯ 94
leaf tendril ⋯⋯ 103, 145
leaf thinning ⋯⋯ 215
leaf thorn ⋯⋯ 103
leaflet ⋯⋯ 95
leather-like ⋯⋯ 142
legitimate name ⋯⋯ 156
legume ⋯⋯ 132
lenticel ⋯⋯ 88
life form ⋯⋯ 38
light compensation point ⋯⋯ 10

light period ⋯⋯ 15
light saturation point ⋯⋯ 10
lightness ⋯⋯ 227
ligulate corolla ⋯⋯ 111
ligulate flower ⋯⋯ 124
ligule ⋯⋯ 99
liliaceous corolla ⋯⋯ 109
limb ⋯⋯ 88
lip ⋯⋯ 111
liquid phase ⋯⋯ 26
lithophyte ⋯⋯ 43
littoral plant ⋯⋯ 42
lobe ⋯⋯ 94
lobed ⋯⋯ 94
local name ⋯⋯ 150
loment ⋯⋯ 132
long branch ⋯⋯ 89
long-day plant ⋯⋯ 15
lower petal ⋯⋯ 111
magnesium ⋯⋯ 32
main root ⋯⋯ 78
main vein ⋯⋯ 100
male flower ⋯⋯ 114
male plant ⋯⋯ 114
malformation ⋯⋯ 120
mangrove ⋯⋯ 42
manure ⋯⋯ 30
marcotting ⋯⋯ 205
marginal ⋯⋯ 99
marginal variegation ⋯⋯ 61
masked personate corolla ⋯⋯ 111
mating ⋯⋯ 157
mature leaf ⋯⋯ 98
maximum temperature ⋯⋯ 18
meadow garden ⋯⋯ 225
membranaceous ⋯⋯ 143
membranous ⋯⋯ 143
mericarp ⋯⋯ 132
mesocarp ⋯⋯ 129
mesophyte ⋯⋯ 40
metamorphosed leaf ⋯⋯ 102

minimum temperature ······ 18	node ······ 87	ovary ······ 105
mixed soil ······ 27	nomen nudum ······ 154	ovule ······ 105
molecular phylogeny ······ 34	nomenclatural type ······ 155	own rootstock ······ 208
monadelphous stamen ······ 106	nomenclature ······ 152	palmate ······ 92
monocarpic perennial ······ 44	non-tunicated bulb ······ 82	palmate compound leaf ······ 96
monocarpic plant ······ 44	non-vascular plant ······ 38	palmatifid venation ······ 101
monochasium ······ 124	non-woven fabric ······ 217	pan ······ 222
monochlamydeous flower ······ 114	nothogenus ······ 158	panicle ······ 128
monocotyledon ······ 36	nursery bed ······ 211	paper pot ······ 221
monoecism ······ 114	nursery plant ······ 211	papery ······ 143
monothalamic fruit ······ 130	nursery stock ······ 211	papilionaceous corolla ······ 111
moss ball ······ 216	nut ······ 132	papilla ······ 144
mother bulb ······ 84	obelisk ······ 231	pappus ······ 132
mother corm ······ 84	obsidian perlite ······ 28	papyraceous ······ 143
mother plant ······ 204	ochrea ······ 95	paracorolla ······ 112
mother stock ······ 204	odd-pinnate ······ 95	parallel venation ······ 101
mother tuber ······ 84	offshoot ······ 86	parasitic plant ······ 44
mulch ······ 217	oil spot ······ 146	parasitic root ······ 80
mulching ······ 217	open garden ······ 235	paripinnate ······ 95
multiple fruit ······ 134	opposite ······ 97	parted ······ 94
myrmecophyte ······ 45	optimum temperature ······ 18	parterre ······ 227
naked bud ······ 87	optimum temperature for growth ······ 19	parthenocarpy ······ 129
naked flower ······ 114		partly clay pot ······ 220
naked seed ······ 136	optimum temperature for seed germination ······ 19	partly glazed pot ······ 220
native plant ······ 45		patent hair ······ 144
natural enemy ······ 217		peat moss ······ 30
natural garden ······ 225	orchidaceous corolla ······ 111	pedately compound leaf ······ 96
natural hybrid ······ 157	ordinary root ······ 78	pedicel ······ 113, 122
naturalized plant ······ 46	organ ······ 148	pedicelet ······ 113
near threatened ······ 48	organic fertilizer ······ 32	peduncle ······ 113, 122
nectary ······ 146	original species ······ 47	pelleted seed ······ 136
needle leaf ······ 142	ornamental flower ······ 115	peltate ······ 99
needle-leaved tree ······ 142	ornamental foliage plant ······ 71	pentadelphous stamen ······ 106
negatively photoblastic seeds ······ 14	ornamental plant ······ 52	pentamerous flower ······ 115
	ornamental tree and shrub ······ 56	pepo ······ 133
nelumboid ······ 134		perennial ······ 54, 141
nerve ······ 100	ornithophilous flower ······ 117	perennial flower bed ······ 223
nest leaf ······ 104	outer perianth ······ 107	perennial garden ······ 223
neutral flower ······ 114	outer seed coat ······ 137	perennial herb ······ 141
nipple ······ 144	outer tepal ······ 107	perfect flower ······ 115
nitrogen ······ 31	ovarian locule ······ 129	perfoliate ······ 99
		pergola ······ 231

perianth ... 107	planting ... 202, 211	pubescent ... 144
perianth segment ... 107	plastic film ... 217	pumice ... 28
pericarp ... 129	plastic film mulch ... 218	punctate gland ... 146
periderm ... 88	plastic pot ... 221	pyxis ... 132
perigynous flower ... 119	pleiochasium ... 126	quality of life ... 234
perigyny ... 119	plicae ... 109	quick-acting fertilizer ... 32
perlite ... 28	plicate ... 143	quincuncial ... 143
persistent calyx ... 112	plumule ... 138	raceme ... 123
personate corolla ... 111	poisonous plant ... 74	rachis ... 95, 96, 122
petal ... 108	pollen sac ... 106	radical leaf ... 98
petaloidy ... 119	pollinator ... 117	radicle ... 137
petiole ... 94	pollinium ... 107	raised bed ... 228
petiolule ... 95	polyadelphous stamen ... 106	raised planting bed ... 228
phanerophyte ... 39	polycarpic plant ... 43	raising seedling ... 211
phellem ... 88	polyembryony ... 137	ramification ... 88
phelloderm ... 88	pome ... 133	rank ... 151
phellogen ... 88	positively photoblastic seeds ... 14	receptacle ... 113
phloem ... 85		red soil ... 28
phloem fiber ... 85	pot ... 220	registered trademark ... 163
phloem parenchyma ... 85	pot culture ... 220	regular flower ... 116
phosphate ... 31	potager ... 225	relic species ... 45
photomorphogenesis ... 13	potager garden ... 225	repent stem ... 89
photoperiod ... 15	potash ... 31	repotting ... 212
photoperiodic response ... 15	pot-bound ... 27	respiration ... 10
photoperiodism ... 14	potting ... 211	respiratory root ... 79
photosynthesis ... 10	prehistoric naturalized plant ... 46	resting bud ... 87
phototropism ... 17		reticulaed ... 61
phylloclade ... 90	prickle ... 145	reticulate venation ... 101
phyllocladium ... 90	primary root ... 78	retrorse hair ... 144
phyllotaxis ... 96	primitive angiosperms ... 35, 36	revolute ... 143
phylogenetic taxonomy ... 34	priority ... 155	rhipidium ... 126
picotee ... 61	prop root ... 79	rhizome ... 83
pin type ... 117	propagation bed ... 204	rhizophore ... 81
pinching ... 215	propagation bench ... 204	ribbon flower bed ... 227
pinna ... 96	propagule ... 91	rice hull charcoal ... 30
pinnate ... 92	protective root ... 79	rice husk charcoal ... 30
pinnate compound leaf ... 95	pruning ... 213	ringed stem ... 83
pinnate venation ... 101	pseudanthium ... 122	ringing ... 205
pinnately compound leaf ... 95	pseudobulb ... 91	rock garden ... 227
pinnule ... 96	pseudocorm ... 91	rockery ... 227
pistil ... 105	pseudostem ... 91	roof garden ... 228
plant taxonomy ... 34	pteridophyte ... 36	roof planting ... 228

root	78	
root ball	213	
root cap	78	
root hair	78	
root pocket	80	
root sheath	80	
root system	78	
root thorn	145	
root-bound	27	
rooting medium	204	
rootstock	207	
rosaceous corolla	109	
rose garden	224	
rosette	98	
rosette plant	98	
rotate corolla	109	
runner	89	
samara	132	
sap fruit	130	
saprophyte	44	
sarcocarp	129	
saturation	227	
scale	22	
scaly rhizome	83	
scape	114	
scarification	137	
scarious	143	
schizocarp	132	
scientific name	151	
scion wood	207	
seed	135	
seed coat	137	
seed compost	202	
seed plant	35	
seed propagation	202	
seed scale	140	
seed vernalization	21	
seed wing	139	
seedage	202	
seeding	202	
seedling	202	
seminal root	78	
sensitive hair	144	
sensory garden	234	
sepal	108	
separation	208	
sericeous	144	
serration	92	
sessile	94	
setting	129, 211	
sexual propagation	210	
sexual reproduction	210	
shade garden	225	
shade plant	11	
shade tolerance	11	
sheath	95	
shoot	85	
shoot apex	87	
shoot apical meristem	87	
short branch	89	
short-day plant	15	
short-day treatment	15	
shrub	141	
sick soil	216	
sieve tube	85	
silicle	132	
silique	132	
simple inflorescence	123	
simple leaf	95	
simple venation	100	
single flowered	120	
single grained structure	26	
slit pot	221	
small cormel	84	
snow resistance	21	
soil	26	
soil aggregate	26	
soil conditioner	27	
soil covering	203	
soil disinfection	217	
soil mix	27	
soil moisture	23	
soil porosity	26	
soil sick	216	
soil sickness by continuous cropping	216	
soil solution	23	
soil sterilization	217	
soil water	23	
solid phase	26	
solitary inflorescence	124	
sorosis	134	
sowing	202	
spadix	123	
spatha	103	
species	150, 165	
specific epithet	152	
spermatophyta	35	
sphagnum moss	30	
spice	65	
spice & herb	65	
spike	123	
spikelet	128	
spine	145	
splashed variegation	61	
spore plant	35	
spotted variegation	61	
spring ephemeral	61	
spring flower bed	223	
sprout	86	
spur	113	
stalk	84	
stamen	106	
staminal cup	107	
staminode	107	
standard form	230	
stellate hair	143	
stem	84	
stem spine	90	
stem tendril	90, 145	
stem thorn	90	
sterile leaf	104	
stigma	105	
stinging hair	143	
stipel	95	

stipitate	94	
stipule	94	
stock	207	
stolon	89	
stoma	100	
stone	129	
storage root	80	
straight fertilizer	32	
straw mulch	218	
strawberry pot	222	
street tree	57	
striped variegation	61	
strobile	129	
style	105	
subarbor	141	
subfamily	155	
subirrigation	135	
submerged plant	42	
subshrub	141	
subspecies	151, 154	
substrate	27	
subterranean stem	84, 89	
successive cropping	216	
succulent fruit	130	
succulent growth	24	
succulent leaf	104	
succulent plant	68	
succulent root	81	
succulent stem	91	
sucker	208	
suckering	210	
summer annual	52	
summer bud	87	
summer flower bed	223	
sun plant	11	
sunken garden	227	
suture	130	
syconium	134	
symbiosis	45	
symbiotic plant	45	
sympetalous corolla	108	
syngenesious stamen	106	
synonym	155	
synsepalous calyx	112	
syringe	24	
tapestry garden	227	
taproot	78	
taxa	151	
taxon	151	
taxon name	152	
temperature	17	
temporary planting	211	
tendril	145	
tepal	107	
terminal bud	86	
terminal leaflet	95	
ternate compound leaf	96	
terra cotta	221	
terrarium	215	
terrestrial plant	38, 43	
terrestrial root	78	
terrestrial stem	89	
tetradynamous stamen	107	
tetramerous flower	115	
The Angiosperm Phylogeny Group	35	
theory of evolution	34	
therapeutic garden	234	
thermoperiodicity	21	
therophyte	39	
thinning	203, 214	
thinning-out pruning	214	
three attributes of color	227	
three-dimensional flower bed	229	
three phases of soil	26	
thrum type	117	
tiger's stripes	63	
tipped variegation	61	
tissue	148	
tomentose	144	
topiary	229	
topping	215	
torus	113	
tracheid	85	
trade designation	162	
trademark	163	
training	213	
transpiration	22	
transplanting	211	
transplanting injury	212	
tree	141	
trellis	231	
trench layering	205	
triadelphous stamen	106	
trimerous flower	115	
trimmig	213, 214	
trimorphic flower	117	
tripinnate compound leaf	96	
triternate compound leaf	96	
tropical flowering tree and shrub	69	
tropism	17	
true fruit	130	
true leaf	101	
trunk	84, 88	
tuber	82	
tuberous root	83	
tubular corolla	111	
tubular flower	124	
tunicated bulb	81	
turgor pressure	22	
twining plant	59	
twining stem	90	
type method	156	
type species	154	
type specimen	155	
umbel	123	
umbel-raceme	127	
undershrub	141	
unifacial leaf	98	
uniflowered inflorescence	124	
unisexual flower	114	

upper petal	111	weed	14
urceolate corolla	111	white garden	228
valvate	143	whorl	97
variegated a half part of a leaf	63	wild garden	225
variegated plant	61	wild plant	45, 60
variegation	61	winter annual	52
variety	151, 154	winter bud	87
vascular bundle	85	winter flower bed	223
vascular plant	38	wood container	221
vegetable	52	wood pot	221
vegetable crop	52	wooden pot	221
vegetable garden	225	woody plant	141
vegetation covering on wall surface	228	woody stem	84
		woolly	144
vegetative propagation	210	xerophyte	40
vein	100	xylem	85
veinlet	100	xylem fiber	85
velamen	80	xylem parenchyma	85
venation	100	year round flower bed	223
vermiculite	28	young leaf	98
vernalization	21	zeolite	215
vertical garden	229	zoophilous flower	117
verticillaster	127	zygomorphic corolla	111
vessel	85		
villose	144		
villous	144		
vine	58		
violaceous corolla	111		
viviparous seed	140		
vulnerable	48		
wall flower bed	227		
wall greening	228		
water absorption	22		
water garden	225		
water leaf	98		
water plant	40		
water relations	22		
water uptake	22		
watering	23		
waterlogging tolerance	26		

主な参考文献

【和文文献】（五十音順）
- 石井龍一・岩槻邦男・竹中明夫・土橋 豊・矢原徹一・長谷部光泰・和田正三（編）．2009．植物の百科事典．朝倉書店．
- 今西英雄．2012．花卉園芸学（新訂版）．川島書店．
- 園芸学会（編）．2005．園芸学用語集・作物名編．養賢堂．
- 大場秀章（編）．2009．植物分類表．アボック社．
- 木嶋利男（監）．2007．コンパニオンプランツで野菜づくり．主婦と生活社．
- 小西国義．1991．花の園芸用語辞典．川島書店．
- 腰岡政二（編）．2015．花卉園芸学の基礎．農山漁村文化協会．
- 清水建美．2001．図説植物用語事典．八坂書房．
- 下郡山正巳・下村 孟・田中信徳・原 寛・久内清孝・門司正三（編）．1965．最新植物用語辞典．廣川書店．
- 田崎忠良（編）．1978．環境植物学．朝倉書店．
- 塚本洋太郎（監）．1994．コンパクト版 園芸植物大事典．小学館．
- 土橋 豊．1992．観葉植物1000．八坂書房．
- 土橋 豊．2011．増補改訂版 ビジュアル園芸・植物用語事典．家の光協会．
- 土橋 豊．2015．人もペットも気をつけたい園芸有毒植物図鑑．淡交社．
- 土橋 豊・椎野昌宏．2017．カラーリーフプランツ．誠文堂新光社．
- 土橋 豊・河合伸志・椎野昌宏．2018．仕立てて楽しむつる植物．誠文堂新光社．
- 特定非営利活動法人栽培植物分類名称研究所（訳）．2008．国際栽培植物命名規約第7版．アボック社．
- 東京農業大学造園学科（編）．1985．造園用語辞典．彰国社．
- 豊国秀夫（編）．1987．植物ラテン語辞典．至文堂．
- 日本植物分類学会国際命名規約邦訳委員会（翻訳）．2014．国際藻類・菌類・植物命名規約（メルボルン規約）日本語版．北隆館．
- 万谷幸男（編）．1995．植物学名大辞典．植物学名大辞典刊行会．
- 樋口春三（監）．1996．なんでもわかる花と緑の事典．六耀社．
- 平嶋義宏．1994．生物学名命名法辞典．平凡社．
- 邑田 仁・米倉浩司．2013．維管束植物分類表．北隆館．
- 矢野 佐．1976．植物用語小辞典．ニュー・サイエンス社．
- 山田晴美（編）．1975．園芸植物学名辞典．農業図書．

【欧文文献】（アルファベット順）

Bagust, H. 1992. The Gardener's Dictionary of Horticultural Terms. Cassel.

Bell, A. D. 2008. Plant Form-An Illustrated Guide to Flowering Plant Morphology (New Edition). Timber Press.

Capon, B. 2010. Botany for Gardeners (3rd ed.) . Timber Press.

Griffiths, M. 1994. Index of Garden Plants. Royal Horticultural Society.

Huxley, A. (ed.). 1992. The New Royal Horticultural Society Dictionary of Gardening (Vol.1-4). The Macmillan Press LTD.

Hyam, R. and P. Pankhurst. 1995. Plants and Their Names. Oxford University Press.

Mabberley, D. J. 2008. Mabberley's Plant-Book (3rd ed.). Cambridge University Press.

Mabberley, D. J. 2017. Mabberley's Plant-Book (4th ed.). Cambridge University Press.

Spencer, R., R. Cross and P. Lumley. 2007. Plant Names (3 rd ed.) . CABI.

Stearn, W. T. 1992. Stearn's Dictionary of Plant Names for Gardeners. Cassell.

Stearn, W. T. 1995. Botanical Latin (4th ed.) . Timber Press.

著者プロフィール

1957年大阪市生まれ。東京農業大学農学部教授。京都大学博士（農学）。第18回松下幸之助花の万博記念奨励賞受賞。人間・植物関係学会理事（2009年〜）。人間・植物関係学会会長（2013年〜2019年）。日本園芸療法学会理事（2010年〜）。京都大学大学院修士課程修了後、京都府立植物園温室係長、京都府農業総合研究所主任研究員、甲子園短期大学教授などを経て、2015年より現職。

主な単著として、『検索入門 観葉植物①②』（保育社）、『観葉植物1000』（八坂書房）、『洋ラン図鑑』（光村推古書院）、『洋ラン』（山と溪谷社）、『ビジュアル園芸・植物用語事典』（家の光協会）、『熱帯の有用果実』（トンボ出版）、『増補改訂版 ビジュアル園芸・植物用語事典』（家の光協会）、『ミラクル植物記』（トンボ出版）、『日本で見られる熱帯の花ハンドブック』（文一総合出版）、『人もペットも気をつけたい 園芸有毒植物図鑑』（淡交社）など多数。

主な共著として、『原色茶花大辞典』（淡交社）、『原色園芸植物大事典』（小学館）、『植物の世界』（朝日新聞社）、『植物の百科事典』（朝倉書店）、『新版 茶花大事典』（淡交社）、『花の園芸事典』（朝倉書店）、『文部科学省検定済教科書 生物活用』（実教出版）、『花卉園芸学の基礎』（農山漁村文化協会）、『カラーリーフプランツ』（誠文堂新光社）、『仕立てて楽しむ つる植物』（誠文堂新光社）など多数。

最新 園芸・植物用語集

2019年1月29日　初版発行

著　　　者	土橋 豊
発　行　者	納屋嘉人
発　行　所	株式会社 淡交社

　　　　　　本社　〒603-8588 京都市北区堀川通鞍馬口上ル
　　　　　　　　　営業　075-432-5151　　編集　075-432-5161
　　　　　　支社　〒162-0061 東京都新宿区市谷柳町39-1
　　　　　　　　　営業　03-5269-7941　　編集　03-5269-1691
　　　　　　www.tankosha.co.jp

装丁・組版　　上田英司・叶野 夢
印刷・製本　　株式会社ムーブ

ⓒ2019 土橋 豊 Printed in Japan
ISBN978-4-473-04266-8

定価はカバーに表示してあります。
落丁・乱丁本がございましたら、小社「出版営業部」宛にお送りください。送料小社負担にてお取り替えいたします。
本書のスキャン、デジタル化等の無断複写は、著作権法上での例外を除き禁じられています。
また、本書を代行業者等の第三者に依頼してスキャンやデジタル化することは、いかなる場合も著作権法違反となります。

園芸・植物をより楽しむための書籍

『人もペットも気をつけたい　園芸有毒植物図鑑』

土橋　豊　著
A5判 280頁（カラー 248頁）
本体 2,300円＋税
ISBN：978-4-473-03959-0

人やペットに身近な有毒園芸植物・約350種の正しい情報と知識を提供する図鑑。日本ではじめて園芸植物の有毒情報を専門に扱い、また近年重要になっているペット（イヌやネコ）に対する有毒植物の情報も掲載する。一般家庭や栽培農家のみならず教育現場、医療関係者などに、身近に存在する植物の危険性を認知してもらい、これらの植物を排除するのではなく、正しい情報と知識を提供し、より安全で、より豊かな園芸活動、また観賞を楽しんでいただくことを目的とした一冊。

『新版 茶花大事典』

塚本洋太郎　監修
B5判 上・下巻2冊セット 総1256頁（上巻カラー 632頁・下巻カラー 624頁）
本体 20,000円＋税
ISBN：978-4-473-03887-6

約1800項目におよぶ茶花図鑑に加え、茶花の茶席でのすがたを紹介する「茶席の花」や椿と木槿の特集、「紅葉・実もの」「似た花の見分け方」をはじめ、茶花を入れるための準備や花入の扱いなどを解説する「茶花の心得」といった実用ページを設ける。また豊富な写真・イラストを活かした「花入の種類・部分名称」「植物・園芸用語集」「葉や花の形と構造」「繁殖の方法」といった付録ページも充実し、まさに「茶花の百科事典」ともいうべき一冊。

お近くの書店でご購入またはご注文ください。淡交社のホームページでもお求めいただけます。
www.tankosha.co.jp